KB106110

자기 연구의 원리를 반성해보지 못한 과학자는 그 학문에 대해 성숙한 태도를 가질 수 없다. 다시 말해서, 자신의 과학을 철학적으로 반성해보지 못한 과학자는 결코 조수나 모방자를 벗어날 수 없다. 반면에 특정 경험을 해보지 못한 철학자가 그것에 대해 올바로 반성할 수는 없다. 즉, 특정 분야의 자연과학에 종사해보지 못한 철학자는 결코 어리석은 철학에서 벗어날 수 없다.

_ 콜링우드

A man who has never reflected on the principles of his work has not achieved a grown-up man's attitude towards it; a scientist who has never philosophized about his science can never be more than a second-hand, imitative, journeyman scientist. A man who has never enjoyed a certain type of experience cannot reflect upon it; a philosopher who has never studied and worked at natural science cannot philosophize about it without making a fool of himself.

_ R. G. Collingwood(*The Idea of Nature*, 1945, pp.2-3)

철학하는 과학
과학하는 철학

2권 근대 과학과 철학

※ 일러두기 ※

1. 인용 및 참고 : 미번역 저서 제목은 《 》, 원문 페이지는 'p.12'로, 그리고 번역 저서 제목은 『 』, 번역서 페이지는 '12쪽' 등으로 표시하였다.
2. ( )의 사용 : 독해를 돕기 위해 수식어 구를 괄호로 묶었다.
3. [ ]의 사용 : 이해를 돕기 위해 인용문에서 저자가 첨가하는 말을 괄호로 표시하였다.
4. 이러한 기호의 사용이 독서에 다소 방해가 될 수 있으며, 오히려 저자의 의견이 첨부된다는 염려가 있었지만, 문장의 애매함을 줄이고 명확한 이해가 더욱 중요하다는 고려가 우선하였다.

철학하는 과학
과학하는 철학

근대 과학과 철학

박제윤 지음

철학과현실사

차 례

2권 근대 과학과 철학

4부 과학 언어의 논리가 무엇인가?

서 문

　이 책의 제목,『철학하는 과학, 과학하는 철학』이 아마도 대부분 한국의 독자들에게 어색해 보일 수 있을 것이다. 그것은 서로 어울리지 않아 보이는 '과학'과 '철학'을 억지로 관련시킨다고 보이기 때문일 것이다. 몇 해 전 어느 지역 문화원에서 강연 부탁을 받았다. 그날 강연 제목은 '과학과 철학 사이에'였다. 강의 장소는 주민 센터로 결정되었다. 조금 일찍 도착하니, 그곳에서 일을 보시던 분이 무슨 일로 왔냐고 물었다. 강의하러 온 사람이라고 인사하자, 친절히 자리를 안내하며 믹스커피 한 잔을 대접해주었다. 그러고는 강연 제목에 관해 말을 걸어왔다. "좀 전에 우리끼리 이야기했었는데요, 과학과 철학 사이에 무엇이 있을지 생각해보았어요. 그리고 결론을 내렸지요. 글자, '과'가 있다고요."

　과학과 철학의 연관성을 이해하지 못하는 대부분 독자는 아마도 이렇게 질문할 것 같다. 과학자가 철학을 공부해야 할 이유가 있을까? 도대체 과학에 철학이 쓸모 있을까? 반대로, 철학자가 과학을 공부해야 할 이유가 있을까? 대표적 인문학인 철학 공부에 자연과학 공부가 무슨 도움이 될까? 이 책은 그러한 질문에 대답과 이해를 주려는 동기에서 쓰였으며, 나아가서 이 책의 진짜 목적은 한국의 과학 또는 학문의 발전을 위해 철학이 꼭 필요하다는 인식을 널리 확산시키려는 데에 있다. 그런 인식의 부족으로 최근 한국의 여러 대학에서 철학 학과가 폐지되는 중이다.

'과학자가 철학한다'는 것은 자신의 과학에 대해 철학적으로 반성할 줄 안다는 의미이다. 그런 과학자는 언제나 자기 연구의 문제가 무엇인지 비판적으로 의식하려 노력한다. 그런 비판적 의식은 자신의 연구를 창의적으로 탐색할 원동력이다. 반면, '철학자가 과학한다'는 것은 자기 탐구의 과학적 근거를 고려할 줄 안다는 의미이다. 그런 철학자는 언제나 자기 철학 연구가 새롭게 발전하는 과학과 일관성이 있을지를 고려한다. 그러한 고려는 자신의 탐구를 현실적으로 탐색할 자원이다. 철학은 과학을 반성하는 학문이기에, 철학자는 늘 최신 과학적 성과를 살펴보아야 한다.

그런 인식 전환을 위해 이 책 4권 전체는, 목차에서 알아볼 수 있듯이, 역사적으로 과학과 철학의 관계를 이야기한다. 과학을 공부하는 사람이 왜 그리고 어떻게 철학 연구자가 되었으며, 과학의 발전이 철학에 어떤 영향을 미쳤는지를 보여주려 하였다. 특히 철학을 공부하는 과학자가 과학의 발전에 어떻게 기여하였는지를 살펴보려 하였다. 그리고 마지막 책에서 뇌과학 및 인공신경망 인공지능의 연구에 근거해서, 철학적 사고를 하는 과학자의 뇌에 어떤 변화가 일어나는지를 주장하는 가설을 제안한다.

어느 분야의 학문을 연구하는 학자라도 철학을 공부할 필요가 있으며, 여기 이야기를 듣고 많은 한국 학자와 학생이 자신의 전문분야 연구 중에 철학도 함께 공부하는 계기가 되기를 바란다. 그런 계기로 그들이 앞으로 성숙한 학자로 성장하기를 기대한다. 특히 미래 이 사회의 주역이 될 학생이 이 책을 읽고 자신의 전공과목 외에 철학도 공부함으로써, 자신의 전문분야에 대해 비판적이고 합리적이며 창의적으로 사고할 수 있기를 기대한다.

따라서 이 책은 이과 학생 또는 과학기술에 종사하는 분들에게 철학을 이해시키려는 의도에서 나왔다. 그러므로 그런 분들이 이 책을 가장 먼저 읽었으면 좋겠다. 특히 여러 수준의 학교에서 과학을 가르치는 교사에게도 도움이 되기를 바란다. 이러한 분야에서 내가 만나본 분들은 철학에 관심이 적지 않았다. 그렇지만 그분들로부터 철학 공부는 너무 어렵다는 이야기를 듣는다.

* * *

나 역시 공대를 다니던 시절, 처음 서양 철학책을 펼쳐 보기 시작했을 때 경험했던 어려움을 지금도 기억한다. 철학과 대학원에 입학하여 본격적으로 철학 공부를 시작했을 때도 같은 곤란을 겪었다. 비교적 쉽게 이해할 수 있다고 기대했던 철학책을 찾아 펼쳐 보았지만, 그런 책에서 언제나 좌절감을 느꼈다. 책의 내용은 철학자들의 시대적 배경이나 그들의 저서로 무엇이 있는지 등에 대해서 성가실 정도로 자세하였지만, 정작 알고 싶었던 그들의 철학에 대해서는 빈약했다. 서양 철학자들이 구체적으로 어떤 생각을 했으며, 왜 하게 되었는지 알고 싶었지만, 그 점에 대해서는 너무 추상적인 요약으로 일관되어 있었다. 더구나 대부분 문장이 너무 압축적이어서 글을 이해하려면 한두 문장을 읽고 생각하느라 천장을 올려보곤 했다. 그런 곤혹스러움은 거의 모든 페이지를 넘길 때마다 겪어야 했으며, 책장 한 장을 넘기는 일이 여간 어려운 일이 아니었다. 그러니 마침내 끝까지 읽지 못하고 중도하차하기도 다반사였다. 그때마다 느꼈던 답답함이 아직도 느껴질 정도이다.

반면에 처음부터 대중적으로 철학을 소개할 의도에서 쓰인 책들은 거의 예외 없이 철학자들이 고심했던 생각과는 거리가 먼 내용을 다루었다. 그런 책을 읽고 나면 어김없이 시간만 낭비했다는 허무함이 남았다. 특히 철학을 공부하는 의미가 개인의 행복한 삶이라고 이야기하는 책들이 그러했다. 그런 책들은 소크라테스가 국가의 장래를 걱정하여 옳은 말을 하다가 사형 판결을 받았다는 사건을 외면한다. 이제 철학자가 되어 요즘 나오는 그런 책들을 다시 보면, 상당히 철학을 오해 및 왜곡시킨다는 생각에 책을 내려놓게 된다.

현재에도 여전히 철학을 소개받고 싶어 하는 많은 독자가 있으며, 그들도 대체로 비슷한 경험을 할 것이라 예상해본다. 그래서 스스로 많이 부족하다는 것을 잘 알면서도 이 책을 써야겠다고 마음먹었다. 위에서 말한 것처럼, 독자들이 답답해하거나 허무함을 느끼지 않도록 하겠다는 취지를 가장 우선으로 두었다. 그저 이 책의 이야기를 부담 없이 읽으면서도 쉽게 이해되어야 하며, 소설책을 읽는 속도는 아니더라도 거의 그 정도로 쉽게 읽히며, 어려운 대목에서 책장을 넘기지 못하여 천장을 쳐다보는 일이 없도록 해야 한다고 생각했다. 그러면서도 서양 철학자들이 구체적으로 어떤 생각을 했는지를 비교적 소상히 이해할 수 있도록 해야 한다. 그 목적이 잘 달성되지 않았다면, 이 책의 철학 이야기는 실패이다.

독자의 쉬운 이해가 우선인지라, 철학 원전의 내용을 거리낌 없이 수정하거나 보완하였다. 심지어 인용된 글조차 엄밀히 옮기지 않았으며, 또한 여러 인용에 대해 정확한 출처를 밝히지 않은 부분도 있다. 한마디로 이 책은 학술적으로 엄밀성을 갖는 책은 아니다.

차라리 글쓴이의 이해 수준에서 꾸며내고 지어냈다고 하는 편이 나을 것이다. 그렇지만 그 대가로 철학의 초보자도 난해해 보였던 내용에 쉽게 다가설 수 있을 것이다.

인간의 사고란 어느 정도 한계가 있다고 말할 수 있다. 그리고 인간의 사고 한계를 철학자들이 거의 보여주었다고 볼 수 있다. 또한 비판적 사고를 가장 잘 보여주는 사례가 바로 철학적 사고이며, 따라서 비판적 사고를 공부하려면 철학을 공부하는 것만큼 좋은 방법은 없을 것이다. 다만 그것을 쉽게 공부할 수 있으면 좋을 것 같다.

* * *

이 책의 내용은 글쓴이가 1990년부터 약 10년간 인하대학에서 강의한 '과학철학의 이해'라는 과목의 강의 노트에서 출발한다. 강의실에서 학생들이 쉽고 재미있게 공부하는 것을 보면서, 그 강의 내용을 언젠가는 책으로 엮어볼 생각을 가졌다. 이후 같은 내용을 단국대 과학교육과에서 2년 반 동안 강의하였고, 지금은 인천대에서 8년 동안 강의하고 있다. 이 책의 내용은 앞서 『철학의 나무』 1권(2006), 2권(2007)으로 출판된 적이 있다. 이내 그 책의 미흡함을 알게 되었고, 더 공부가 필요하다는 인식에서 3권을 미루었다가, 이제 4권으로 확대하여 내놓는다.

이 책 내용을 읽고 조언해주신 많은 분이 있었다. 세월이 너무 지나서 그분들 이름을 모두 여기에서 다시 밝히지는 않겠다. 그렇지만 그분들 모두에게 깊이 감사드린다. 지금까지 강의를 열심히 들었던 학생들에게도 감사드린다. 그 누구보다도 오늘 이 책이 탄생하도록 가르쳐주신 모든 철학 교수님들, 그리고 그 외의 모든 선생님께도 깊이 감사드린다. 그리고 감사하게도 이 책에 사용된 많은 그림을 처칠랜드 부부가 쾌히 허락해주었으며, 일부 그림을 일찍이 연세대 이원택 교수님께서, 그리고 가천대 뇌센터 김영보 교수님께서도 허락해주셨다. 일부 그림을 둘째 아들 부부(조양, 현정)가 도와준 것에도 고마움을 표한다.

인천 송도에서, 박제윤

3부

과학 지식은 어떻게 구성되는가?

앞서 고대 철학을 이야기했으니 순서상 이제 중세 철학을 이야기할 차례이다. 중세는 유럽의 역사에서 대략 1천 년에 달하는 긴 세월이다. 그러한데도 이 책의 이야기는 그 시대를 건너뛰어 근대 철학으로 들어간다. 그것은 이 책이 전하려는 이야기가 '과학과 관련하는 철학 이야기'이기 때문이다. 그런 측면에서 중세 스콜라철학은 이 책의 의도와 직접적인 관련이 없다. 그러한 이유에서 중세 철학을 다루지 않는다.

고대에서 지금까지 시대적으로 학문의 발달 정도를 그래프로 나타낸다면 아래와 같이 그려볼 수 있다(그림 2-1).

중세 1천 년 동안 과학이 크게 발달하지 못했다는 점에서 중세는 학문이 정체된 시기라고 볼 수 있다. 사람들은 그런 시기를 '암흑기(the Dark Ages)'라고 부르기도 한다. 물론 이런 생각에 반대하는 학자도 있다. 그들은 중세를 나름대로 사회적, 정치적, 문화적으로 활발한 발전을 이루었던 시기로 바라보기도 한다. 그러나 르네상스 시대에 권위를 넘어서는 새로운 과학의 탐구는 이전과 크게 달랐다. [참고 1]

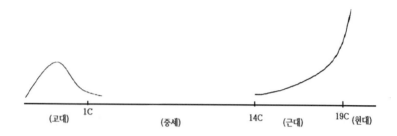

[그림 2-1] 시대에 따른 학문의 발달 정도를 그래프로 나타냈다. 19세기에 학문
이 급격히 발달한 모양을 보여준다.

　　고대 그리스의 학문, 특히 과학과 철학(자연철학)의 발전은 로마
제국에서 거의 멈추었다고 말할 수 있다. 로마 제국이 그리스 학문
을 계승하여 발전시키지 못했던 이유는 이슬람 제국이 그리스 영토
를 점령하여, 그 지역의 학자와 학문 자료들이 유럽으로 전달, 계승
되기 어려웠기 때문이다. 그러나 이것을 근본적인 이유로 바라보는
것은 문명을 전쟁의 역사적 관점에서만 바라보는 시각이다. 긴 역
사의 특성을 알아보려면 그 시대를 이끌었던 사람들의 생각, 즉 학
문과 사상의 측면을 고려한 다른 시각이 필요하다.

　　로마 제국이 선택했던 개방적 기독교는 이민족을 끌어들이는 힘
을 발휘하여, 로마를 강하게 만들고, 영토를 확장할 수 있게 해주었
다. 그러나 그러한 장점은 오히려 로마 제국을 발전시키지 못하게
만든 요인이 되기도 하였다. 종교적 사회는 그 교리에 절대적 권위
를 부여하기 때문이다. 그런 사회에서라면 그리스의 과학과 철학의
발전을 일으켰던 비판 정신이 발휘되기 어렵다. 그리스 아테네에서

플라톤이 열었던 아카데미는 기독교인이었던 로마의 유스티니아누스 황제에 의해서 529년 문을 닫아야 했다. 비판적 사고가 중단되는 사회, 다시 말해서 반성하지 않는 사회에서 발전은 기대하기 어렵다. 그렇다는 것을 현대 과학철학자 칼 포퍼는『열린사회와 그 적들(*Open Society and the Enemies*)』(1966)을 통해 논리적 측면에서 주장한다. 폐쇄된 사회는 독단과 억압이 지배하는 사회이므로 전체주의 통치로 나아간다. 그런 사회는 구성원들의 비판적 사고를 허락하지 않는다. 포퍼가 보기에, 마르크시즘, 나치즘, 공산주의 독재사회 등이 그런 사회였다.

게다가 종교적 신념을 가진 사람들은 세계를 새롭게 탐구할 의욕조차 갖지 않는다. 오히려 그들은 자신들의 신념이 흔들릴까 염려한다. 그렇게 중세 유럽 학문은 암흑기로 접어들었다. 이런 이야기를 들으면서 우리는 질문하지 않을 수 없다. 그런데 그러한 종교의 권위적 분위기 속에서도 어떻게 르네상스 시대가 출현할 수 있었는가?

유력해 보이는 의견에 따르면, 근대의 시작인 인본주의 운동이 가능했던 것은 고대 그리스 학자들의 업적이 아랍 문명에 그대로 보존되었고, 그것이 중세 말에 유럽에 다시 전달되었기 때문이다. 이슬람 제국은 그리스 영토를 넘어, 이집트와 아프리카 북부, 지금의 스페인과 포르투갈 지역까지 영토를 확장했다. 그리고 그리스 아카데미 학자들은 이슬람 제국에 소속되었으며, 그래서 당시 이슬람 학자들이 그리스 과학을 공부하고, 번역하는 연구를 지속하였다. 이렇게 이슬람 학자들이 학문을 잘 보존하였다가, 그들이 몰락함에 따라서 다시 유럽에 전해지는 계기가 있었다. 십자군 원정이 그 계기를 만들었다. 그러므로 유럽의 근대 문명에 이슬람의 역할이 컸다고 평가되곤 한다.

물론 르네상스를 위해 고대 그리스 학문이 유럽에 다시 보급되는 일은 있어야 한다. 그러나 내 생각은 조금 다르다. 그러한 이유가 르네상스의 계몽시대를 열었던 근본 이유라 말하기는 어렵기 때문이다. 그 이유는 다음과 같은 비판적 질문만으로 드러난다. 그리스 문명을 받아들이고 유지했던 이슬람 제국은 왜 르네상스를 열지 못했는가? 그리고 왜 현대 산업문명을 선도하지 못했는가? 유럽에 화약과 종이 그리고 인쇄술을 전달했던 선진적 중국 문화는 왜 유럽과 같은 과학기술 문명을 일으키지 못했는가? 이런 질문에 대답하려면, 그런 문화들에서 권위를 넘어서 개선과 진보를 가능하게 한 어떤 원동력이 있었는지 우리는 질문할 필요가 있다. 다시 말해서, 지금까지 동양의 사회에 어떤 비판적 정신의 운동이 있었는지 돌아보아야 한다. 질문이 없는 곳에 발견이 있을 리 없기 때문이다.

유럽에서 비판적 사고가 어떤 문명을 이끌었는가? 프랑스어 '르네상스(Renaissance)'는 '재탄생' 혹은 '다시 돌아옴'을 의미한다. 다시 말해서 고대 그리스 지혜의 재탄생을 의미한다. 그 시대를 다른 말로 '휴머니즘' 즉 '인본주의' 시대라고 부른다. 또한 '계몽주의(Enlightenment)' 시대라고도 부른다. 고대에 꽃피웠던 학문이 근대에 와서 다시 발달하려면 경제적 풍요와 함께 비판적 사고가 허락되어야 한다. 어떻게 그러할 수 있었는가? 한마디로 '질문'이 있어 '발견'이 가능했다.

7장

이성주의(데카르트)

"나는 생각한다. 그러므로 나는 존재한다."라는 이 진리는 아주
확고하고 확실하여, … 누구도 흔들어놓을 수 없는 … 철학의
제1원리로 받아들일 수 있다.

_ 데카르트

■ 근대 과학기술

1권에서 그리스 문명을 이야기하면서 살펴보았듯이, 학문과 문화
의 발달은 경제적 뒷받침이 중요하다. 이런 주장의 증거를 다음에
서 볼 수 있다. 르네상스 운동의 시작은 이탈리아 북부 지방 피렌
체, 밀라노를 중심으로 출발하였다. 당시 그곳은 이슬람 제국과 유
럽의 무역을 중개하는 항구도시였다. 그러한 무역을 통해서 축적된
부는 학자와 예술가의 활동을 경제적으로 지원하는 것이 가능했다.
예를 들어, 이탈리아 피렌체 출신 레오나르도 다 빈치(Leonardo da
Vinci, 1452-1519)는 밀라노의 권력가인 루도비코 스포르차의 지원
아래 18년간 활동하였다. 그는 당시 없던 잠수함, 장갑차, 하늘을
나는 날틀 등을 고안하고 설계하기도 하였다. 그가 구상한 비행기

는 박쥐의 날개를 모방한 것이었고, 헬리콥터는 고대 아르키메데스가 물을 끌어올리려고 고안했던 회전 펌프 날개를 모방한 것이었다. 그는 '모나리자'를 그린 미술가이면서, 비행기 날개를 연구하는 공학자(엔지니어)였으며, 인체 해부학을 공부하는 의학도였고, 그 인체의 연구를 건축에 활용한 건축가이기도 하였다.

또 같은 시기에 미켈란젤로(Michelangelo di Lodovico Buonarroti Simoni, 1475-1564)는 피렌체의 메디치 가문으로부터 지원을 받아 그 가문의 궁전에서 활동하였다. 그는 시스티나 성당의 천장 벽화 '천지창조'를 그린 유명한 화가이면서, '피에타'를 비롯한 많은 조각을 남긴 조각가이다. 그는 인체 조각을 위해 인체 해부학을 공부하였고, 그것을 기반으로 건축을 연구하여 성베드로 성당의 건축에 참여하기도 했다. 그를 지원했던 메디치 가문은 상업과 은행업으로 재력의 기반을 다졌고, 교황청의 재산을 관리하면서 더 큰 재산을 축적하였다. 그 재산은 학문과 예술의 발달을 위한 지원에 쓰였다.

이후로도 르네상스의 문화와 예술 그리고 과학기술의 발전은 경제적 지원으로 가능했다. 특히 영국에는 1660년 런던 왕립학회가 설립되었다. 그 학회는 이름에 걸맞지 않게 국가의 재정적 지원을 받지는 않았다. 대신 그 구성원들이 부유했다. 반면에 1666년 프랑스에서 설립된 프랑스 과학아카데미는 국가의 재정적 지원이 있었다.

* * *

그렇지만 학문의 발달에 중요한 조건인 비판적 사고는 어떠했는가? 당시 중세는 기독교의 권위가 지배하는 시대였다. 따라서 쉽사리 비판적 사고가 허용될 수 없었다. 그런데도 비판적 사고의 촉발은 엉뚱하게도 기독교의 종교적 신념을 더욱 합리적으로 만들려는 시도에서 시작되었다. 예를 들어, 토마스 아퀴나스(Thomas Aquinas, 1225-1274)는 아리스토텔레스 철학을 교회의 교리와 조화롭게 설명하려 노력하였다. 그 노력의 결과물은 로마 가톨릭 신학의 대표적 사상으로 인정받았으며, 지금도 기독교 교리를 정당화하는 기초로 (기독교인들에게) 흔히 인정받는다. 하지만 이성적으로 합리화하려는 노력은 그렇지 못한 부분을 드러나게 만들기도 한다. (이러한 이유로 기독교가 과학 문명을 일궈낸 원동력이라는 의견도 있을 수 있다. 그렇지만 그런 의견은 중세가 왜 정체에서 벗어나지 못했는지를 설명해주지 못한다.)

일부 학자들은 13세기와 14세기에 와서 (정치적 이유와 맞물려서) 종교적 신념에 의문을 품기 시작했다. (여기서 당시 정치적 상황을 구체적으로 이야기하는 것은 논의 목적에서 다소 벗어난다.) 그들이 보기에 종교를 정당화하는 신념들 사이에 일관성이 없어 보였다. 스콜라철학은 필요에 따라서 플라톤 철학을 끌어오기도 하였고, 그것과 적지 않게 대립하는 아리스토텔레스 철학을 끌어오기도 하였다. 따라서 세계를 전체적으로 새롭게 설명해야 할 필요성이 제기되었다. 이러한 필요성에 따라서 사람들은 철학적 사고를 시작했고, 종교적 신념의 도그마(독단)는 더욱 흔들리게 되었다. 어떤 믿음에 대해 의심하기는 사람으로 하여금 새로운 설명을 위한 질문을 유도한다. 그러므로 이렇게 말할 수 있다. '질문하기'가 창조의 원동력이다.

과학의 분야에서 기독교 교리를 정교하게 만들려는 노력으로, 즉 신을 합리적으로 찬양하기 위해 천체를 탐구했던 사람들은 기독교의 교리에서 오류를 발견하기 마련이다. 하지만 결코 그들이 처음부터 종교의 권위에 도전하려는 의도를 갖지는 않았을 것이다. 예를 들어, 종교인이고 천문학자인 코페르니쿠스(Nicolas Copernicus, 1473-1543)는 폴란드에서 태어나 신부가 된 이후 이탈리아의 볼로냐 대학과 (이탈리아 북부의) 파도바 대학에서 공부하였으며, 말년은 폴란드로 돌아와 종교인으로 생활하였다. (파도바 대학은 이 책 뒤에서 말하는 다른 학자들의 이야기를 위해 기억해두자.) 그는 자신이 임종하던 해인 1543년 《천구의 회전에 관하여(*De revolutionibus orbium coelestium libri sex*)》를 세상에 내놓았다. (종교인이었던 자신이 종교적 탄압을 염려하여 죽기 임박하여 그 책을 내놓았다는 주장도 있고, 그렇지 않다는 주장도 있다.) 우리가 잘 알고 있듯이, 그는 그 책에서 당시까지 일반적 확신이며 종교적 신념이었던 천동설을 부정하고 지동설을 주장한다. 그는 천문학과 함께 수학을 공부하였다. 그러므로 그는 고대의 프톨레마이오스(톨레미)의 학설(그림 1-15)을 수학적으로 정밀히 계산하여, 그것보다 더 단순하면서도 천체운동을 경제적으로 설명할 수 있는 새로운 학설을 주장하였다. "태양이 왕좌에 앉아 그 주위를 회전하는 행성들을 지배한다."라는 주장이 그것이다.

그에 앞서서 1492년 크리스토퍼 콜럼버스는 대서양을 횡단하였다. 그 항해를 통해서 지구가 둥글다는 가정이 실험적으로 확인되었으며, 지구가 둥글더라도 땅과 물이 한 덩어리로 우주에 떠 있을 수 있다고 일반적으로 주장할 수 있었다. 그렇지만 당시 코페르니쿠스의 주장이 함축하는 의미는 널리 알려지지 않았다. 오히려 그 책이 출간되고 50년 지난 후 이탈리아의 조르다노 브루노(Giordano Bruno, 1548-1600)가 용감하게 종교적 신념에 저항하는 이야기를 하고서 화형의 처벌을 받았다. 결국 코페르니쿠스의 지동설은 그의 죽음과 동시에 책이 출판되던 해로부터 124년이 지난 후, 그의 주장을 긍정하는 많은 다른 후속 연구의 도움으로, 특별히 뉴턴의 『자연철학의 수학적 원리(*Mathematical Principles of Natural Philosophy*)』(1687)가 나온 후에야 공식적으로 인정받았다.

코페르니쿠스의 여러 후속 연구 중 하나는 티코 브라헤(Tycho Brahe, 1546-1601)의 우주 체계이다. 1572년 유럽에 거대한 신성(혜성)이 출현하였고, 이 사건은 유럽 사회를 놀라게 하였다. 티코 브라헤는 덴마크의 귀족이면서 스스로 천문대를 만들고 조수들을 시켜서 20년 동안 행성들을 추적하고서, 그것을 거대한 천구에 세밀히 기록하게 하였다. [그림 2-2]에서 보여주듯이, 그는 우주의 중심이 여전히 지구이며, 천체들은 언제나 완벽한 원으로 회전운동한다는 전통적 관점을 유지하였다.

티코 브라헤에게 수학을 특별히 잘하는 조수 요하네스 케플러(Johannes Kepler, 1571-1630)가 있었다. 케플러는 티코 브라헤를 만나기 전 1596년 코페르니쿠스의 지동설과 기독교의 해석을 통합해보려고 시도한 책, 《우주의 신비(*Mysterium cosmographicum*)》를 펴냈다. 그렇지만 티코 브라헤를 만나서 자신의 잘못을 발견하였다. 티코 브라헤가 죽은 뒤, 케플러는 티코 브라헤의 관측 자료를 수학적으로 계산한 후 1609년 코페르니쿠스를 지지하는 책, 《새로운 천문학(*Astronomia nova*)》을 내놓았다. 그 책에서 그는 우주의 법칙을 주장하였다. 즉, 케플러 제1법칙 "행성은 태양 주위를 타원으로 공전한다." 그리고 케플러 제2법칙 "행성과 태양을 연결한 가상 선분이 동일 시간에 쓸고 지나가는 면적은 항상 일정하다."(그림 2-3) 그는 이어서 1619년 《우주의 조화(*De harmonice mundi*)》에서 이렇게 주장하였다. 케플러 제3법칙 "행성 주기의 제곱이 태양으로부터의 평균 거리의 세제곱에 비례한다."

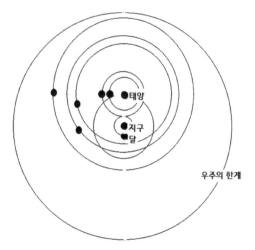

(티코 브라헤의 우주 체계)

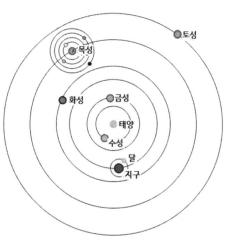

(갈릴레오 갈릴레이의 우주 체계)

[그림 2-2] 티코 브라헤의 우주 체계에서 태양 주위를 여러 행성, 수성, 금성, 화
성, 목성, 토성 등이 완전한 원을 그리며 공전하며, 그 옆에 지구가 있고, 지구를
공전하는 달 역시 완전한 원을 그리며 공전한다. 그런데도 우주 전체의 중심은
태양이 아니라 여전히 지구이다.

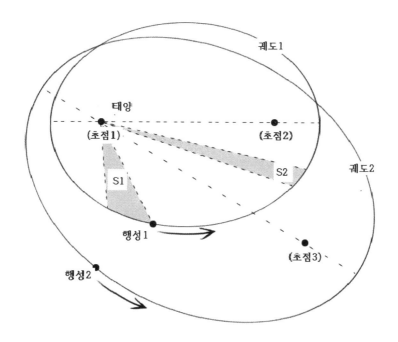

[그림 2-3] 케플러 제1법칙과 제2법칙을 보여주는 그림. 행성 1과 행성 2가 각각 태양을 초점으로 각기 다른 궤도 1과 궤도 2로 공전하며, 모두 타원형이다(제1법칙). 그리고 행성 1이 태양과 그리는 연결선이 동일 시간에 쓸고 지나가는 면적, S1과 S2는 항상 일정하다(제2법칙).

케플러는 저서 《새로운 천문학》에서 여러 행성이 태양을 초점으로 공전하려면 태양이 행성들을 끌어당기는 힘을 발휘해야 한다고 생각했다. 따라서 그는 이렇게 말했다. "태양은 빛만이 아니라, 힘도 분출한다." 여기에서 우리는 뉴턴의 중력이론이 탄생하는 과정을 보게 된다. 만약 우리가 돌을 끈에 묶어 원으로 회전시켜보면, 그 돌이 멀리 날아가려 하지만 끈이 붙들고 있어서 날아갈 수 없다는 것을 알아볼 수 있다. 그러므로 그는 분명 행성이 태양 주위를 회전하면서도 연결 끈이 없는데도 멀리 달아나지 않는 이유를 궁금해하였다. 그런데 그가 어떻게 태양이 행성들을 끌어당길 수 있다고 가정할 수 있었을까?

케플러의 저술보다 9년 앞서, 윌리엄 길버트(William Gilbert, 1540-1603)는 저서 《자기에 관하여(De magnete)》(1600)에서 "지구가 거대한 자석이다."라고 주장했다. 그의 주장에 따르면, 자석들이 서로 이끌리는 것처럼, 직접 연결이 없음에도 물질들이 서로 끌어당기는 힘을 발휘할 수 있다. 그리고 나침반이 어느 곳에서든 한 방향을 가리키는 것을 보면 지구는 거대한 자석이다.

이러한 길버트의 연구는, 케플러가 자신의 가설을 확신하도록 해주었다. 누구든 자신의 가설이 옳을 수 있는지, 그리고 왜 그러한지를 살펴보려면 유력한 다른 연구를 살펴보아야 한다. 그리고 자신의 가설을 다른 주장들에 비추어 비판적으로 생각해보아야 한다. 케플러는 행성들이 공전할 '추진력'을 어떻게 가질지 여전히 궁금해하였다는 측면에서, 그는 아직 아리스토텔레스의 관점에서 완전히 벗어나지는 못했다. 그렇지만 그는 수학적 계산을 통해서 천동설의 틀린 부분을 발견하였고, 결국 코페르니쿠스를 확고하게 지지하는 진보를 이룰 수 있었다. 이후 그는 오스트리아의 시골 마을 수학 교사로 생활하면서, 수성, 금성, 지구, 화성, 목성, 토성 등의 거리와 주기의 관계를 수학적으로 계산하고 《우주의 조화》를 저술하였다. 그는 이렇게 말한다. "나는 동시대 사람들뿐 아니라 후대 사람들을 위하여 이 책을 쓴다. 나의 책은 아마도 100년 넘게 독자를 기다려야 할 수도 있다."

그렇게 종교적 신념을 합리적으로 이해하려는 비판적 정신은 계속 이어졌다. 전통의 권위를 합리적으로 검토하려는 사람들은, 그 권위의 학설이나 이론이 옳은지를 수학적 계산을 통해서 합리적으로 검토해보았고, 실제로 그러한지를 관측하였다. 케플러의 그 저술이 나오고 1년 후 이탈리아의 갈릴레오 갈릴레이(Galileo Galilei, 1564-1642)는 코페르니쿠스와 케플러를 지지하는 저술 《항성의 메시지(*Sidereus Nuncius*)》(1610)를 내놓았다. 그는 40배율 정도의 (현재로선 보잘것없는) 망원경으로 천체를 관찰했다. 그 망원경에 관측된 달의 모습은 '천국의 보석' 같은 모습이 아니었으며, 수많은 구덩이가 있는 돌덩어리였다. 그리고 목성은 그 주위를 공전하는 여러 위성을 가졌다. 그런 것들을 관찰하고, 그는 달이 지구의 위성이듯이 '지구 역시 태양의 행성일 수 있다'고 가정해보았다. 또한 목성 주위에 띠를 관찰하고서, 그는 '목성이 자전운동을 한다'고 가정하였다. 나아가서 그는 태양의 행성인 지구도 공전운동과 함께 자전운동도 한다고 추측하였다.

갈릴레이는 이탈리아의 피사에서 출생했으며, 1581년 피사 대학에 입학하였고, 1592년 (앞서 이야기했듯이, 코페르니쿠스가 공부했던) 파도바 대학의 수학 교수로 임명되어, 그곳에서 18년 재직하였다. 그는 코페르니쿠스의 우주론에 관해 1597년 케플러와 편지를 주고받았다. 그는 자신의 과학적 신념에도 불구하고 종교와 대립하고 싶지 않았으며, 처음부터 지동설을 드러내놓고 주장하지 않았다. 그는 독실한 신앙심을 가졌으며, 자신의 두 딸을 수녀원에 보내기도 했다. 갈릴레이는 1632년 《두 가지 주요 세계관에 관한 대화 (Dialogue Concerning the Two Chief World Systems)》를 출판하려 하였고, 그 일로 로마의 종교재판에 회부되었다. 그는 그 재판에서 자신의 주장을 철회하는 조건으로 사형을 면하였지만, 모든 그의 저술은 금서가 되었으며, 여생을 자기 집에 갇혀 살아야 했다. 그런 처벌에도 불구하고 그가 "그래도 지구는 돌고 있다."라고 말했다는 이야기는 (실제로 그렇게 말했는지 사실 여부와 관련 없이) 너무도 유명하다.

갈릴레이는 한때 로마 교황청의 요청에 따라 포탄을 멀리 날릴 수 있는 방안을 찾아내야 했다. 그는 여러 각도로 돌을 던져보고 관찰하면서, 낙하운동이 자연의 자연스러운 운동이라고 생각했다. 그리고 그는 앞으로 높게 쏘아 올린 투사체가 포물선을 그린다는 것을 발견했다. 그뿐만 아니라, 직선으로 던져진 관성의 물체는, 만약 지구 중심으로 끌어당기는 힘(중력)이 없다면 일직선으로 무한히 날아갈 것이라고 가정하였다. 이러한 추론으로부터 그는 높은 곳에서 아래로 떨어지는 낙하운동을 하는 물체가 아주 멀리 던져질 경우, 그것이 지구에 떨어지지 않고 무한히 공전할 수 있음을 가정 했다(그림 2-4). 그는 지구 중심에 어떻게 힘이 발생하는지를 알지 못했지만, 일단 공전운동을 시작한 물체가 관성에 의해서 지구로 떨어지지 않고 무한히 운동할 수 있다고 가정하였다. 그 가정은 '추진력'이 아니라 '관성'을 이해하고서야 가능하다. 이렇게 그는 낙하운동을 회전운동과 같은 운동으로 이해하였다. 이러한 새로운 이해는 결국, 천체와 지상의 운동을 구분하였던 아리스토텔레스의 학설에서 벗어나, 뉴턴 학설의 등장에 도움이 되었다. 그리고 물체의 운동을 시간에 따른 거리로 고려하기 시작했다. 다시 말해서, 관찰을 수학적으로 계산할 방안을 생각했다. 이렇게 갈릴레이의 연구는 뉴턴 과학의 탄생을 위한 기초가 되었다.

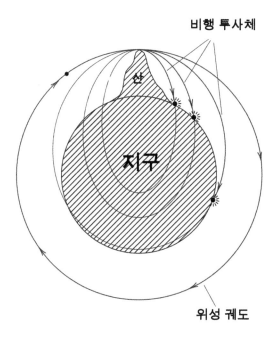

[그림 2-4] 갈릴레오 갈릴레이는 달이 지구에 떨어지지 않고 회전하는 것을 높은 산에서 앞으로 던져진 물체의 낙하운동과 같은 운동으로 보았다. 다시 말해서 달이 지구와 충돌하지 않지만, 지속적으로 중력에 의해 당겨지는 낙하운동이다. 이그림은 폴 처칠랜드(Paul Churchland)의 『플라톤의 카메라(Plato's Camera)』(2012)에서 가져왔다. 처칠랜드는 뉴턴이 어떻게 창의적 사고를 할 수 있었는지를 설명하기 위해 이 그림을 활용한다.

전통의 종교적 권위에 대한 도전과 비판 정신은 다만 천문학에서만 일어난 것은 아니었다. 과거 당시의 과학기술 수준에서 만들어진 종교적 교리를 정당화하는 합리적 설명 체계가 의심되기 어려웠겠지만, 과학기술의 발전에 따라 그 설명의 빈약함이 드러날 수밖에 없었다. 그러한 변화는 의술의 발전에서도 일어났다.

(1권의 끝에서 다루었듯이) 기원전 그리스의 히포크라테스 이후 뛰어난 의학자로 2세기 무렵 로마의 갈레노스(Galen)가 있었다. 그는 생체 해부 실험에서 나름 신경계를 연구하였으며, 철학에도 관심이 많았다. 그의 믿음에 따르면, 신경계는 뇌로부터 신체로 혼백(neuma) 혹은 심령(psychic)을 전달하는 통로였다. 그는 의학을 집대성하여 해부학, 생리학, 병리학 등에 관한 의학 체계를 세웠다. 그의 의학 체계는 이후로 유럽의 의학에서 1천 년이 넘는 세월 동안 정설이 되었으며, 당시 종교적 교리와 잘 어울려서 권위를 가졌다.

그러나 후대 의술의 발달이 보여준 세심한 실험적 연구들은 갈레노스의 권위가 옳지 않다는 것을 드러내기 시작했다. 1543년 이탈리아의 안드레아스 베살리우스(Andreas Vesalius, 1514-1564)는 인체의 내부 구조를 보여주는 책을 발간하였다. 그 책의 그림을 통해서 그는 인체의 해부 모습을 상세히 설명해주었고, 그 책은 의학을 공부하려는 학생들의 교재가 되었다. 에스파냐의 미구엘 세르베투스(Miguel Servetus, 1511-1553)는 의학자이며 신학자이고, 천문학, 약학 등에도 관심을 가졌다. 그는 실험 해부학 연구를 통해서 최초로 혈액이 폐를 순환한다는 것을 확인했다. 그런데 1531년 종교에 도전하는 책《삼위일체론의 오류》를 출간했다가, 1553년 산 채로 화형당했다. 1908년에서야 세워진 그의 기념비에는 "그는 진리의 대의를 위하여 자신의 생명을 바쳤다."라고 적혀 있다. 또한 파브리키우스(Hieronymus Fabricius, 1537-1619)는 해부학자이며 의사였는데, 그는 정맥에서 판막을 발견하고 혈액이 한 방향으로만 흐른다는 것을 발견하였다. 이러한 연구들은 심장을 연구했던 하비의 탄생을 가능하게 하였다.

영국의 윌리엄 하비(William Harvey, 1578-1657)는 케임브리지에서 공부한 후, 의학 공부를 위해 이탈리아의 파도바 대학으로 갔다. 당시 그곳에는 갈릴레이와 파브리키우스가 가르치고 있었다. 그는 파브리키우스로부터 의술을 배웠다. 그리고 그는 영국으로 돌아와 동물 해부를 포함하여 인간 해부 연구를 했으며, 《심장과 피의 운동에 관하여(De motu cordis et sanguinis)》(1628)를 저술하였다. 그는 처음으로 혈액순환 이론을 완성하고, 심장은 '영혼'이 담기는 자리가 아니라 일종의 '펌프'라고 주장하였다. 그의 주장은 30년간 인정받지 못하다가, 말피기(Marcello Malpighi, 1628-1694)가 1661년 현미경을 이용해서 폐 속의 모세혈관을 확인함으로써 의학계에서 인정되었다. 하비는 전통의 관념 혹은 정설로 인정되는 어느 주장도 쉽게 인정하려 하지 않았으며, 수많은 실험을 통해서 자신의 이론을 체계화하려 노력하였다. 이러한 실험적 방법은 아리스토텔레스가 말했던 귀납적 방법이다. 그는 이미 인정받는 학설을 검토하지 않은 채 따르기보다, 실험적으로 지식을 축적하여 자신의 이론을 만들려 했다. 이러한 방법을 채택한다는 것은 기존의 통념을 의심하는 비판 정신에서 나온다. 그리고 그러한 방법론의 주장은 영국의 과학철학자 베이컨에게서 나왔다. 그들은 자연에 관한 연구를 '어떻게, 그리고 왜 그러해야 하는지'를 비판적으로 물었다.

비판 정신에서는 어떤 신념에도 쉽게 의지하지 않으려는 태도가 중요하다. 예를 들어, 데카르트는 "나는 내가 명확한 것으로 인정할 명확한 이유를 찾기 전까지는 어느 것도 받아들이지 않겠다."라고 말했다. 이러한 이유로 사실상 중세 말에 일어난 르네상스 운동은 당시 유력했던 사고를 의심하는 비판적 사고에서 나왔다고 말할 수 있다. 그리고 철학을 공부한 과학자들이 성취한 과학 발달은 이전의 신념들이 옳지 않다는 것을 차례로 드러내었다. 그 발달의 중심에 갈릴레이와 데카르트가 있었다. 그렇게 르네상스의 과학과 철학은 함께 발전해왔다. 근대 과학의 발전에 어떤 철학적 반성이 있었는지 조금 더 알아보자.

■ 수학적 확실성

스콜라철학의 기반이 되었던 아리스토텔레스 철학과 르네상스를 가능하게 했던 근대 철학 사이에 어떤 연결 혹은 계승이 있었는가? 반면에 그 둘 사이에 어떤 점이 서로 다른가?

아리스토텔레스가 논리학을 체계화한 이후, 근대 서양의 학자들은 학문적 '설명'은 '체계적'이어야 하며, 그 논리는 '연역적'이어야 한다고 생각하였다. 더 정확히 말하자면, 그런 생각이 아리스토텔레스의 영향 때문만은 아니다. 본성적으로 사람들이 합리적 설명을 좋아한다는 점에서, 어쩌면 누구라도 체계적 혹은 연역논리적 설명을 선호하기 때문이다. 고대 그리스 시대에 피타고라스를 비롯한 여러 학자가 기하학과 수학을 탐구하면서 자신들의 주장을 엄밀한 연역논리로 증명했다는 사실을 보더라도 그러하다. 다만, 아리스토텔레스가 논리학의 체계를 훌륭하게 세워놓았으며, 후대의 학자들은 그의 논리학을 활용하거나 응용할 수 있게 되었다. 그러한 측면에서 근대 이후의 학자들은 아리스토텔레스로부터 적지 않게 영향을 받은 것은 분명하다.

1권에서 설명했듯이, 아리스토텔레스는 과학의 탐구 방법을 이렇게 생각했다. 학자들은 관찰을 통해 틀림없는 근본 원리 즉 제1원리를 '귀납적으로' 유도하고, 그 원리로부터 '연역적으로' 새로운 결론을 추론해야 한다. 그런데 사실 과학이란 자연에 보이는 현상을 잘 설명해줄 수 있어야 한다. 그러할 수 있으려면, 과학의 이론 및 가설은 남들을 설득시킬 '충분한 설명' 요건을 갖추어야 한다. 즉, 설명하려는 내용을 잘 이해시켜줄 체계적 논리가 뒷받침되어야 한다.

이 시점에서 궁금하지 않을 수 없다. 그렇다면 체계적 설명이란 구체적으로 어떤 설명의 요건을 갖추어야 하는가? 당시에 그것은 아래와 같은 조건을 갖추는 경우라고 가정되었다.[1]

> 첫째, 설명하려는 '현상'과 설명에 활용되는 '근거'는 '연역적' 관계여야 하며,
> 둘째, 설명에 이용되는 근거들은 그 자체가 틀릴 수 없는 '자명한' 진리여야 하고,
> 셋째, 연역논리로 설명된 체계는 '사실 세계'와 관련되어야 한다.

기본적으로 위의 생각은 아리스토텔레스 외에 고대의 기하학자 유클리드 역시 가졌던 것이기도 하다. 앞의 1권에서 살펴보았듯이, 유클리드는 연역 체계의 훌륭한 모델을 자신의 기하학 체계로 제시하였으며, 그의 기하학은 실제로 위와 같은 가정에 기초해서 만들

어졌다. 그리고 그 가정은 15세기 이후 근대의 학자들에게 그대로 계승되었다.

* * *

반면, 근대의 관점과 아리스토텔레스의 관점 사이에 명확한 차이도 있었다. 앞서 이야기했듯이, 아리스토텔레스의 관점에 따르면, 자연을 설명해줄 '자연의 원리'를 밝혀내려면 자연에서 본성(본질)을 찾아내야 한다. 본성은 특정 종류의 대상 모두 예외 없이 가지는 성질을 말하며, 그것을 언어로 표현하면 "모든 ○○는 ××이다."라는 '일반화' 즉 '전칭긍정명제'라는 문장 형식을 가진다. 이 문장 형식은 과학자들이 탐구하려는 '원리'를 표현해준다는 측면에서, 아리스토텔레스는 그 형식을 특별히 중요하게 생각했다. 그렇게 아리스토텔레스는 세계에 대해 본질로(질적으로) 파악하려 했다. 그리고 그는 본질을 네 가지, 즉 질료인, 작용인, 형상인, 목적인 등으로 분류하였다. 그는 그중 목적인을 가장 중요하다고 여겼다. 이러한 측면에서 그의 탐구 경향은 '목적론적 세계관'이라 불린다.

그러나 근대 학자들, 특히 갈릴레이는 세계를 양적으로(수학적으로) 파악하려 했으며, '기계론적 세계관'을 보여주었다. 뒤에서 조금 더 구체적으로 알아보겠지만, 여기서 잠시 두 세계관을 개략적으로 알아볼 필요가 있다. 무엇이 목적론이고 무엇이 기계론인가?

그것을 알아보기 위한 사례로 한 상황을 가정해보자. 어느 마을에 갑자기 다리가 무너졌는데, 그 일로 많은 사람이 다치거나 죽는 일이 발생했다. 그러자 사람들은 다음과 같은 의문을 가졌다. 평소 튼튼해 보이던 다리가 왜 무너진 것일까? 이러한 의문에 대해서 아리스토텔레스의 관점에서라면 무엇이라고 대답할 수 있을까? 아마도 다음과 같이 대답할 것이다. "그 다리는 무너질 수밖에 없는 '본성'을 가졌기 때문이다." 혹은 "그 다리는 본성적으로 무너지는 성질을 갖기 때문이다." 만약 누가 그렇게 대답한다면, 그 대답이 다리가 무너진 진정한 이유를 설명한 것이라고 인정할 사람은 아무도 없다. 오히려 아래와 같이 반문할 것이다. "그것도 설명인가? 그냥 그렇다는 이야기에 불과하지 않은가." 데카르트 역시 그런 설명이 아무런 이해를 시켜주지 못한다고 지적한다. 이처럼 아리스토텔레스 철학을 비판적으로 고려해보면, 지금까지 매우 훌륭해 보였던 그의 철학에 심각한 결함이 드러난다. 무엇에 관해 '본성상 그렇다'는 식의 설명은 단지 '그냥 그렇다'는 주장에 불과하다. 이러한 측면에서, 본성을 가지고 무엇을 설명하려는 것이 진정한 설명으로 인정되기 어렵다.

그렇다면, 만약 누군가가 그 다리가 무너진 이유를 좀 더 훌륭하게 설명해보라고 우리에게 요구한다면 어떤 방식으로 설명할 수 있을까? 현대인이라면 그 질문에 대부분 아래와 같이 대답할 것이다. "그 다리의 강도보다 더 무거운 물체가 올라감으로써 무너진 것이다." 갈릴레이라면 틀림없이 다리가 무너진 이유를 새로운 관점에서 다음과 같이 설명했을 것이다. "그 다리가 처음에는 10톤의 중량에도 견딜 수 있도록 건설되었는데, 오랜 세월이 지나서 무너지기 전에는 단지 5톤의 무게에도 무너질 정도로 약해졌으며, 마침 그보다 무거운 차량이 지나감으로써 무너지게 되었다." 이제 우리를 이해시켜줄 설명이란 수학적으로 정확히 계산된 설명으로 보인다. 그러한 설명은 동시에 우리가 매우 정확히 예측할 수 있게 해준다. 그렇듯이 근대의 과학자들은 자연현상들을 엄밀히 설명하려면, 본질에 의해서가 아니라 수학적으로 설명해야 한다고 생각하기 시작했다. 다시 말해서, 그들은 아리스토텔레스 같은 '질적(본질적) 설명'보다 '양적(수학적) 설명'을 선호하였다.

근대의 학자들이 목적론보다 기계론을 선호했던 것은 '자연'을 바라보는 관점의 근본적 변화를 의미한다. 어떤 관점의 변화인가? 앞서 이야기했듯이, 아리스토텔레스는 네 종류의 본성 중 '목적인'을 가장 중요하게 생각했다. 예를 들어, 기린의 목이 길어진 이유를 설명하려면, '기린이 높은 곳의 나뭇잎을 먹기 위해서'라는 목적의 이유를 말하는 것으로 충분했다. 그의 관점에 따르면, 그런 방식의 설명만이 자연현상에 대한 이유를 설명할 수 있으며, 따라서 훌륭한 과학적 설명이었다. 반면에 갈릴레이는 자연이 마치 어떤 '의도'를 가지고 있다고 생각하는 식으로 이유를 끌어대려 하지 않았다. 대신에 자연에서 발견할 수 있는 사물들의 작용 '원리'를 파악하여, 그것으로부터 체계적으로 설명하려 했으며, 그것이 '기계론적 설명'이다. 더구나 자연의 기본 원리에 수학을 적용하면 더욱 엄밀한 설명을 할 수 있다.

위와 같은 관점으로부터, 근대의 학자들은 어느 학문이라도 수학적으로 계산 가능해야 학문다운 자격을 가진다고 생각하는 경향이 생겨났다. 나아가서 그들은 수치화할 수 없는 것들을 학문의 대상에서 배제해야 한다고 생각하기 시작했다. 그러므로 '수치화할 수 있는 것'과 '그렇지 못한 것'을 구분할 필요가 있었다. 그 둘을 구분하기 위하여 갈릴레이를 포함한 당시의 대부분의 학자는 자연에 있는 성질들을 크게 둘로 나누어 '제1성질'과 '제2성질'로 구분하는 데에 동의했다. 근대의 학자들은 세계에 존재하는 제1성질에는 '크기', '위치', '운동량' 등등이 포함되며, 제2성질에는 '색', '맛', '향기', '소리' 등등이 포함된다고 생각했다.[2] 그러한 생각의 관점에서,

그들은 사물들의 '크기'를 숫자로 말할 수 있지만, '냄새'는 그럴 수 없다고 생각했다. 사물의 크기란 누구라도 객관적으로 측정할 수 있지만, 냄새는 사람마다 서로 다르게 느껴지므로 객관적 기준을 세워 수치화할 수 없기 때문이다. 물론 요즘은 냄새도 수치화할 수 있으며, 당시의 가정이 그러했다는 것이다. 그들의 가정에 따르면, '크기'는 사물 자체가 갖는 객관적 속성이지만, '냄새'는 상당히 주관에 의존하는 성질이다. 그러므로 그들은 세계를 객관적으로 파악하기 위해서 제1성질을 수학적으로 파악하려 했다.

위와 같은 관점에서 당시의 천문학자 케플러는 다음과 같이 말했다. "인간의 지혜는 무엇보다도 양적 관계를 선명하게 투시할 수 있으며, 인간은 바로 그 관계를 파악할 수 있도록 만들어진 피조물이다." 이 말에서 근대 과학자들은 세계를 수학적으로 파악하기 위해서 부단히 노력했음을 알아볼 수 있다. 만약 고대의 피타고라스가 그들의 모습을 볼 수 있었다면, 그것에 매우 흡족해하며 이렇게 말했을 것이다. "내가 오래전에 말했었지? 만물은 다름 아닌 수(number)라고."

지금까지 아리스토텔레스의 인식적 관점이 근대의 관점에 어떤 영향을 주었으며, 또한 어떤 인식적 관점에서 근대에 반론이 있었는지를 알아보았다. 다음에는 그 두 관점 사이에 학문을 연구하는 방법론이 어떻게 달랐는지도 알아보자.

* * *

앞서 알아보았듯이, 아리스토텔레스는 학문 연구 방법으로 귀납적 방법과 연역적 방법, 즉 귀납논리와 연역논리를 처음 체계화하였다. 갈릴레이는 과학 탐구 방법을 '분석', '종합', '실험'이라는 세

단계로 설명했다. 그의 탐구 방법을 예를 통해 구체적으로 알아보자. 갈릴레이는 국가적으로 중요한 몇 가지 연구를 했다. 그중 하나는 포탄을 가장 멀리 날아가도록 발사하려면 어떻게 해야 하는지, 즉 포신의 각도를 밝혀내야 하는 과제였다. 그 과제를 그가 어떤 방식으로 해결했는지를 아래와 같이 요약해볼 수 있다.

1. 우선 공을 던져보면서 공이 날아가는 것을 세심히 관찰해보자. 공을 수직 방향으로 던질 경우, 공은 높이 올라가며 오랫동안 공중에 떠 있지만, 앞으로는 나가지 못한다. 그리고 만약 같은 힘으로 공을 수평 방향으로만 던진다면, 앞으로 나가는 힘이 충분하더라도 공중에 오래 머물지 못하여, 멀리 날아가지 못한다. 이것은 공이 던져지는 힘이 수직 방향으로만 주어지거나 수평 방향으로만 주어졌기 때문이다. 이와 같은 관찰에 대한 '분석'을 통해 다음과 같은 '원리'를 발견할 수 있다.

"투사물(포탄)을 적당히 높은 방향으로 빗겨서 던질 경우, 그 투사물에 주어지는 힘은 '앞으로 나가는 방향'과 '위로 솟구치는 방향'으로 분산된다."

(경사 각도로 던져진 투사물에 '수직 방향의 힘'과 '수평 방향의 힘'이 동시에 작용한다. 뉴턴식의 표현으로, 경사각으로 던져진 투사물에 작용한 힘은 '수직 벡터'와 '수평 벡터'의 합이다. 갈릴레이의 이런 힘의 작용은, 뒤에서 살펴보겠지만, 뉴턴 역학의 공리로 등장한다.)

2. 위의 분석을 '종합'한다면, 같은 힘으로 던져서 공이 가장 멀리 날아가도록 하려면 '앞으로 나가는 힘'과 공중에 떠 있도록 '위

로 솟구치는 힘'을 적절히 분산할 필요가 있다. 따라서 다음과 같은 예측을 '실험 가설'로 주장할 수 있다.

"투사물을 수평에서 45도 각도로 발사하면 가장 멀리 날아간다."

3. 위의 가설을 실제로 '실험'하여 옳은지 확인한 결과, 위의 원리, 즉 '날아가는 물체에 가해진 힘은 수직 방향의 힘과 수평 방향의 힘의 합이다'라는 원리가 옳다는 것을 알 수 있다.

위의 이야기를 아래와 같이 간략히 요약할 수 있다. (이 내용은 뒤에서 이야기될 뉴턴의 방법론과 비교될 예정이므로 잘 기억해둘 필요가 있다.)

(1) 관찰된 어떤 현상을 '분석'함으로써 어떤 '원리'를 찾아내고,
(2) 그 원리로부터 '종합'을 통해서 '실험 가설'을 설정한(어떤 사건을 예측한) 후,
(3) 그 실험 가설에 대해 '실험'을 통해 '확인'함으로써, 제안된 원리가 옳았음을 확인한다.

한마디로, 갈릴레이 연구 방법의 절차는 '분석', '종합', '실험'의 세 단계이다. 이러한 이야기를 들으면서 아래와 같이 질문하는 것은 자연스럽다. 이것이 아리스토텔레스의 방법과 크게 다른가? 아리스토텔레스가 관찰을 통해 귀납적으로 원리를 찾아낸 것을 단지 '분석'이라고 말했을 뿐이고, 그 원리로부터 연역적으로 새로운 가설을 얻어내는 것을 단지 '종합'이라고 말했을 뿐이다. 누군가 갈릴레이의 방법론을 이렇게 평가한다면, 그 이야기를 부정하기 어려워

보인다. 다만 위의 연구 절차에서 눈여겨보아야 할 것은 특별히 '실험'을 강조한다는 점이다. 근대 학자 중에서 아리스토텔레스 및 전통에 반대하여 특별히 실험을 강조했던 학자로 베이컨이 있었다.

프랜시스 베이컨(Frances Bacon, 1561-1626)은 영국의 과학자이며 법률가이면서 철학자였다. 특별히 그는 귀납적으로 가정된 과학원리를 실험으로 확인해야 한다는 점을 매우 강조한 과학자이다. 또한 그는 영국의 대법관이기도 했다. 뇌물수수 혐의로 탄핵받아 그 직위를 잃었는데, 사실은 특정 정파에 끼지 않았기 때문이라고 전해지기도 한다. 베이컨은 식품을 상하지 않도록 오래 보관하려면 어떤 방법이 있을지 연구하던 중 닭의 배를 갈라 내장을 꺼내고 그 속에 얼음을 채워 넣으면, 즉 냉장 보관하면, 오래 보존할 수 있다고 생각하였다. 그 생각을 실제로 실험하던 중 그는 감기에 걸렸으며, 그 병은 폐렴이 되었고, 결국 그는 사망했다. 과거에 폐렴은 고치기 어려운 병이었다.

반면, 실험을 중요하지 않다고 생각했던 학자들도 있었다. 플라톤과 같이 수학과 기하학의 체계에서 진리를 탐구할 가능성을 보았던 이성주의(합리주의) 학자들이다. 그들의 생각을 구체적으로 알아보려면, 무엇보다 유클리드 기하학이 어떤 체계로 구성되었는지를 돌아볼 필요가 있다.

1권에서 살펴보았듯이, 기원전 300년 무렵 유클리드는 『기하학원론』을 썼다. 그 체계는 자명하다고 가정된 5공준과 5공리, 그리고 여러 정의(용어 규정)로부터 정리를 유도하며, 그 정리로부터 이후의 모든 기하학 지식이 증명된다. 고대에서부터 근대에 이르기까지 유럽의 학자들, 특히 철학자들은 기하학 지식을 특별한 지식으로 인정했다. 왜냐하면 기하학의 모든 지식은 자명한 기초 가정들로부터, 그리고 자명한 규칙들을 적용하여, 엄밀히 구성되는 완전한 지식 체계를 보여주기 때문이다. 데카르트는 유클리드 기하학이 가장 훌륭한 학문의 체계성을 보여준다고 생각했다. 뉴턴 역시 그러한 생각에서 이렇게 말했다. "완벽히 정확한 것을 기하학적이라고 말하며, 기계적이라고도 말한다." 그러므로 우리가 유클리드 기하학을 이해하는 일은 근대의 기계론을 이해하기 위해서도 꼭 필요하다. 가장 대표적인 기계론 체계가 바로 유클리드 기하학이기 때문이다. 물론 뉴턴도 그 지식 체계를 자신의 역학에 도입하였다. 앞으로 뉴턴의 체계를 알아보기 전에 우선 데카르트부터 살펴볼 필요가 있다. 뉴턴이 데카르트로부터 어떤 영향을 받았는지, 즉 뉴턴이 데카르트의 어떤 과학철학의 관점을 계승하고 발전시켰는지 이해하기 위해서이다. [참고 2]

* * *

데카르트가 구체적으로 어떤 철학을 했으며, 그의 철학은 이후 여러 분야의 학자들에게 어떤 영향을 주었는가? 독일의 철학자 헤겔(Georg Wilhelm Friedrich Hegel, 1770-1831)은 데카르트를 "근대 사상의 여명기를 상징하는 철학자"라고 칭송하였다. 과연 그는 그렇게 칭송받을 만하였을까? 근대 사상의 가장 큰 특징으로는 르네상스 운동의 '휴머니즘' 즉 인본주의를 꼽을 수 있다. 그 운동은 기존의 기독교 사상의 구속에서 벗어나려는 해방, 즉 신으로부터의 인간의 독립을 외치는 사조를 의미한다. 데카르트의 유명한 명제, "나는 생각한다. 고로 존재한다."라는 말은 '신에 대한 의존을 거부하는' 뜻으로 해석될 수도 있다. 다시 말해서, 그의 명제가 "신의 말씀이 있어, 내가 존재하게 되었다."라는 말을 거부하는 것으로 들릴 수도 있다. 신의 의지와 관계없이 자기 스스로의 생각만으로 스스로가 존재함을 이야기하는 것은 당시로서는 도전적인 주장이었다. 그런 측면에서 위의 데카르트의 명제는 과학자들에게 본격적으로 종교의 굴레에서 벗어나 자유롭게 세계를 탐구하라는 신호탄이었다.

데카르트는 신의 의지와 무관하게 인간 스스로 올바르게 판단할 수 있다는 확신이 필요했다. 그러자면 무엇을 알고 무엇을 알지 못하는지부터 분명히 해둘 필요가 있었다. 그래야 할 필요를 그의 말에서 찾아볼 수 있다. "나는 내가 가장 확실한 것으로 인정하지 않는 어떤 것도 참이라고 받아들이지 않겠다." 교회의 권위와 그것을 지지하는 스콜라철학을 거부하고, 자유로운 세계에 대한 탐구를 외치는 시대적 사상의 흐름을 '계몽주의'라고도 한다. 데카르트 이외에 계몽주의 철학자로 로크, 흄, 칸트 등을 꼽는다. 신에 의존하지 않고도 인간 스스로 세계에 대해 명확히 밝혀내려면, 기본적으로 인간이 이성적이고 합리적으로 사고할 수 있어야 한다. 그리고 인간의 이성과 합리성만으로 세계를 제대로 밝혀낼 수 있다는 확신이 필요했다. 그렇다면 데카르트는 인간 능력으로 올바른 앎을 가질 수 있다고 확신할 어떤 계기가 있었는가?

데카르트는 23세 때 어느 날 생각에 빠진 채 난롯가에 앉아 있다가 '우주의 모든 자연법칙이 근본적으로 수학 법칙과 일치한다'는 아이디어를 얻었다. 간단히 말해서, 우주의 모든 섭리를 수학으로 해석할 수 있다는 생각이다. 또한 수학은 다른 모든 지식 체계에 비하여 가장 높은 진리성을 지니고 있으며, 수학의 세계에는 오류란 불가능하다고 생각했다. 반면에 감각에 의존하는 경험적 지식은 수학과 같은 확실성을 보장할 수 없다고 보았다. 데카르트에 의하면, 수학적 지식이 그렇게 훌륭한 것일 수 있는 것은, 수학이 감각에 의존하지 않고 이성적으로만 탐구되는 학문이기 때문이다. 그런 배경에서 그는 이성적으로 탐구한다면 진리라고 여길 만한 지식을 얻을 수 있다고 확신했다.

데카르트의 관점에 따르면, 물리학자는 자연을 대략적 느낌으로만 인식하지 않으며, 자연의 '길이', '모양', '운동' 등등을 수학적으로 정확히 파악하려 한다. 그것은 그런 파악이 엄밀한 의미에서 '인식'이기 때문이다. 그런 관점에서 그는 오직 수학적 인식, 즉 이성에 의해서 직관되거나 연역(추론)된 것만을 학문다운 앎으로 보았다. 왜냐하면 그런 인식은 이따금 틀릴 수 있는 감각이나 상상력에서 흘러나온 것이 아니며, 엄밀한 수학과 기하학으로부터 얻은 앎이기 때문이다. 그런 관점에서 그는, 해석기하학이나 대수학 방법에 의존하지 않는 학문은 일단 믿지 말아야 한다고 생각하였다. 따라서 그는 "세계는 단적으로 수학적 문제의식 이외의 다른 것이 아니다."라고 결론 내렸다.

그의 수학적 천재성은 다음과 같은 점에서도 빛난다. 우리는 중학교 시절 '함수와 그래프'라는 단원에서, 직선은 일차 함수로, 그리고 포물선은 이차 함수로 나타낸다는 것 등을 배운다. 우리는 그것을 '해석기하학(analytic geometry)'이라고 말한다. 그것을 창안한 사람이 바로 데카르트이다. 해석기하학은 기하학적 도형을 함수로 표현하는 방법을 보여준다. 다시 말해서, 도형 혹은 그래프를 수식으로 나타낼 수 있으며, 반대로 그 수식을 공간 도형으로 표현할 수 있는 방법이다. 현재에도 그 방법은 거의 모든 과학 영역에서 그리고 경제학이나 기타 다양한 분야에서 특정한 현상을 분석적으로 설명하기 위해 폭넓게 사용되고 있다(그림 2-5).

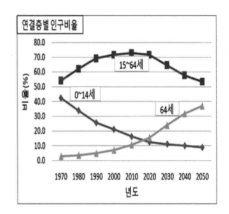

연령층 년도	0~14세	15~64세	65세 이상
1970	42.5	54.4	3.1
1980	34.0	62.2	3.8
1990	25.6	69.2	5.1
2000	21.1	71.7	7.2
2010	16.3	72.8	10.9
2020	12.6	71.7	15.7
2030	11.2	64.7	24.1
2040	10.1	57.9	32.0
2050	9.0	53.7	37.3

[그림 2-5] 한국의 나이별 인구 구성 비율을 보여주는 그래프. 왼쪽에서 연도에 따른 인구 구성 비율의 변화는 오른쪽의 그래프로 시각화된다. 오른쪽의 시각화를 통해서 왼쪽 도표에서 알아보기 어려웠던 변화의 양태가 쉽게 드러난다.

나아가서 그는 자연을 탐구하는 여러 학문 분야들 사이의 관계를 하나의 나무에 비유하였다. 그는 수학을 나무의 줄기에 비유했고, 수학을 제외한 여러 학문을 나무의 가지에 비유했다. 물리학, 의학, 천문학, 생물학, 경제학 등등은 모두 수학을 사용하여 탐구되는 학문이다. 그런 측면에서 그 모든 학문의 가지는 수학이란 줄기로부터 뻗어 나온 것으로 여겨진다(그림 2-6).

그는 그러한 생각을 더욱 철학적으로 밀고 나아갔다. 그의 반성에 따르면, 수학도 다만 나무의 줄기에 불과할 뿐이므로, 나무의 뿌리에 해당하는 것을 찾아야 한다. 그것이 바로 '형이상학' 즉 철학이다. 그런 측면에서 모든 학문의 근본은 철학이다. 앞의 1권에서 말했듯이, '철학'을 '제1철학'이라고 칭해도 좋다. 철학이 '모든 학문의 궁극적 원리'를 제공한다는 의미에서 '제1철학'이란 '가장 으

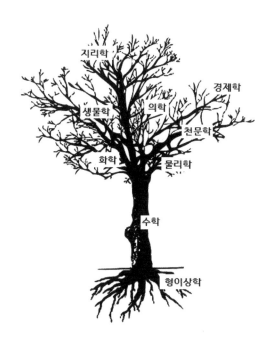

[그림 2-6] 학문의 관계를 보여주는 데카르트의 생각을 보여주는 그림

뜸 학문으로서의 철학'이라는 말이다.

아리스토텔레스가 주로 생물학과 관련하여 그 학문의 원리 탐구로서 철학을 연구한 점이 있다면, 데카르트는 플라톤과 마찬가지로 수학과 기하학과 관련하여 학문의 원리 탐구로서 철학을 연구했다. 그는 수학이란 학문이 틀림없는 기본 원리들로부터 빈틈없는 논리로 추론된다는 점에서 놀라워했다. 앞서 살펴보았듯이, 그는 특히 유클리드 기하학이 엄밀한 체계성을 가지고 있다는 점을 높이 보았다.

그의 관점에 따르면, 유클리드 기하학은 바로 그런 엄밀한 체계성에서 '필연적(necessary)' 참인, 즉 논리적으로 참인 지식을 낳는다. 대수학과 기하학적 지식이 자체의 체계성에 의해서, 그리고 논리적 추론만으로도 참임이 확인될 수 있으므로, 경험적 확인이 필요하지 않은 지식이다. 예를 들어, '2＋3＝5'가 참임을 밝혀주기 위해서, 우리는 수많은 사물에 대해 2개와 3개를 합하면 5개가 된다는 것을 반복해서 세어보는 귀납적 방법을 사용할 필요가 없다. 또한 "삼각형의 내각의 합은 180도이다."라는 말이 참인지 확인하기 위해 수많은 삼각형에 대해서 각도기로 그 내각을 실제 측정할 필요가 없다. 우리가 단지 이성적이고 논리적으로 사고하기만 하면 그러하다는 것을 알 수 있기 때문이다.

당시의 관점에서 보면 기하학 지식 역시 훌륭한 특성을 가질 수 있는 것은 다음 두 가지 특성 때문이다. 첫째, 수학 체계는 자명한 전제인 공준(그리고 공리)에서 출발한다. 둘째, 그 자명한 지식으로부터 엄밀한 연역논리로 추론한다. 예를 들어, "두 점 사이에 최단 직선을 오직 하나 그릴 수 있다."라는 말이 참인지 확인하기 위해, 우리는 단지 이성적 직관만으로, 쉽게 말해서 두 점 사이에 선을 긋는다는 것을 상상하기만 하여도, 즉각적으로 그렇지 않을 수 없다는 것을 알 수 있다. 이런 점에서 기하학의 공준들은 다른 어떤 지식에 의존할 필요 없는, 즉 증명될 필요가 없는 '자명한' 지식이다. 또한 복잡해 보이는 기하학 지식은 그러한 자명한 지식으로부터, 그리고 자명한 논리체계인 공리와 엄밀한 정의로부터, 차근차근 연역적으로 추론되는 지식이기에 진리성을 갖는다.

이렇게 기하학의 연구 방법을 고려해서, 데카르트는 1637년 저술한 『방법서설(Discours de la Méthode, plus La dioptrique, Les météores et La géométrie)』에서 모든 학문의 방법을 다음과 같이 네

절차에 따라 진행해야 한다고 생각했다. 첫째, 어떤 존재를 명백히 알지 못하면서도 그것을 "인정하지 않는다." 둘째, 문제를 가능한 단순한 여러 부분으로 나눈다. 셋째, 가장 단순한 부분부터 단계적으로 조금씩 복잡한 지식으로 올라간다. 넷째, "더는 의심할 것이 없는지 철저히 조사한다." 이렇게 그는 자신의 연구 방법론에서조차 비판적 정신을 잃지 않고 있다.

우리의 이성적 사고만으로 세계를 파악할 수 있다는 그의 생각은 이후 많은 학자에게 영향을 주었으며, 인간이 신에 의존하지 않고 세계를 파악할 수 있다는 인본주의를 전파하는 동력을 제공했다. 아울러 기하학과 같이 자연에서 근본 원리를 찾아내어 수학적이고 이성적으로 사고한다면, 자연현상에 대해서 어떤 목적이나 의지를 끌어들이지 않고도 설명할 수 있다는 기계론적 사고방식을 갖게 했다.

■ 유클리드 기하학과 기계론

지금까지 살펴보았듯이, 수학과 기하학 지식이 훌륭한 이유는, 단순하여 그 진리의 자명함이 드러나는 기초 지식으로부터 우리가 복잡해 보이는 지식을 연역논리로 구성할 수 있기 때문이다. 그리고 그것은 기초 지식이 필연적 관계로 서로 결합될 수 있기 때문이다. 그러므로 어느 분야의 학자라도, 극히 단순하면서도 자명한 지식을 찾아서 그것들로부터 체계적으로 어떤 지식이든 구성해야 한다. 이러한 생각이 바로 '기계론'이다. [참고 3]

앞서 이야기한 바와 같이, 데카르트는 우주의 모든 원리를 수학적 방법으로 설명할 수 있다고 생각하였으며, 처음에는 물리학에 대해서도 아무런 실험 도구 없이 수학적으로 탐구할 수 있다고 기대했다. 그러나 곧 그와 같은 과학은 가능하지 않다고 생각하였는데, 바로 기하학이 아닌 자연과학 혹은 천문학에서도 '공준'과 같은 것이 필요하다고 생각했기 때문이다. 그가 1644년 『철학의 원리 (*Principia Philosophiae*)』에서 생각했던 자연과학 혹은 천문학의 공준은 다음과 같다.

공준 1. 각각의 사물들이 힘을 가지는 한에서, 언제나 동일 상태를 유지하며, 따라서 일단 움직이기만 하면 언제나 그 운동을 지속한다.

공준 2. 모든 사물의 운동은 스스로 직선운동한다. 그러므로 회전운동하는 사물은 원의 중심에서 벗어나려 한다.

공준 3. 그러므로 물체는 외부 원인에 의해서 그 상태를 바꿀 수 있다.

이러한 공준을 보면, 우리는 그가 철학자이기에 앞서 과학자라는 것을 명확히 알아볼 수 있다. 그의 자연 기초 법칙은 거의 갈릴레이로부터 가져온 것으로 보인다. 그리고 그는 그것을 유클리드 기하학의 체계와 같은 체계로 구성하려 시도한 것처럼 보인다. 앞으로 뉴턴을 살펴보겠지만, 데카르트의 자연학은 뉴턴 역학으로 가는 과정을 보여준다. 이러한 측면에서 보면, 뉴턴이 어느 날 나무 밑에 앉아 있다가 떨어지는 사과를 보고 만유인력의 법칙을 발견했다는 식의 천재의 번뜩이는 기적 이야기에 우리는 이제 관심 둘 필요가 없다. 그리고 앞으로 3권에서 살펴보겠지만, 아인슈타인의 상대성이론에 대해서도 역시 그러한 시각으로 살펴볼 필요가 있다. 그들은 모두 선구자들의 연구를 계승하였음에도, 그 이론을 맹목적으로 신뢰하기보다 비판적으로 보았다. 우리는 그들이 '왜' 그리고 '어떻게' 비판적으로 사고하였는지, 그 사상적 배경이 무엇인지 등을 면밀하게 살펴보고 배울 필요가 있다.

데카르트는 기하학과 자연학을 넘어 모든 학문의 기초인 철학에서도 공리적 체계를 세워야 한다고 생각하였다. 그는 모든 학문의 원리로서 공준과 같은 것이 필요하다고, 즉 '형이상학적 기초'가 필요하다고 생각했다. 그것은, 앞서 이야기했듯이, 모든 학문을 통합적으로 설명할 수 있는 기초는 수학이지만, 수학이란 나무의 줄기 역시 허공에 서 있을 수는 없으며, 그 줄기가 서 있기 위해서는 땅에 지지해야 할 뿌리가 있어야만 한다는 그의 생각 때문이었다. 그렇게 그는 수학 자체에 대해서도 형이상학적 전제로서의 뿌리와 같은 공준을 찾아야 한다고 생각하였다. 이러한 철학적 방법은 오늘날까지 적지 않은 철학자들이 따르는 것으로, 특히 현대 분석철학자들이 즐겨 사용하는 방법이다. 그들은 엄밀한 철학을 위해, 공준과 같은 철학의 원리를 찾아야 하며 그 원리로부터 철학의 다른 것들을 엄밀한 논리로 추론해야 혹은 정당화해야 한다고 가정하기 때문이다. 그것이 바로 철학의 방법이며 목표라고 여긴다.

이런 측면에서, 내가 보기에, 정당성에만 매몰된 많은 현대 분석철학자들은 여전히 데카르트의 기계론적 사고에 머물고 있다. 여기서 잠시 재미있는 비판적 사고를 해보자. 우리는 앞서 1권에서 인도인들이 과거에 지구 아래에 코끼리가 받치고 있으며 그 코끼리 밑에는 커다란 거북이가 받치고 있다고 믿었다는 이야기를 했다. 그런데 그런 믿음에 조금만 비판적으로 생각해보면 이렇게 질문할 수 있다. 그 거북이 밑에는 무엇이 있는가? 이 이야기를 데카르트에게 그대로 적용해보자. 모든 학문의 밑을 떠받치는 것으로 철학이 필요하다면, 그 철학의 밑에는 무엇이 있어야 하는가? 이런 의문을 현대 철학의 흐름과 관련하여, 그리고 철학을 과학적으로 연구하자는 자연주의 철학 연구 태도와 관련하여, 나아가서 통섭 연구 태도와 관련하여, 3권 16장 및 17장, 그리고 4권 23장 등에서 다시 논의할 것이다.

* * *

우주를 통합적으로 설명할 수 있다는 데카르트의 이상에 따르면, 통합 학문으로서 철학의 기초 역시, 수학과 기하학의 체계처럼, 모든 학문적 앎의 자명한 전제로서 공준과 같은 형이상학적 전제를 찾아야 한다. 그는 모든 앎에 대한 설명의 출발점으로서 이성만으로 얻을 수 있는 자명한 진리를 밝혀야 했다. 그러한 진리는 불확실한 감각이나 환상에 근거해서는 안 된다. 수학이나 기하학이 단순하고 자명한 진리로부터 출발하듯이, 모든 학문적 지식의 체계 역시 오직 자명한 이성적 사고의 기초로부터 단계적으로 차근차근 올라가며 학문의 건축물을 구성해야 하기 때문이다. 그렇게 이성만으로 철학의 기초를 찾은 후에, 역시 이성의 논리적 연역추론으로 세계를 설명할 수 있다는 생각을 철학자들은 '이성(합리)주의(rationalism)'라고 부른다. [참고 4]

데카르트는 유클리드 기하학의 공준과 같은 전제를 학문의 기초로 찾으려 했으므로, 후대의 학자들은 그의 철학적 입장을 '토대주의(foundationalism)'라고도 부른다. 또한 그런 전제로부터 구성적으로 모든 지식을 설명할 수 있다는 관점은, 역으로 말하면 어느 지식도 그것의 구성 원소들로 분해될 수 있다고 가정한다. 그런 관점을 '환원주의(reductionism)'(구성적 환원주의)[3]라고도 부른다. 또한 자명한 것을 찾기 위해 모든 것들을 의심하려 한다는 점에서 그를 '회의주의(scepticism)'를 대표하는 철학자로 보기도 한다. 이렇게 데카르트는 '기계론', '이성(합리)주의', '정초주의', '환원주의', '회의주의'를 내세운 대표적 철학자이다. 또한 그는 당시 과학의 발전을 바라보면서, 우리의 지식은 어떤 종류로 구분되며 어떤 본성을 갖는지 등을 적극적으로 문제 삼은 첫 번째 철학자인 셈이다. 즉, '근대적 인식론'의 탐구에 불을 지핀 선구자라고 말할 수 있다. 무엇보다도 후대의 학자들은 그를, 스콜라철학에 의한 방법 혹은 신의 계시에서 벗어나 인간의 이성으로 세계를 탐구하려 했던 선구자라는 점에서 '근대 철학의 아버지'라 부른다.

앞서 이야기했듯이, 데카르트는 1633년 갈릴레이의 주장을 지지하는 철학 체계를 발표하려 하였지만, 갈릴레이가 종교재판에서 유죄판결을 받았다는 이야기를 듣고 출판을 포기하였다. 이후로 그는 1637년 『방법서설』을 썼으며, '굴절광학', '기상학', '기하학' 등도 연구하였다. 그를 유명한 철학자로 만들어준 저서는 1641년의 『제1철학에 대한 성찰』이다. 이 책 역시 우리말로 번역되었다. 그런데 만약 철학을 공부하지 않은 독자가 그 책을 뜬금없이 무작정 읽기 시작하면 적지 않은 오해를 불러일으키지 않을까 염려된다.

그러한 염려는 그 책에서 데카르트가 아래와 같이 말하기 때문이다. 내 눈앞에 있는 것들이 정말로 있는 것인지 나는 어떻게 믿을 수 있겠는가? 지금 내가 느끼고 생각하는 것이 꿈이 아니라고 확신할 수 있는가? '2 + 3 = 5'와 같은 수학적 지식은 꿈속이라도 틀릴 수 없을 것이다. 그렇지만 그것도 사실은 틀린 것인데 악마가 나를 속여 참인 것처럼 잘못 알게 한 것은 아닐까?

이와 같은 그의 생각을 읽게 된다면, 아마도 현대인 누구라도 그 책을 아주 시시하다고 생각할 가능성이 있다. 그리고 철학 자체에 대해 실망하지 않을까 염려된다. 그래서 누군가는 그 책을 읽으면서 어쩌면 아래와 같이 말할 수도 있다. "정신병자나 할 이야기를 담고 있는 그따위 책을 읽느니 낮잠을 자는 것이 더 도움이 되겠어. 도대체 그런 책이 철학적으로 유명하다는 것을 믿을 수가 없네. 그따위 엉터리 말장난이나 하는 책을 무엇 때문에 읽어야 해?"

일상적으로 우리는 분명히 눈앞에 보이고 만져볼 수 있는 사물들에 대해서 그것들이 정말로 있는지를 의심하지 않는다. 그것을 의심하면 먹을 것을 먹지 못할 것이며, 위험한 것을 알아보지 못해 위험에 빠질 것이다. 정상인이라면 현실과 꿈을 쉽게 구별한다. 또한 꿈속이라도 수학적 지식만큼은 틀릴 수 없다는 그의 주장에도 동의하기 어렵다. 꿈은 그야말로 엉터리로 이야기를 만들어내는 경향이 있다. 친한 친구가 나를 괴롭히는 악당으로 등장할 수도 있으며, 이성적으로 이해할 수 없는 상상이 벌어지는 곳이 바로 꿈이다. 그것이 바로 꿈이 갖는 속성이라는 최근 신경학적 가설도 있으며, 꿈은 일종의 학습기능의 연장선에서 이해된다는 주장도 있다. 그러므로 데카르트가 꿈속에서도 수학이나 논리는 틀릴 수 없다고 주장한 것은 문제가 있어 보인다.

그러나 위와 같은 이유에서 누군가 만약 그의 『제1철학에 대한 성찰』이 가치 없는 책이라고 낮춰 본다면 그것은 적절하지 않다. 어느 책의 내용을 이해하고 그 속에서 유용한 점을 얻어내려면, 그 책이 어떤 배경에서 나왔으며 어떤 영향을 주게 되었는지 등의 맥락을 알아야 한다. 그런 이유로, 철학을 공부해본 경험이 없다면 선

불리 읽기보다는 먼저 대략적인 소개를 받은 후 읽는 것이 바람직할 수 있으며, 전문적으로 철학을 공부하는 사람이 아니라면 굳이 철학 원전을 읽을 필요는 없어 보인다. 그렇지만 여러 분야의 연구자들이나 일반인들도 어느 정도 철학을 알 필요가 있으며, 나의 이책이 그 필요를 다소 충족시켜줄 듯싶다. 그런데 데카르트가 위와 같은 의문을 가졌던 맥락은 무엇인가?

데카르트는 진리라고 할 만한 훌륭한 지식 체계의 건축물을 세우기 위해, 즉 자기 철학의 체계를 위해 기초가 필요하다고 생각했다. 그의 관점에서 보면, 철학의 기초는 유클리드 기하학에서의 공준과 같이 확고한 것이어야 한다. 그것은 경험에 의존함이 없이 이성적으로 파악되어야 하며, 필연적으로 참이어야 한다. 따라서 이성적으로 검토해보아 의심될 여지가 없는 확고한 기초를 찾기 위해 그가 처음으로 해야 할 일은 조금이라도 믿기 어렵거나 의심스러운 부분이 있는 것들은 일단 비켜놓는 것이다. 그러자면 가장 분명해 보이는 것들부터 조금이라도 의심할 여지가 있는지 검토해볼 필요가 있다. 그렇게 데카르트에게 처음 필요한 탐구 방법은 분명해 보이는 모든 것들을 비판적으로 검토하는 회의적 방법이다.

* * *

그는 우선 '감각적 지식'에 대해 검토했으며, 그 검토에서 아래와 같이 생각해보았다. 지금까지는 나는, 가장 믿을 만하고 명확한 것은 감각적 느낌을 통해 알게 된 지식이라고 생각했다. 감각을 통해 얻어진 것은 분명하다는 생각에서 우리는 일상적으로 감각적 지식의 확실성을 의심하지 않는다. 그러나 이제 나는 이따금 감각이 나를 속이거나 믿을 수 없는 지식을 제공할 경우가 있다는 것을 생각하게 된다. 예를 들어, 유리컵에 꽂힌 막대기가 꺾여 보이는 경우와 같이 감각이 이따금 우리를 착각하게 만들기 때문이다. 물론 이따금 감각이 나를 기만한다고 하더라도, 어떤 경우에는 감각을 통해서 얻은 지식이 의심할 수 없어 보이기도 한다. 예를 들어, 내가 지금 여기에서 어떤 옷을 입고 난로 옆에 앉아 있다는 것만큼은 부정할 수 없어 보인다. 그렇지만 아래와 같은 생각을 해보면, 그 생각을 다시 회의하게 된다. 잠을 자면서 꿈을 꾸었을 때를 회상해보자. 그 경우 나는 꿈속에서 현실과 꿈을 구분할 수 있는 명확한 기준을 가질 수 있었던가? 나아가서 어쩌면 지금도 내가 꿈을 꾸고 있으면서 현실이라고 믿고 있는 것은 아닐까? 위와 같은 의심에서 나는 감각적으로 얻어지는 지식에 대한 믿을 만한 어떠한 확고한 근거를 얻지 못한다. 그렇게 확신할 수 없다면 감각에 의존하는 모든 경험적인 지식들을 일단 믿을 수 없는 것으로 미뤄두자.

위와 같은 생각을 한 후에 데카르트는 '수학적 지식'에 대해서도 검토하고 의심한다. 비록 꿈속이라도 수학적 지식은 틀릴 수 없다고 여겨진다. 예를 들어, 아무리 꿈속이라도 '1+1=2'라는 판단만은 틀릴 수 없을 것 같다. 그런 점에서 수학적 지식에 대해서는 그 진리성을 의심할 수 없어 보인다. 그러나 만약 신이 나를 속이고 있어서 내가 기만되어 그렇게 판단한 것이라면, 그 수학적 지식조차도 그 진리성을 의심할 여지가 있다. 물론 신은 나를 속일 리 없겠지만, 어떤 악마는 그럴 수 있다. 그리고 어쩌면 꿈속만이 아니라 우리가 사는 세계까지도 악마가 우리를 환상에 들게끔 조작하고 있을지도 모른다. 따라서 수학적 지식도 확실히 믿을 어떤 필연적 근거를 찾을 수 없으므로 일단 의심되는 것으로 미뤄두자.

위와 같이 수학적 지식을 미뤄두고 나서 그는 모든 것들을 믿지 말아야 하는지 반성해보았다. 그렇다면 무엇을 참(true)으로 여길 수 있겠는가? 어쩌면 '참이라고 확신할 수 있는 것이 아무것도 없다'는 것만이 참일지도 모른다. 그러나 이런 대답도 참이라고 확신할 수 없다. 왜냐하면 그 대답에 대해서도 필연적인 이유를 명확히 밝힐 수 없기 때문이다.

그는 위와 같이 생각하고 나서 자신의 '신체'가 이 세계에 존재한다고 믿을 수 있을지 아래와 같이 검토해보았다. 지금 내가 자신의 신체를 바라보고 느낄 수 있는 것으로 보아 내 신체만은 확실히 존재한다고 믿을 수 있어 보인다. 그러나 나의 감각이 나에게 확신을 줄 수 있는지는 처음부터 의심되었던 바이다. 나의 신체가 존재하는지는 감각에 의존하여 파악된다는 점에서 굳게 믿어야 할 필연적 이유를 얻을 수 없으므로, 일단 비켜놓아야 하겠다.

위와 같이 그는 자신의 신체적 존재로서의 '나'가 의심된다면, 마지막으로 '사유하는 존재로서의 나'에 대해서도 의심되는지 아래와 같이 검토해보았다. 나의 신체적 존재가 의심스러우니, 따라서 나의 사유하는 존재로서의 '나'도 의심스러운가? 그렇지 않다고 생각된다. 왜냐하면 내가 의심하고 있는 중에도 나는 지금 의심하고 있는 자로서 존재해야 하기 때문이다. 만약 사유하는 내가 존재하지 않는다면, 지금 나는 의심조차 할 수 없을 것이기 때문이다. 나는 지금 명백히 의심하고 있으며, 따라서 사유하는 존재로서 '나'는 명백히 존재해야 한다. 이것만큼은 어떤 악마에 의해서도 흔들릴 수 없이 확실하다. 왜냐하면 만약 내가 누군가에 의해 속고 있더라도 속임을 당하는 '나'가 존재해야 하기 때문이다. 따라서 아래와 같이 말할 수 있다. "나는 생각한다. 고로 존재한다(Cogito, ergo sum, I think, therefore I am)." 내가 생각할 때마다 언제나 사유하는 '나'

의 존재를 확인한다. 그러나 나는 내가 어떤 존재인지 아직 알지
못한다. 나는 신체를 갖고 있음을 주장할 아무런 정초(확고한 근거)
를 아직 갖지 못하며, 오직 생각하는 '나'일 뿐이다.

위와 같이 생각하는 존재로서 자신을 인정한 후 그는 의심할 수
없는 확실한 지식이 어떤 속성을 갖는지 아래와 같이 생각해보았
다. 내가 지금 사유하고 있음을 스스로 알 수 있듯이, 의심될 수 없
는 지식은 나에게 확연하며(명석하며, clear), 또한 명확하다(판명하
다, distinct). 따라서 명석하고 판명하게 이해되는 것들을 앞으로
나는 확실한 지식의 기준으로 삼겠다.

이렇게 긴 회의적 사고 끝에 그는 진리의 기준으로 '명석하고 판
명해야 함'을 밝혔다. 그가 말하는 명석함과 판명함이 구체적으로
무엇을 말하는지는 쉽게 이해되기 어려운 면이 있다. 그의 말에 따
르면, 예를 들어 '통증(pain)'과 같은 육체적인 아픔은 자신에게 분
명하다는 점에서 명석하기는 하지만, 이따금 그 통증 부위를 잘못
아는 경우가 있으므로, 그 통증이 어느 곳에서 오는지 분명하지 않
다는 점에서 판명한 것은 아니다. 그는 신체적으로 느끼는 주관적
인 것들인 '맛', '색', '아픔', '냄새' 등 제2성질은 명석하기는 하지
만 판명하지는 않다고 하며, 반면에 수학적으로 계산이 가능한 제1
성질은 모두 명석하고 판명하다고 주장한다. 그렇지만 나는 그의
그런 주장 모두를 그대로 인정하기는 어렵다. 요즘 과학자들은 제2
성질이라는 것도 모두 제1성질처럼 수량적으로 실험적인 연구를 하
기 때문이다.

이상으로 데카르트가 기하학과 같은 방식으로 어떻게 철학의 기
초를 탐구하였는지 살펴보았다.

* * *

그는 1644년 이성적이며 비판적으로 철학을 탐구한다는 것이 무엇인지를 『철학의 원리』에서 보여준다.4) 이 책의 서문은 "신성로마제국의 고귀하신 엘리자베스 공주님께"로 시작한다. 그리고 그 공주에게 헌정하는 책의 서문을 이렇게 마무리한다.

> 저는 공주님께서 제가 쓴 모든 글을 종류에 상관없이 잘 이해하신 유일한 분이라고 생각합니다. … 공주님의 인격에는 고귀함과 함께 끊임없이 달려드는 운명의 시련에도 불구하고 결코 변하지도 그리고 꺾이지도 않는 어떤 탁월한 대범함과 인자함이 드러나 있기 때문입니다. 그것이 저를 완전히 압도하여, 저로 하여금 저의 이 철학을 공주님에게 경외하는 현명함으로 바쳐야 한다고 생각하게 했을 뿐만 아니라, 또한 철학자로서는 물론이고 매우 고귀하신 공주님의 고매함에 헌신적인 종으로서도 명성을 얻고 싶어 하도록 했습니다. (『철학의 원리』, 4-5쪽)

데카르트 서문의 이러한 사탕발림 이야기를 우리는 어떻게 이해해야 할까? 글의 내용대로 그 공주를 지극히 존경하거나 사랑해서일까? 아니면 소심했던 데카르트가 혹시라도 불경죄로 종교재판에 회부될 것을 염려하여 미리 연막을 친 것일까? 아무래도 나는 후자 쪽이라는 의견으로 기울어지는데, 그 이유는 아래와 같다.

그는 이 책에서 갈릴레이처럼 지구 중심이 아닌 태양 중심의 천문 체계를 당연한 것으로 받아들인다. 그리고 그는 지구가 태양 주위를 공전한다는 것과 자전한다는 것을 당연하게 받아들이면서 이렇게 말한다. "첫눈에 지구는 당연히 세계의 다른 모든 물체보다 훨씬 더 커 보이며, 태양과 달도 다른 별들보다 더 커 보인다. 그러나 의심할 수 없는 계산을 통해서 그런 시각의 결함을 교정하면, 우리는 달과 지구의 거리가 지구 지름의 약 30배에 이르며, 태양과 지구의 거리는 600배나 700배에 달한다는 것을 인식한다." 그는 당시의 과학적 관측과 나름의 합리적 사고에 따라 태양에 대해 이렇게 말한다. "연료를 필요로 하지 않는다는 점에서 태양은 [나무나 숯이 타는] 불꽃과 다르다." 당시에 그는 이렇게, 태양이 핵융합 반응에 의한 폭발이라는 것을 알지 못했지만, 그런 불꽃이 무엇인지 후대 학자들이 연구할 과제를 제시하기도 한다.

그는 사실상 갈릴레이의 지동설을 지지한다. 그러므로 자신의 주장에 대한 교회의 반응을 염려한다. "신이 … 모든 것을 우리 때문에 만들었다고 하는 것은 경건한 사실이다. … 그럼에도 불구하고, 모든 것이 단지 우리 때문에 만들어진 것이라서 그 밖에 다른 용도가 없다고 말하는 것은 결코 옳지 않다. 무엇보다도 물리학에서 그렇게 가정하는 것은 우습고 허황된 일이다." 이렇게 데카르트는 자신의 이야기가 신성을 모독할 의도에서 나오지 않았음을 애써 밝힌다. 아니, 그로서는 그렇게 말해야 했을 것이다.

그는 이 책에서 당시로서 알아야 할 만한 거의 모든 관측과 저술을 종합하여 자신의 비판적 정신에서 나온 지혜를 펼쳐 보여준다. 역사적으로 어느 대가 학자들의 지혜도 결코 좁은 공부로부터 나온 적은 없다. 데카르트 역시 대가 학자답게 통섭 연구를 통한 지혜와 창의성을 보여준다. 그것을 그 책의 다음과 같은 네 부분의 구성으로도 알아볼 수 있다. 첫째 부분은 '인간 인식의 원리들'에 관하여, 둘째 부분은 '물질적인 것들의 원리들'에 관하여, 셋째 부분은 '가시적(보이는) 세계'에 관하여, 넷째 부분은 '지구'에 관하여 등이다.

이 구성의 소제목으로 보면 그는 다음과 같은 내용을 고려한 듯하다.

첫째로, 우리가 세계를 인식하는 경향이 있다는 점을 밝히고, 우리가 세계를 탐구하는 태도와 믿음을 어떻게 가져야 하는지 등을 다룬다. 둘째로, 자연 세계에 대해서 어떤 철학적 이야기를 할 수 있는지를 다룬다. 셋째로 우리가 자연에서 관찰하는 것들에 대해 어떻게 생각하는 것이 합리적인지를 다룬다. 넷째로 지구의 지형적, 생물학적, 환경적 내용을 다룬다. 그러나 그 책의 실제 구성 내용은, 기하학자로서 어울리지 않을 만큼, 그다지 체계적이지 못하며, 여러 이야기를 두서없이 모아놓았다고 생각하게 만든다. 물론 그 책은 당시로서 과거의 상식적 관점이나 인식을 비판적으로 사고한다는 측면에서 비판적 정신을 배우려는 사람에게는 대단히 훌륭한 교재일 수 있다.

그렇지만 여기에서 나는 그 내용이 무엇인지를 개략적으로라도 요약할 필요를 갖지는 않는다. 그것은 아래와 같은 생각 때문이다. 그 내용은 당시로는 아마도 첨단의 과학 지식과 철학적 사고를 정리한 내용일 수 있을지 몰라도, 지금 시대에 그 과학 지식은 중등학교 수준에서 배우는 내용에도 미치지 못한다. 또한 오늘날 우리의 관점에서 본다면, 그의 사고에서 적지 않게 모순적이며 유치한 수준을 발견할 수 있다. 그런데도 그 책이 특별히 과학과 철학의 관계를 이야기한다는 측면에서, 그리고 그것을 서양의 과거 학자들에게서 알아보려 한다는 측면에서, 우리가 관심을 가지고 살펴볼 놀라운 부분이 있다. 그것은 이 데카르트의 책에서 뉴턴의 역학의 체계를 보여주기 때문이다. 조금 과장해서 말하자면, 뉴턴의 역학의 내용과 구성은 데카르트의 그 책에서 상당히 부분을 참고한 것임을 보여준다. 그것이 무엇인지를 뉴턴과 직접 비교해보면서 다음 장에서 이야기해보기로 하자.

■ 마음과 육체

우리는 일상적으로 스스로에 대해서 육체와 정신을 가진 존재라고 생각한다. 우리 스스로에 대해 '물질적인 육체'와 함께 '정신적(비물질적)인 영혼'을 가진 이원적 존재라고 생각하는 관점을 철학자들은 '심신 이원론(mind-body dualism)'이라고 부른다. 철학자들의 일반적 의견에 따르면, 우리 자신을 그런 존재로 명확히 인식하게 된 계기는 바로 데카르트의 사상이다. 그러나 심신 이원론을 데카르트가 처음 제안했다고 꼭 보아야 할 이유는 없어 보인다. 왜냐하면 많은 종교인은 물론 플라톤에게도 영혼이 존재한다는 생각이 있었기 때문이다. 그런 점에서 그들 역시 심신 이원론자이다.

일상적으로 우리는 스스로 '마음'대로 '신체'를 움직일 수 있다고 생각한다. 다시 말해서 정신에 의해 육체를 움직일 수 있다고 생각한다. 데카르트는 비물질적인 정신이 물질적인 육체를 어떻게 움직일 수 있을지 생각해보았다. 그는 해부학을 공부했던 배경에서 이렇게 설명한다. 우리의 정신과 육체가 뇌의 송과선을 통해서 상호작용한다. 그곳을 통해서 정신이 육체에 영향을 미치며, 반대로 신체의 감각은 연결선(신경선)을 따라 송과선으로 전달되어 마음에 영향을 미친다. (하지만 최근 현대 의학에 따르면, 송과선(pineal gland)은 뇌 안의 좌뇌와 우뇌 사이 셋째 뇌실의 뒤쪽에 있으며, 멜라토닌(melatonin)을 분비하는 곳이다. 그리고 멜라토닌은 수면과 관련된 생체 리듬을 관장한다.)

위의 데카르트 설명은 여전히 아래와 같은 의문을 남기므로, 충분한 대답이 아니다. 그의 관점에 따르면, 육체는 물질적이며 정신은 물질적이지 않다. 그러므로 그 둘은 근본적으로 다른 것들인데, 그것들이 어떻게 상호작용할 수 있는지 설명되어야 한다. 일상적으로 우리는 육체적인 고통이 있게 되면 정신적으로 영향을 받으며, 반대로 마음이 괴로우면 그것이 육체에도 영향을 준다는 것을 잘 안다. 문제는 그것이 어떻게 그럴 수 있는지의 의문이다. 물론 현대 의학은 신경전달물질과 호르몬의 물질적 작용으로 위의 의문에 대해 어느 정도 설명하고 있다.

데카르트는 과거 누구보다도 심신이 긴밀히 연관된다고 주장한 사람이다. 그의 생각을 조금 더 구체적으로 아래와 같이 말할 수 있다.[5] 내가 손을 움직이려고 결심하고서야 비로소 나의 손이 실제로 움직였다면, 도대체 나의 정신 속에서 작용하는 현상이 어떻게 신체적인 운동의 원인이 될 수 있는가? 내가 날아가는 새의 모습을 감각적으로 받아들임으로써 나의 사유 작용을 통하여 그 새가 날아간다는 관념을 지니게 된다면, 과연 어떻게 하여 그와 같은 물질적 현상이 인간의 사유 작용을 일으키는 원인이 될 수 있는가?

고대 그리스의 갈레노스는 우리가 움직일 생각을 하고서 신체를 움직이는 것은 활기(vital, 심령, 혼백)가 뇌에서 흘러나와 근육을 부풀려 팽창함으로써 가능하다는 활기론(vitalism)을 주장하였다. 그 관점의 연장선에서 데카르트는 아래와 같이 생각했다. 누가 내 눈을 찌르려고 하면 내 의지와 상관없이 저절로 눈이 감긴다. 그렇게 눈꺼풀이 자동으로 감기는 동작은 마치 우리 신체가 자동 기계 장치와 같다고 생각해야 할 것이다. 또한 다리와 팔과 같은 근육이 부풀어 오르는 것을 보면, 신체의 동작을 위해서 내 근육을 부풀게 할 일종의 물질 같은 것의 작용이어야 한다. 그것이 뇌에서 아주 빠르게 흘러나와 근육으로 옮겨간다고 생각해볼 수 있으며, 그 옮겨가는 통로는 척수를 통해서 연결된 선이다.

위의 이야기로 볼 때, 데카르트는 신경계를 명확히 알지는 못했지만 척수(Spinal cord)를 통해 뇌와 말초신경이 연결되는 흰 줄이 있다는 해부학적 지식은 가졌다. 그렇다면 그는 상당히 유물론적으로(정신적인 것을 물질적인 것으로) 생각한 측면이 있었다. 그는 당시에 자동으로 작동하는 시계나 분수대를 보면서 신기해했고, 자연도 신이 만든 자동 기계 장치처럼 생각했다. 그런 관점을 가진 사람이라면 세계 속에 있는 인간 역시 자동으로 동작하는 기계로 보는 것도 무리는 아닐 것이다. 그런데도 그는 이원론적으로 말한다. 우리의 신체를 닮아서 우리 행동을 모방하는 기계가 있다고 하더라도, 그것이 진정한 인간의 생각이 아님을 알 방법이 있다. 첫째, 그것이 우리처럼 '말을 사용'할 수는 없을 것이다. 둘째, 그것이 인간 못지않은 일을 한다고 하더라도 우리가 '이성에 의해' 움직일 수 있는 것과 같은 장치를 갖도록 만들 수는 없을 것이다.

그가 이렇게 이원론의 입장에 서야 했던 것은, 그가 살던 네덜란드 역시 종교적 권위와 압력에서 완전히 자유롭지는 못했기 때문일 것이다. 예를 들어, 그보다 거의 100년 후 1748년 라 메트리(Julien Offray de La Mettrie)는 《기계인간(L'Homme machine)》이란 책에서 인간과 동물 사이에 근본적 차이가 없다고 주장하였다. 그는 성상 파괴자로 낙인찍혀서 프랑스에서 네덜란드로 추방되었고, 다시 그곳에서도 추방되어 프러시아로 쫓겨났다. 그런 지경에 이르지 않도록 데카르트는 인간에게 기계나 동물과 다른 이성적 능력을 인정해야 했으며, 그 이성적 능력은 마음에서 나온다고 주장해야 했다. 그는 이렇게 말한다. "동물들이 우리가 알아듣지 못하는 말로 의사소통을 한다고 생각해서는 안 된다. 그렇게 된다면 동물들이 우리에게도 의사소통을 할 수 있다고 해야 할 것이기 때문이다."

아무튼 데카르트를 계기로 육체와 정신의 관계에 대한 문제가 철학자들의 하나의 주제가 되었다. 그 주제를 다루는 분야는 철학 내에서 '심리철학(philosophy of psychology)'이라 불린다. 심리철학 논의는 최근 컴퓨터의 개발과 관련하여 현대 철학자들의 관심사가 되었다. 과연 기계가 인간처럼 마음을 가질 수 있을지 의문되기 때문이다. (이런 이야기는 4권에서 다시 다뤄진다.)

지금까지 데카르트가 주로 어떤 생각을 했는지 구체적으로 알아보았다. 그렇다면 그의 비판적 사고에 대해 다시 비판적으로 검토해볼 필요도 있겠다. 그러기 위해 지금까지 이야기한 데카르트의 관점을 아래와 같이 간략히 요약해보자.

첫째, 세계는 수학적 조화로 되어 있어서, 세계의 현상을 수학적으로 파악할 수 있다.

둘째, 물리학과 기하학, 그리고 수학의 원리들은 감각에 의존하지 않으며, 이성에 의해 얻을 수 있는 지식이다.

셋째, 이성적 지식만이 엄밀한 학문일 수 있고, 또한 우리는 우주를 이성의 힘으로 알 수 있다.

넷째, 그러나 이따금 그 이성이 감각처럼 우리를 잘못에 빠뜨리기도 하므로, 학문의 근거를 밝히기 위해 이성마저 검토할 필요가 있다.

다섯째, 그 검토를 통해 모든 지식 또는 학문의 근거가 될 확실한 이성적 지식 또는 진리를 알 수 있다.

여섯째, 그 자명한 진리로부터 기하학처럼 엄밀하고 통합된 학문의 체계를 구성할 수 있고, 엄밀한 학문의 원리를 철학적으로 설명할 수 있다.

일곱째, 그 자명한 진리란, "나는 생각한다. 고로 존재한다."라는 명제이다.

데카르트는 자명한 기초 명제를 찾아서 그것으로부터 피라미드와 같은 튼튼한 학문의 구조물을 지어낼 것을 기대했다. 그렇지만 피라미드가 튼튼했던 것은 하나 혹은 몇 개의 기초로부터 세워졌기 때문은 아니다. 넓은 기초로부터 위로 올라갈수록 점차 좁아지는 구조물이기 때문이다. 반면에 그는 단지 하나의 명제 "나는 생각한다. 고로 존재한다."로부터 모든 지식을 연역적으로 구성하려 했다. 그것은 피라미드를 거꾸로 세우려는 시도와 다름없다. 누가 그런 건물을 세운다면 우리는 안정적이라기보다는 대단히 불안정하여 쉽게 쓰러질 것이라고 말할 것이다. 그렇다면 순수하게 이성적으로 파악된 것으로부터 경험적으로 파악되는 많은 사실을 연역적으로 이해하려는 시도는 처음부터 불가능한 기획이라고 지적하지 않을 수 없다.

다음으로, 그는 자명한 직관, 즉 명증적인 것들은 틀릴 수 없는 지식의 기준이 된다고 주장하였다. 그러나 그 생각이 옳은 것일까? 만약 직관적으로 파악되는 지식이 사람마다 다를 수 있다면 어떨까? 유클리드 기하학 체계만을 인정하는 사람이라면 "평행의 두 직선을 연장하여도 끝내 만나지 않는다."를 직관적으로 자명하다고 주장할 수 있다. 그렇지만 현대 비유클리드 기하학을 공부한 사람이라면 "평행하지 않은 두 직선을 끝까지 연장하여도 만나지 않는다."를 직관적으로 자명하다고 주장할 수 있다. 3차원 입체 공간에서 서로 어긋나는 두 선은 평행하지 않지만 연장하여도 서로 만나지 않기 때문이다.

잠시 논점에서 벗어나, 경험적인 직관의 경우까지 생각해보자. 우리는 일상적으로 무지개 색깔을 일곱 가지라고 직관적으로 파악한다. 다시 말해서, 일상적으로 우리는 무지개를 바라보면서 그 색깔을 일곱 가지로 직관적으로 알아볼 수 있고, 가리키며 셀 수도 있다. 그러나 우리 한국의 조상들은 '오색영롱한 무지갯빛'이란 말을 사용했다. 이것을 보면 그들은 무지개를 명백히 다섯 가지라고 직관적으로 보고, 또 가리켜 셀 수 있었을 것이다. 그것도 '황(노랑)', '청(파랑)', '적(빨강)'에 '흑(검정)'과 '백(흰색)'을 합쳐서 말이다. 여기에서 색깔이 아닌 백과 흑을 빼면 셋만 남는다. 색깔로는 세 가지를 인식했다는 말이다. 그리고 아프리카의 어느 종족들은 무지개를 세 가지의 색으로 파악한다고 한다.

과연 그런 직관이, 데카르트가 기대하듯이, '딱 보고 즉각적으로 알아본다'는 측면에서 틀릴 수 없는 것일까? 현대 영미 철학의 인식론에 따르면, 우리의 어떤 단순한 관찰도 (자신이 이미 가지고 있는) 관습이나 과학 지식에 의존하여 파악한다는 주장이 설득력을 얻고 있다. 그 입장에 따르면, 우리의 어떤 경험적 판단도 자신의 배경 지식에 의존한다. 물론 데카르트가 문제 삼은 것은 경험적 지식에 관한 것이 아니라 이성적 지식에 대한 것이다.

그렇지만 위의 지적은 이성적 지식에도 논리적으로 적용된다. 자신에게 자명하다고 파악되는 이성적 지식이라도 새로운 교육을 받아서 자신의 배경 지식이 달라진다면 다르게 파악될 수 있기 때문이다. 자신에게 자명하다고 보이는 어떤 판단은, 사실 배경 지식에 의존하여 그렇게 판단된 것이라는 측면에서, 절대적으로 자명한 참은 아니다.6) 비유클리드 기하학의 체계를 배경 지식으로 가지는 사람에게 유클리드 기하학의 공준은 진리가 아니다. 어쩌면 '직관적으로 자명해 보이는 것'이 '짐작으로 추측한 것' 혹은 '상식적으로 보이는 것'일 수 있다.

위와 같은 지적에도, 그리고 현대에도 어느 철학자는 아래와 같은 주장을 하면서 데카르트를 지지할 수도 있다. "그렇지만 내가 알고 있는 것만큼은 자신이 안다는 측면에서 스스로 분명하다. 그러므로 모든 이성적 지식은 적어도 자신에게 명확하다는 점에서 틀릴 수 없다." 만약 누가 이렇게 주장한다면, 그 점에 대해 나는 아래와 같은 사례를 들어 반박할 수 있다. 뇌가 약간 손상된 환자의 사례에서 아래와 같은 증세를 보여주는 경우가 있다. 자신은 볼 수 있다고 강력히 주장하는 '실명거부증 환자'의 경우, 자신이 보지 못하면서도 보고 있다고 생각하는 것이다. 그런데 사실 그 환자는 시각과 관련된 뇌의 부위가 손상되었기 때문에 결코 볼 수 없다. 또다른 예로, 좌뇌와 우뇌를 분리한 환자의 경우에 우뇌에만 무엇을 보여주고 나서 본 것을 말해보도록 하면, 그는 보지 못했다고 대답한다. 그렇지만 테이블 밑에 놓아둔 물건 중에 본 것을 골라보라고 하면, 정확히 그 물건을 더듬어 골라낸다.

그런 실험은 정상인들에 대한 실험은 아니지만, 우리가 명확히 인식할 수 없으면서도 안다고 주장하는 경우가 있으며, 반대로 명확히 인식하면서도 사실은 모르고 있는 경우도 가능하다는 사례를 보여준다. 현대 인식론의 관점에서, 데카르트가 이성적으로 자명한 진리를 찾으려 했던 일은 부질없는 노력으로 보일 수 있다.

이성주의에 대해 위와 같이 비판적으로 검토하면서 자연스럽게 그 관점에 대립하는 경험주의가 궁금해진다. 그렇지만 그 이야기를 하기에 앞서, 우선 데카르트의 기계론이 영국의 뉴턴에게 어떤 영향을 주었는지 앞에서 미루었던 이야기부터 해보자.

[참고 1]

역사학자들은 서양 연대 기록의 시작을 예수 탄생 시점을 기준으로 삼는다. 그들은 '예수 탄생 이전(before Christ)'을 간단히 줄여 'BC'라고 쓰고, 그것을 '기원전'이라고 부른다. 앞서 이야기했듯이 유럽은 그리스 지배의 시대를 지나, 마케도니아 지배의 시대를 거쳐서, 기원전 27년 로마 지배의 시대로 접어들었다. 서양 역사가들은 시대 구분을 크게 '고대', '중세', '근대'로 나눈다. 그들은 대략 그리스의 기록 역사의 시작과 동시에 로마 제국의 시작 즈음인 기원전 7세기에서 480년경 서로마 제국이 몰락하는 5세기까지를 '고대(the Ancient Ages)'라 부른다. 그리고 그 후 6세기에서 15세기 르네상스 시대 이전까지 거의 1천 년에 가까운 세월을 '중세(the Middle Ages)'라 부른다. 그리고 르네상스 시기 이후를 '근대(the Modern Ages)'라 부른다. 한국 번역가들은 '모던(Modern)'을 때에 따라서 '근대' 또는 '현대'로 번역한다. 그들은 필요에 따라서 조금 더 세부적으로 19세기 이후 최근을 '당대(Contemporary)'라고 구분하기도 한다. 그리고 이 말을 '근대'와 구분하여, '현대'로 번역하기도 한다. 그러므로 독자들은 '현대'란 말을 책의 맥락에 따라 달리 이해할 필요가 있다. 나아가서 그들은 20세기에 모더니즘에 반대하여 나타난 새로운 사상적 경향을 '탈근대주의(Postmodernism)' 또는 '탈현대주의'라 부르기도 한다.

역사적 시점을 위와 같이 구분하는 데에는 나름의 이유가 있을 것이다. 고대와 달리 로마 제국의 중세에는 기독교 중심의 사회 구조와 그 영향이 뚜렷하였다. 중세는 기독교 사고가 유럽

사회 전체를 지배하던 시대였으며, 따라서 철학도 기독교를 위한 철학이 발달하였고, 그것을 철학자들은 '스콜라철학'이라 부른다. 중세의 스콜라철학은 주로 기독교 교리의 정당성을 철학적으로 탐구했다. 그리고 그 기반으로 아리스토텔레스 철학이 이용되었다.

반면에 근대에는 기독교의 권위에서 벗어나려는 '인본주의(humanism)' 운동이 있었으며, 그것이 앞선 중세의 시대적 조류와 구분된다. 종교적 권위가 지배하던 사회에 대한 반발과 함께 고대 그리스의 비판적 사고가 다시 등장하는 '르네상스' 운동이 있었다. 그 시기에 학자들은 당시의 합리적이지 못한 사고를 따져보기 위해서 적극적으로 자연 세계를 밝히려 도전하였다. 그것이 학문의 급속한 발달과 함께 산업의 발달을 일으켰다. 그 중심에 데카르트의 철학과 뉴턴의 역학이 있었다.

19세기 이후 최근 시대는 이전의 근대와 비교하여 과학기술이 더욱 급속히 발전할 뿐만 아니라, 학문적 성과도 이전의 세대와 확연히 구분된다. 이 시기에 대표적인 과학기술 발전으로는 전구, 전화, 라디오, TV, 자동차, 비행기, 인공위성 등의 발명과 함께, 학문적 이론으로는 다윈의 진화론, 아인슈타인의 상대성이론, 양자역학 이론 등을 꼽을 수 있다. 그리고 그에 따라서 이전의 철학적 사고에 대해서 다시 반성이 있었다. 이런 시대가 바로 '당대' 혹은 '현대'이다.

나아가서 그보다 최근인 1990년대 이후 지금 시대를 살아가는 사람들은 컴퓨터와 인터넷 연결망을 이용하여 빠르게 서로 정보를 주고받으며 급변하는 새로운 문명 시대를 열어가고 있다. 그 연결망 즉 네트워크는 국가 간의 교류와 사회적 변화를 주도하며, 그에 따라 사람들의 사고와 가치가 이전과 달라지고 있다. 요즘 사람들은 형식을 중요하게 여기지 않으며, 재산보다 체험을 중요하게 여기고, 열심히 일하기보다는 놀이와 문화를 중요하게 여기는 경향이 있다. 그리고 환경보호 문제에 특별히 관심이 높다. 이런 시대는 앞선 근대적 사고에 명확히 반대하는 경향이 있다. 이런 특징적 경향을 사람들은 '포스트모더니즘(Postmodernism)', 다른 말로 '탈근대주의' 혹은 '탈현대주의'라고 한다.

[참고 2] 철학자의 삶

데카르트(René Descartes, 1596-1650)는 프랑스에서 태어났으며, 어려서부터 몸이 허약하고 소심했다. 어린 시절 그는 수도원에서 공부했으며, 몸이 허약하여 늦잠으로 수업에 지각하는 일이 잦았는데, 그 수도원은 규율이 엄격하였음에도 불구하고 그가 벌을 받는 일은 거의 없었다. 그 이유는 특별히 수학을 잘하는 학생으로 인정받았기 때문이다.

그는 갈릴레이의 지동설을 지지하는 책을 쓰기도 하였지만, 갈릴레이의 종교재판 소식을 듣고 겁이 나서 출판하지 않았다. 그리고 그는 재산을 정리하여 프랑스를 떠나 당시 종교와 사상의 자유가 더 허락된 네덜란드로 이주하여 살았다. 당시 네덜란드는 무역 중심 국가라서 다양한 사상과 종교에 비교적 관대했다. 그는 재산을 적절히 투자하여 수입이 좋았기에 특별히 직업을 가질 필요가 없었다.

허약한 체질이며 직업이 없었던 그가 아침 일찍 일어나 무언가를 해야만 할 일은 없었다. 아마도 그는 오전 늦게 잠에서 깨어나 침대 위에 멍하니 한참 동안 앉아 있다가 늦은 아침 겸 점심을 먹었을 것이며, 오후에 가볍게 승마를 하고, 저녁에는 파티에 참석하여 어느 아가씨 또는 아줌마와 눈길을 마주치며 즐겁게 대화하곤 했을 것이다. 저녁에 집에 돌아오면, 알고 지낸 여인들에게 편지를 즐겨 썼다. 추정컨대, 그는 연회장에서 여러 여성 앞에서 자신의 유식함을 뽐내며 눈길을 마주쳤을 것이고, 편지 속에서도 역시 유식함을 살며시 드러내며 연애편지를 썼을 것이라 짐작된다. 이는 그가 한때 방탕한 시절을 보내기도 했다는 이야기를 통해 추정해본 것이다. 그는 결혼하지 않았지만 하녀와의 사이에 딸을 하나 얻었는데, 그 딸이 일찍 죽어 크게 상심하기도 하였다.

데카르트는 스웨덴의 크리스티나 여왕과 서신을 교환하다가, 22살의 젊고 지적인 여왕이 가까이 와서 학문을 가르쳐주기를 요청하자 1649년 스웨덴으로 건너갔다. 여왕은 매우 지적이어서 당시에 명성이 높아진 데카르트를 데려가기 위해 군함까지 보냈다. 당시 데카르트의 나이는 54세였다.

여왕은 국정 일을 보아야 하는 관계로 이른 새벽에 공부해야 했다. 그런데 그는 평소 일찍 일어나지 못하는 사람이기도 했고, 추운 나라에서 새벽의 찬 공기를 쏘인 것이 원인이었는지는 모르나, 하여튼 감기에 걸려 그것이 폐렴이 되었다. 스웨덴의 대신들은 외국에서 온 왜소한 남자가 여왕과 단둘이 방 안에서 이야기 나누는 것을 못마땅하게 여겼을 것이다. 평소 소심하고 의심이 많은 데카르트는 그것을 눈치 채고, 그곳에서 처방해주는 약에 어쩌면 독이 들어 있을지 모른다고 의심하여 먹지 않았으며, 수일 후 1650년 2월 11일 생을 마감하였다. 불과 100여 년 전까지만 해도 폐렴은 치료가 어려운 아주 위험한 병이었다. 그러므로 만약 그가 당시의 처방 약을 먹었더라도, 그것으로 치료를 장담하기는 어려웠을 것이다.

지금까지 이야기를 들으며, 독자는 다음과 같이 질문할 수도 있다. 무엇 때문에 데카르트의 사생활에 관해 이야기하는가? 더구나 그다지 정확하지도 않은 이야기를 꾸며가며 이야기하는가?

그렇다. 이 책은 지금까지 이야기에서 어느 철학자의 사적인 인생에 그다지 관심 두지 않았다. 그런데 여기서 갑자기 데카르트의 일상생활과 관련된 이야기를 하는 이유는 다음과 같다. 그의 삶의 모습을 보면서, 그가 철학 연구를 통해서 자신의 개인적 인생 혹은 행복에 관해서도 심각히 연구했는지를 돌아볼 필요가 있기 때문이다. 그는 근대의 가장 대표적인 철학자 중 한 사람이다. 실제로 그는 '근대 철학의 아버지'로 불린다. 그렇지만 그의 생활 모습을 보면, 그가 철학을 통해서 '인생의 문제' 혹은 '자신의 행복한 삶'을 깊이 사색했거나, 그런 사색을 통해 얻은 인생관이나 삶의 신념을 충실히 실천하려 했다는 것을 보여주지는 않는다.

　그의 일상생활은 너무나 평범해 보인다. 나태하고, 우유부단하고, 소신이 없어 보인다. 그의 삶의 태도로부터 우리가 본받을 만한 것을 찾아보기는 어렵다. 만약 그가 자신의 인생을 어떻게 살아야 할지를 진심으로 고심했다면, 그리고 책임감을 가진 사람이라면, 인생을 세밀히 계획하며 절제하는 삶을 살았을 것이다. 우선 자신에게 어울리는 사람을 만나서 결혼하고, 직업을 가졌을 것이며, 성실하게 자기 삶의 목표를 이루려는 인생관을 보여주었을 것이다. 재산이 많다고 해서 놀고먹지는 않았을 것이며, 하녀와 잠자리하는 일은 없었을 것이고, 딸을 잃어 상심하는 그녀를 두고 스웨덴에 가지도 않았을 것이다. 그런 점에서 그는 자신의 생활에 대한 신조나 좌우명을 찾으려 하지 않았던 것 같으며, 더 훌륭한 인생을 살기 위해서 그다지 깊게 고민하지도 않은 것 같다.

그런데도 현대 학자들이 그를 큰 인물로 기억하며 지금도 그를 통해 배울 점을 찾는 것은, '그가 학문을 근원적으로 혹은 원리적으로 탐구했기' 때문일 것이다. 그런 점에서 이 글을 읽는 독자들은 '철학이 인생관을 찾는 연구'라는 기대를 혹시라도 갖지 않기를 바란다. 그런 의도에서 잠시 그의 삶을 돌아보았다. 물론 지금도 행복한 삶을 위해 철학을 공부해야 한다고 주장하는 철학자들이 있기는 하다. 그러나 다시 강조하건대, 철학의 주요 탐구 목표가 행복한 삶은 아니다. 다소 철학의 관점이 자신의 삶에 어떤 영향을 줄 수는 있겠지만, 철학의 출발점은 '학문을 바라보는 관점' 혹은 '자연을 바라보는 원리'를 찾는 일에 있다.

[참고 3]

여기서 잠시 기계론과 관련하여 현대인들이 일반적으로 주장하거나 가정하는 논증을 검토해보자. 기계론은 근대의 거의 모든 분야의 학자들이 신뢰하고 있었던 것이며, 아주 최근(19세기)까지 흔들림이 없이 유지되어온 신념이다. 그렇지만 현대에 적지 않은 사람들은 기계론적 사고의 한계가 드러났다고 말한다. 또한 우리가 이제 기계론적 사고를 버려야 할 이유를 아래와 같이 제시하기도 한다. 기계론적 사고에 의한 물질문명은 환경의 파괴를 가속시켰으며, 인간성을 말살시킨다. 그러한 주장을 비판적으로 검토해보려면 그 주장이 갖는 전제가 무엇인지 아래와 같이 세부적으로 정리해볼 필요가 있다.

(1) 기계론은 물질우월주의를 키워온 점이 있으며,

(2) 인간성을 상실하게 만든다.

(3) 물질우월주의에 따라서 사람들은 자연을 마구 훼손한다.

위의 말이 어느 정도 설득력이 있는지 알아보려면, (1)부터 (3)까지 각각의 옳고 그름을 비판적으로 생각해보아야 하며, 그 논증의 추론 역시 검토해보아야 한다. 우선 기계론이 무엇인지 명확히 정리하는 것에서 이야기를 시작할 필요가 있다. 앞서 살펴본 바에 따르면, '기계론'이란 물질적 기계를 의미하는 말이 아니며, '우리가 세계에 대해 실증적이고, 수학적이며, 합리적인 이해와 설명을 얻을 수 있다는 신념'을 가리키는 말이다. 지금도 여전히 많은 사람들 혹은 학자들이 자신의 이론이나 주장을 엄밀히 설명하려 하는 경우, 수학적이며 논리적으로, 그리고 체계적으로 설명하려 한다. 그런 점에서 지금도 우리는 합리적 사고 체계, 즉 기계론적 사고를 많이 한다. 예를 들어, 상대가 인정하지 않는 어떤 판단을 설득하려 할 경우, 우리는 누구라도 인정할 수 있을 객관적이며 기초적인 전제들로부터 이성적이며 체계적으로 (필요할 경우 수학적 엄밀성을 가지고) 추론하는 방법을 사용한다.

기계론을 이렇게 이해한다면, 기계론에 대해서 (1) 기계론이 물질우월주의를 키웠다는 지적이 적절할까? 우리가 기계론적 사고의 관점을 가짐에 따라서 자연을 더 엄밀히 이해할 수 있으며, 그러한 이해에 따라서 우리 인간이 자연을 더 잘 극복하고 활용할 수 있다고 생각할 수 있다. 그렇지만 그러한 생각으로부터 우리가, 물질적 부의 축적이 모든 인간적 배려와 가치를 물리치고, 물질적 가치만을 중요하게 여겨야 한다고 반드시 추론할 이유는 없다. 그러한 물질적 풍요가 학문과 예술을 더욱 발전시킬 기반이라고 인식할 수 있으며, 나아가서 사회적 기여와 소외 계층 사람들에 대한 배려가 가능하다고 인식할 수도 있기 때문이다. 그것은 비천한 궁핍에서 벗어나서 비로소 인류가 인간다운 삶을 위한 기반을 기계론적 사고로부터 마련할 수 있기 때문이다. 그러므로 기계론을 물질우월주의를 키워온 주범으로 몰아가는 것은 적절하지 않다. 아마도 그 책임은 사람들의 욕망에 돌리는 것이 더욱 적절할 듯싶다.

그러므로 기계론이 (2) 인간성을 상실시킨다고 주장하는 것 역시 지나친 추정으로 보인다. 인간성을 말살하거나 일부 사람들을 소외시킨 것이 지나친 '경쟁심' 때문은 아닌지도 생각해보아야 한다. 그리고 현대사회는 갈수록 소외를 심화시킨다고 말하지만, 실제로 그런지도 돌아보아야 한다. 오히려 현대보다 과거에 극심한 소외가 있지는 않았는지 의심해야 한다. 사실상 대부분의 고대사회에는 노예제도가 있었으며, 신분제도도 엄격히 있었다. 그러한 측면에서 과거 시대가 지금보다 더욱 많은 사람을 극단적으로 소외시켰다고 볼 수 있지 않은가? 그런 측면을 고려해본다면, 기계론이 현대사회 사람들을 더욱 소외시켰다는 추정부터가 성립되는지 의심된다. 그런 추정은 마치 어떤 사람이 과학을 공부함으로써 인간성이 황폐하게 되었다는 말과 다름없다. 그렇지만 주위를 돌아보라. 누가 과학을 열심히 공부함으로써 인격적으로 혹은 도덕적으로 부족한 사람이 되었다고 여겨야 할 어떤 증거를 발견할 수 있는가?

끝으로, 기계론은 합리적 체계로 세계를 설명하려는 신념이라고 볼 때, 그것이 곧 (3) 환경파괴를 유도했다고 말하는 것은 지나친 추론이다. 기계론적 사고에 따라서 발달한 과학이 자연을 활용할 힘을 제공했다고 볼 수는 있지만, 그것으로 기계론이 환경파괴의 주범이라고 말하는 것은 지나치다. 자연 훼손이 과학 자체 때문인지, 아니면 '기업의 상업주의'가 만들어냈는지 따져볼 여지가 있기 때문이다.

그렇지만 '지금의 시대에 기계론적 사고에 금이 갔다'고 분명히 말할 수 있는데, 그것이 어떻게 그렇게 된 것인지 이해하려면 3권에서 현대 철학의 이야기를 구체적으로 들어볼 필요가 있다.

[참고 4]

　여기에서 잠깐 '합리주의'란 번역어에 대해 생각해보자. 현재 한국에서 'rationalism'이란 말은 보통 '합리주의'로 불리며, 그것은 '경험주의'와 대립적인 의미로 사용된다. 그렇지만 그 번역이 적절한지 돌아볼 필요가 있다. 경험주의자들이 비합리적으로 사고하는 사람들이라 말할 수 없기 때문이다. 사실 경험주의자들도 대단히 합리적인 사고를 추구해온 사람들이다. 그렇다면 경험적 방법이 아니라 이성적 방법으로 학문을 추구하려 했다는 점에서, 그 명칭을 '이성주의'라고 부르는 것이 더 좋아보인다. 아무튼 지금까지 '합리주의'란 명칭을 사용해왔기에 앞으로 두 명칭을 함께 사용하여 '이성(합리)주의'라고 부르겠다.

8 장

기계론(뉴턴)

나는 이 책을 '철학의 수학적 원리'로 제안한다. 왜냐하면 철학
의 역할이란, 운동의 현상에서 자연의 힘까지 탐구해야 하며, 그
힘으로부터 다른 현상을 증명하는 일이기 때문이다. 그 목적을
위해서 이 책 1, 2권이 쓰였다.

_ 뉴턴, 『자연철학의 수학적 원리』

■ 학문의 체계

아이작 뉴턴(Sir Isaac Newton, 1643-1727)은 갈릴레이가 사망하
던 해에 영국에서 출생했다. 그는 미성숙 상태로 출생하여 작고 허
약했으며, 처음엔 주변 사람들이 살아남지 못할 것으로 생각할 정
도였다. 더구나 그가 출생하기 3달 전 부친이 사망하였고, 3살 때
어머니가 재혼하여, 그는 외할머니에 의해 양육되었다. 그리고 그가
12살 때 어머니는 두 번째 남편의 사망으로 다시 미망인이 되었으
며, 재혼해서 낳은 아이들과 뉴턴을 함께 키워야 했다. 어머니는 뉴
턴이 농부가 될 것을 고려하여 학교교육을 중단시켰지만, 나중에
그는 기초교육을 마칠 수 있었다. 뉴턴은 평생 연구에 몰두하여 결
혼을 하지 않았다고 알려졌지만, 그가 어린 시절 받았을 정신적 충

격을 고려해보면 쉽게 결혼하기 어려웠을 수도 있어 보인다.

그의 삼촌은 뉴턴의 재능을 알아채고 뉴턴의 어머니를 설득하여, 그를 케임브리지 대학에 입학하도록 도와주었다. 당시 유럽에는 이미 코페르니쿠스의 천문학과 케플러 그리고 갈릴레이 등에 의해서 지동설 천문학이 지배적이었다. 그런데도 대부분 대학에서는 여전히 아리스토텔레스 철학에 기초한 천동설을 가르쳤다. 뉴턴은 갈릴레이 천문학과 데카르트 철학에 매료되어 스스로 그러한 것들을 공부했다. 1665-1667년 사이에 영국에 전염병이 유행하여 대학이 폐교되자, 뉴턴은 고향인 링컨셔 주 울즈소프로 돌아가 여유로운 사색의 시간을 보냈다. 그렇게 보낸 2년은 뉴턴에게 가장 왕성한 학문 연구 성과를 낸 시기였다. 그는 그때를 이렇게 이야기한다. "내 생애에서 가장 창조적인 시기였으며, 수학과 철학에 집중하였다." 당시 그는 23살의 나이에 수학을 탐구하여, 행성이 공전하는 힘은 그 궤도의 반지름의 제곱에 반비례한다는 것을 계산해내기도 하였다. 그러면서도 그는 철학적으로 자신의 학문이 어떤 측면에서 데카르트의 기계론을 따라야 하는지, 그리고 다른 측면으로는 그를 따르지 말아야 하는지를 철학적으로 사유하였다.

그가 보기에 데카르트는 기계론을 주장하면서도, 다른 한편으로 아리스토텔레스식의 목적론에 따라 설명하는 것으로 보였다. 뉴턴은 그것을 납득하기 어려웠다. 따라서 그는 기계론의 세계관에 베이컨의 방법론을 적용하였다. 뉴턴은 베이컨의 지침에 따라서, 인간의 잣대로 세계를 바라보려는 종족의 우상과 인간 개인이 가질 수 있는 편견에서 세계를 이해하려는 동굴의 우상을 멀리하려 하였다. 그것이 바로 '실험정신'이었다. 오로지 실험적으로 확인되는 객관적 사실 이외에 어떤 가정도 수용하려 하지 않았다. 그는 과학을 엄밀히 계산적으로 탐구하는 연구자이면서도, 자신의 연구를 왜 그리고 어떻게 연구해야 할지를 비판적으로 사고하는 자연철학자이기도 하였다.

뉴턴은 학교로 돌아와 학업을 지속한 후, 그 대학의 교수가 되었다. 그의 재능을 알아본 그의 지도 교수가 자신의 자리를 제자에게 양보했기 때문이었다. 이전에 반사망원경을 만들었던 공로로 그는 1672년 왕립학회 회원이 되었다. 1672년 그가 『광학(Optics)』을 출판하였을 때, 천문학자이며 물리학자이고 생물학자이기도 한 로버트 후크(Robert Hooke, 1635-1703)는 런던 왕립학회 회장이었다. 그는 뉴턴의 방법론과 주장을 인정하지 않았는데, 뉴턴을 왕립학회 회원에서 탈퇴시키겠다고 위협하기도 하였으며, 둘 사이의 논쟁은 수년간 지속되었다. 뉴턴은 신경쇠약과 어머니의 사망으로 은둔 생활을 하였다. 그런 뉴턴에게 후크는 1679년 편지를 써서, 뉴턴에게 행성들 사이의 이끌림 즉 중력을 설명하도록 자극했다. 그러한 계기로 뉴턴은 과거 울즈소프에서의 연구를 꺼내어 다듬었고, 그것을 1687년 『자연철학의 수학적 원리』로 출판하였다. 그 책은 인류의 과학사에서 가장 중요한 저서 중 하나가 되었다. 그 저서의 영향으로 17세기 서양 과학혁명이 가능했다고 해도 지나치지 않다. 뉴턴의 그 저작은 아리스토텔레스의 우주론과 철학 체계를 뒤집을 만한 성과였다. 일반적으로 뉴턴의 천문학 및 역학이 갈릴레이의 천문학 및 역학으로부터 영향 받은 이야기는 잘 알려져 있다. 그렇지만 갈릴레이 이외에 데카르트로부터의 영향도 주목할 만하다. 뉴턴 스스로 인정하였듯이 그는 "거인들의 어깨 위에" 있었기에 그러한 성과를 거둘 수 있었다. 그렇다면 그는 데카르트로부터 구체적으로 어떤 영향을 받았을까?

* * *

앞서 살펴보았듯이 1644년 데카르트는『철학의 원리』의 둘째 단원, 즉 '둘째 부분: 물질적 사물들의 원리들에 관하여'에서 세 가지 운동법칙을 말한다.

자연의 제1법칙: 개별 사물들은 항상 동일한 상태를 유지하려 한다. 따라서 일단 움직여진 것은 동일한 운동 상태를 유지하려 한다.

자연의 제2법칙: 모든 운동 그 자체는 직선운동이다. 때문에 원운동을 하는 사물은 항상 자체가 그리는 원의 중심에서 멀어지려 한다.

자연의 제3법칙: 물체가 자체보다 더 강한 물체와 부딪치면 운동량을 조금도 잃지 않으나, 더 약한 물체와 부딪치면 이 물체에 전달하는 양만큼의 운동량을 잃는다.

뉴턴의 세 가지 운동법칙들을 이미 아는 독자라면, 위의 데카르트의 세 가지 법칙들에서 다음을 알아볼 수 있다. 위의 데카르트 제1법칙은 뉴턴의 제1법칙인 '관성의 법칙'과 크게 다르지 않다. 그리고 데카르트의 제2법칙은 뉴턴에 의해 '힘과 가속도의 법칙'으로 약간 변경된 것이며, 데카르트의 제3법칙은 뉴턴의 '작용과 반작용의 법칙'과 그 함축적 의미가 그다지 다르지 않다. 이렇게 살펴본다면, 뉴턴 역학의 기초운동의 세 법칙은 모두 데카르트에서 가져왔다고 추정된다. 이러한 측면에서 보면, 뉴턴은 대단한 발견자이기보다 체계적으로 잘 정리한 연구자로 평가될 수도 있다. 뒤에서 알아보겠지만 같은 관점에서 보면, 진화론을 주장했던 다윈도 전임 연구자들의 성과를 잘 체계화했던 연구자이다. 심지어 그는 『종의 기원』 서문에서 자신보다 앞서 진화론을 주장했던 인물로 누가 있었는지를 여러 페이지에 걸쳐서 소개한다. 또한 아인슈타인 역시 전임 연구자들의 여러 연구 성과를 잘 체계화했던 연구자이다.

위의 데카르트의 자연의 제3법칙이 의미하는 내용을 조금 더 면밀하게 살펴보자. 그러면 뒤의 제2법칙과 제3법칙은 모두 제1법칙에서 나온다는 것도 드러난다. 다시 말해서, 데카르트가 세 법칙으로 나누었지만, 자세히 들여다보면 사실상 제1법칙으로 충분하다. 왜냐하면 외부의 힘이 가해지지 않는 한 항상 동일 상태를 유지한다는 이야기는, 곧 외부의 힘에 의해서 운동의 방향이 바뀔 수 있다는 제2법칙이나, 그 힘만큼 운동량을 잃을 수도 있다는 제3법칙의 내용도 함축하기 때문이다. 그렇게 본다면, 제2와 제3의 법칙은 제1법칙을 보충 설명해주는 세부 규정인 셈이다.

데카르트가 이러한 운동법칙을 이야기해야 했던 이유는 무엇일까? 과거 코페르니쿠스는 지구를 포함하여 행성들이 태양의 주위를 회전한다고 말했지만, 당시로서는 그것이 인정되기 어려웠다. 아리스토텔레스의 관점에 따르면, 그리고 우리의 상식적 관점에서 생각해보더라도, 무엇이 계속 움직이려면 누군가 마차를 밀거나 끌어주어야 하듯이, 계속 어떤 외부의 힘 혹은 추진력이 가해져야만 한다. 그런데 우주의 행성들이 그런 힘을 스스로 받을 수는 없으며, 그렇다고 거대한 천체를 누군가 밀어주고 있다는 생각은 더더욱 가정하기 어려웠다. 그러므로 역사적으로 고대에서부터 지동설이 주장되기도 하였지만, 많은 학자들은 그런 학설에 그다지 주목하지 않았다. 그런데 갈릴레이는 그것이 관성에 의해 가능하다는 것을 알았다. 이러한 측면에서, 데카르트의 제1법칙이면서 뉴턴의 제1법칙인 '관성의 법칙'은 천체의 운동을 설명해줄 기초로 필요한 전제였다. 그런데 데카르트는 관성의 법칙을 어떻게 주장할 수 있었는가?

데카르트는 그 합리적 이유를 이렇게 설명한다. 어떤 사물이 사각형 모양을 하고 있는데, 그 사물의 모양을 바꾸도록 우리로부터 혹은 그 어떤 외부로부터 힘이 작용하지 않는다면, 그 사물은 사각형 모양을 계속 유지할 것이다. 그리고 만약 그 사물이 정지해 있는데, 우리로부터 혹은 그 어떤 외부로부터 아무런 힘이 작용하지 않는다면, 그 사물은 결코 움직이지 않을 것이다. 물론 우리는 지구에 있으며, 지구의 모든 사물은 주변의 작용으로 모든 운동을 방해받으며, 그러한 방해 작용은 우리가 알아채지 못하는 사이에 일어난다. 그러므로 우리는 모든 사물의 운동이 스스로 멈춘다고 생각하기 쉽다. 그러나 이러한 생각은 자연법칙에 비추어 모순적이다.

데카르트는 이러한 합리적 사고를 어떻게 추론해내었을까? 앞서 이야기했듯이, 비판적 사고 1이란 자신의 주장이 어느 한 측면에 매몰되지 않도록 자신이 이미 아는 지식 혹은 새로 공부한 어떤 지식에 비추어 일관성과 합리성을 유지하는지를 검토함으로써 시작된다. 역시 앞에서 이야기했듯이, 아리스토텔레스는 활시위를 떠난 화살이 무언가가 붙들고 계속 밀어주지 않는데도 허공에서 스스로 날아갈 수 있는 것은, 그것을 날아가게 해주는 추진력이 작용하기 때문이라고 생각했다. 그렇지만 갈릴레이 이후로 그런 설명은 다른 작용을 고려해볼 때 설득력이 없다고 인식되기 시작했다. 사물은 운동과 정지 상태에서 외부의 힘이 가해지지 않는 한에서, 현재 상태를 유지하는 것은 지극히 당연하게 인식되었다.

그뿐 아니라, 데카르트는 비판적 사고 2에 해당하는 의문으로 이렇게 스스로 묻는다. "운동이란 무엇인가?" 갈릴레이의 설명에 따르면, 범선을 타고 바다를 운항할 때 그 배에 타고 서 있는 사람은 운동하지 않지만, 육지에서 그것을 바라보는 사람의 입장에서는 그 배를 탄 사람이 운동한다고 관찰할 것이다. 그러므로 공간의 이동은 상대적이다. 지구 위에 있는 사람이 정지해 있더라도, 다른 행성에서 누군가 바라본다면 지구에 있는 사람이 빠른 속도로 운동하는 것으로 관측된다. 그렇다면 무엇을 운동으로 보아야 하며, 무엇을 정지라고 보아야 하는가? 그러한 비판적 검토로부터 데카르트는 "운동과 정지는 구별되지 않는다."라고 말한다. 그리고 뉴턴 역시 이러한 의문 때문에, 공간을 측정하기 위한 기준을 태양을 중심으로 보자고 제안했다. 그에게 절대공간의 기준점은 태양의 중심이었다. (그러나 훗날 아인슈타인은 새로운 개념의 상대적 시공간을 주장한다. 이런 이야기는 3권 15장에서 논의된다.)

나아가 데카르트는 제2법칙이 행성의 회전운동을 설명하기 위해 필요한 가정이라고 생각했다. 우리는 그가 생각했던 비판적 사고 1을 다음과 같이 유추해볼 수 있다. 물체를 끈으로 연결해서 회전시켜보면, 그 물체는 제1법칙에 따라 직선운동을 하려 하며, 따라서 끈의 중심으로부터 멀리 달아나려는 원심력이 발생한다. 그러하듯이 태양과 행성들 사이에 연결된 끈이 없지만, 그것들 사이에 서로 당기는 힘이 작용해야 한다. 마찬가지로 달이 지구로부터 멀리 달아나지 못하는 것은 지구의 중심으로 당기는 힘이 작용하기 때문이다. 당시 길버트의 자석에 관한 연구를 공부하고서 갈릴레이도 예측했듯이, 자석의 힘처럼 물체들은 떨어져 있더라도 서로 끌어당기는 힘이 작용할 수 있다. 길버트가 주장했듯이, 지구는 일종의 자석이기 때문이다. 이렇게 데카르트는 천체의 운동과 지상의 운동을 동일 관점에서 살펴볼 수 있다는 갈릴레이의 관점을 조금 더 구체화하여 뉴턴에게 넘겨주는 전달자 역할을 하였다.

* * *

데카르트와 아주 다른 측면에서 뉴턴에게 크게 영향을 미친 인물이 있었다. 그가 바로 프랜시스 베이컨(France Bacon, 1561-1626)이다. 앞서 말했듯이, 데카르트와 갈릴레이는 수학적 방법을 통해 자연 세계를 해석할 수 있다고 생각하였다. 그것은 경험적으로 탐구해야 할 자연을 수학적인 방법으로 탐구할 수 있다는 생각으로, 자연 자체가 수학적 세계로 조성되어 있다는 생각에서 나온 발상이다. 수학적 방법을 본격적으로 경험적 실험에 적용한 사람이 바로 베이컨이다. 그는 특히 실험과 관찰을 중요하게 여기는 방법론으로 귀납추론(inductive inference)을 중요하게 생각했다.

반면에 그는 자연을 탐구할 때 형이상학적(사변적 철학의) 방법은 필요하지 않다고 생각했다. 그의 입장에 따르면, 경험적으로 자연을 탐구하는 방법은 영원한 진리 같은 것을 확립시켜주지 않는다. 경험은 우리가 세계의 원리에 한 발짝씩 다가서도록 도와줄 뿐이다. 또한 '그 경험이 어떻게 가능한 것인지'를 필연적으로 설명해줄 어떤 보편타당한 진리나 형이상학은 가능하지도 필요하지도 않다. 연역적 방법이나 형이상학적 방법으로 자연을 탐구하는 것은 자연을 인위적이고 왜곡된 방향으로 안내하기 때문이다. 그러므로 오직 경험적 탐구 방법만으로 세계에 접근하려는 것이 올바른 태도이다. 그런 관점에서 베이컨은 형이상학적 체계를 세우려 하지 않았으며, 다만 학문을 어떻게 탐구해야 할지의 방법에만 관심을 기울였다.

베이컨은 아리스토텔레스의 논리학 저서 《오르가논(*Organon*)》에 반대하여 '새로운' 논리학이란 의미로 『신기관(*Novum Organum*)』(1620)을 썼다. 그는 오직 경험을 통한 귀납적 방법만으로 자연의 원리를 탐구할 수 있다고 생각하였다. 그의 생각에 따르면, 경험이 물론 이따금 우리를 잘못 인도하기도 한다. 그러므로 그런 실수를 하지 않으려면, 평소 편견을 갖지 않아야 하며, 편견으로 자연을 바라보지 않도록 주의할 필요가 있다. 어떻게 편견에서 벗어날 수 있는가? 우리가 편견에 빠지는 것은 어떤 우상을 숭배하거나 무의식적으로 우상에 빠지기 때문이다. 따라서 우리가 편견 없이 세계를 바르게 바라보려면, 특정한 사상이나 종교에 쉽게 우리 마음을 맡겨서는 안 된다. 과학을 탐구하는 학자라면 특별히 아래의 네 가지 우상에 빠지지 않도록 경계해야 한다고 그는 말한다.

첫째, '종족의 우상'을 경계하라. 인간은 본성적으로 사물에 대해 '인간 중심적 해석'에 따라서 파악하려는 심리적 경향이 있다. 그리고 그 경향으로 인해서 자연에 대해 의인화하기 쉽다. 대표적으로는 수많은 미신이 그런 것들이다. 마치 자연이 어떤 생각을 가지기라도 하는 양, 우리는 자연의 대상들이 '의지' 혹은 '목적'을 갖는다고 생각하는 경향이 있다. 자연을 탐구하는 학자들이 인간이란 종족의 우상에 사로잡힐 때, 탐구 대상들을 인간 입장에서 자의적이며 임의로 해석하기 쉽다. 따라서 우리가 그것들을 객관적으로 파악하지 못하도록 방해한다.

앞서 이야기했듯이, 아리스토텔레스는 자연에 대해서 "어느 것도 아무런 목적 없이 존재하지는 않는다."라고 말했다. 그는 우리가 자연을 탐구할 때 자연의 목적을 파악하는 것이야말로 자연의 원리를 파악하는 좋은 태도라고 생각했다. 그러나 베이컨은 그런 태도가 적절하지 않음을 지적한다. 우리는 사실을 '객관적'으로 파악하려 노력해야 하며, 그러기 위해서는 (인간의 관점에서) 자연의 '목적'을 파악하려는 의도를 중지해야 한다. 예를 들어, 어떤 나무의 뿌리가 물이 있는 방향으로 뻗는 현상을 보면서 어떤 학자가 이렇게 생각한다고 가정해보자. "보라! 이 작은 나무의 뿌리조차도 물의 맛을 알고, 갈증을 알며, 목말라한다. 이런 작은 식물도 그런 의지를 가지고 물을 향해 뿌리를 뻗는구나!" 시인이 감정을 실어 이런 말을 하는 것은 문제될 것이 없겠지만, 과학을 연구하는 사람이 해야 할 말은 아니다. 그런데 어린이 과학 서적에서 "나무는 물과 햇빛을 사랑한다."라는 식의 설명이 적지 않다. 그런 식의 설명은 어린이의 무의식적 사고 경향에 영향을 미쳐서, 성인이 되고서도 그들이 세계를 올바로 인식하지 못하게 방해할 수 있다.

둘째, '동굴의 우상'을 경계하라. 종족의 우상이 일반적인 사람들이 공동으로 가지는 경향에서 나오는 우상이라면, 동굴의 우상은 사람들마다 서로 다른 기질, 교육, 선호 등을 가짐으로써 가지는 경향에서 나오는 우상이다. 한마디로 '주관적 편견'에서 나오는 우상이다. 이런 우상으로 인하여 사람들은 자연을 객관적으로 파악하기보다 각자의 편견에 의해 왜곡하기 쉽다.

특정 종교를 가진 사람은 그 종교의 교리나 원칙 등에 의해서 사실을 왜곡하기 마련이다. 사실을 사실대로 파악하기보다 자신이 선호하는 종교의 교리에 부합하도록 해석하려 들기 때문이다. 또한 역사를 바라보는 데에서도 사실을 왜곡하여 자기 나라의 입장을 정당화하는 쪽으로 해석하려 들 수 있다. 자연과학을 탐구할 때도 그와 같은 자기 입장을 지지하는 쪽으로 해석하려 든다면, 그것은 올바른 탐구 태도가 아니다. 실험 자료를 자신의 가설에 편리하게 해석하려 들거나, 남의 이론이나 학설에 대해서는 별것 아닌 것으로 여길 우려가 있다.

예를 들어, 미국의 의사 사무엘 머튼(Samuel G. Merton)의 연구가 그러했다. 그는 1830년부터 약 20년 동안 인종별로 두개골의 용량에 관한 자료를 수집하였다. 그는 그러한 자료의 통계에 근거하여, 백인이 최고의 지능을 가졌으며, 동양인이 그다음이고, 흑인이 가장 낮은 지능을 갖는다고 주장하였다. 그는 그러한 주장의 증거로 자신이 수집했던 인종별 뇌 용량의 차이를 제시하였다. 물론 당시에 많은 백인은 그의 연구에 고개를 끄덕였다. 그렇지만 스테판 구드(Stephen Goude)는 그 자료를 다시 계산하고서, 그 모든 자료가 의도적으로 날조된 것임을 1978년 발표하였다. 그 발표에 따르면, 머튼은 자료를 정리하면서 백인 중 용량이 작은 두개골은 정상이 아니라며 빼버리고, 흑인 중 용량이 큰 두개골 역시 정상이 아니라며 뺀 상태로 평균치를 계산하였다. 그렇게 그는 자신이 믿는 가정, 즉 "백인의 지능이 가장 높다."라는 가정에 따라서 수집된 자료를 인위적으로 왜곡시켰다. 그는 증명해야 할 것을 전제(가정)하는 오류를 범했다.

셋째, '시장의 우상'을 경계하라. 시장의 우상이란 우리가 사용하는 '언어에 의해서' 우리 자신이 기만되기 쉬운 경향을 말한다. 일반적으로 우리는 말(단어)이 있기만 하면, 그 말에 상응하는 무엇이 존재한다고 생각하기 쉬운 경향이 있다. '귀신'이란 말이 있으므로 그 말에 대응하는 무엇이 있다고 생각하기 쉬우며, '용'이란 말이 있으므로 그 말에 대응하는 무엇이 존재한다고 생각하기 쉽다. 그리고 추상적인 어떤 단어에 대해서든 그것에 대응하는 무엇이 존재한다고 생각하기 쉬운 경향이 있다. 그런 경향을 경계하지 않는다면, 과학자도 세계에 존재하지도 않는 것들을 존재하는 것으로 가정하기 쉬울 것이다.

예를 들어, 활시위를 떠난 화살이 어떻게 날아갈 수 있는지를 설명하면서, 아리스토텔레스는 '추진력(impetus)'에 의해 날아간다고 하였다. 지금도 일상적으로 우리는 '추진력'이란 말을 사용하면서, 화살이 추진력으로 날아가다가 그 추진력이 약해지면 떨어지게 된다고 생각하기도 한다. 그렇지만 뉴턴 이후로 그런 생각이 오류임이 드러났다. 사실 화살은 추진력에 의해서가 아니라, 활시위를 통해 화살에 부여된 '관성'에 의해서 날아가는 것이다. 그와 같이 사람들은 특정한 어휘를 잘못 사용하면서, 없는 것에 대해서도 그 말에 대응하는 존재를 인정하려 한다. 우리는 말에 대응하는 것이 있는지 어떻게 알아볼 수 있는가? 그 말이 가리키는 것을 경험으로 확인할 수 있는지 검토해보면 된다. 그런 점에서 관찰과 실험이 중요하다는 것이 베이컨의 지적이다.

넷째, '극장의 우상'을 경계하라. 우리는 일반적으로 극장의 무대 위에서 연기되는 장면들을 마치 실제인 듯 착각하기 쉬운 경향이 있다. 그리고 우리는 그것을 우러러보기까지 한다. 연극이나 음악의 공연은 그런 경향을 활용하는 무대 활동이다. 그러한 경향의 관람 태도는 극장에서라면 필요할지 모르지만, 자연을 탐구하려는 과학자가 가져야 할 자세는 아니다. 연기되는 무대 위의 상황을 현실처럼 착각하듯이, 만약 우리가 전통적인 권위 혹은 인기 있는 학설을 무비판적으로 받아들인다면, 학문의 발전을 기대하기 어렵다.

예를 들어, 어떤 종교의 권위 혹은 아리스토텔레스 학설을 무조건 받아들여서 정작 올바른 것을 보지 못하게 되는 경향을 경계해야 한다. 요즘에도 여전히 프로이트와 같은 과거 유력했던 학설을 무비판적으로 받아들이거나, 동양의 여러 고전을 무비판적으로 수용하는 학자들이 적지 않다. 특히 자연의 새로운 원리를 탐구하는 학자들은 그 어떤 권위적인 학설에도 지배되지 않도록 노력하는 자세를 가져야 하며, 그렇지 않을 경우 세계를 바라보는 자신의 관점은 그 학설로 인해 왜곡될 수 있다. 새로운 이론을 얻기 위해서라도 전통적 학설이나 교설에 대해 비판적으로 검토하는 자세가 필요하다.

베이컨에 따르면, 우리가 위에서 이야기한 네 종류의 우상에서 벗어나 사실을 제대로 바라보려면, 연역추론으로 학문을 탐구하지 말아야 한다. 왜냐하면 연역법이란 기존의 권위적인 학문의 전제들로부터 추론하는 방식을 따르기 마련이며, 그런 방식으로는 사실상 위에서 지적한 우상들에서 벗어나기 어렵기 때문이다. 앞서 살펴보았듯이, 데카르트의 연구는 연역적 방법에 따른다. 데카르트가 아리스토텔레스의 전통에서 벗어나려 한 측면이 있기는 하지만, 연역적 방법을 추천한다는 측면에서 여전히 우상에서 벗어나기 힘든 상황에 있다. 베이컨은 '귀납법'이야말로 경험적 실험 자료들을 끌어모아 그것들로부터 새로운 원리를 추론하게 해주므로, 위의 우상들로 인한 오류를 피할 좋은 방법이라고 생각하였다.

그리하여 관찰과 귀납적 추론을 통해서 편견 없이 자연에 대한 지식과 원리를 새롭게 파악할 수 있게 된다면, 비로소 인류는 자연을 지배할 힘을 얻을 것이다. 즉, 인간이 종교 교리에서 벗어나 인간 스스로 자연을 파악하고 극복할 수 있다. 그런 배경에서 베이컨은 "아는 것이 곧 힘이다."라는 말을 남긴 것으로 유명하다. 그 말은 자연과학을 열심히 탐구하도록 후대의 인류에게 자극을 준 말이기도 하며, 특별히 근대 사람들에게는 스스로 용기를 준 말이라는 점에서 계몽을 강조한 말로도 해석된다. 반면에 환경론자들의 비판적 지적에 따르면, 베이컨의 그러한 말은 인류를 오만하게 만들었으며, 자연을 훼손하도록 장려하였다. 그러나 시대적으로 그의 말은 계몽을 장려하는 용기를 위한 말이었다.

당시 베이컨은 분명 전통의 학문이 미신적인 혹은 사변적인 형이상학에 빠져 발전하지 못하고 있다고 보았을 것이다. 그리고 그런 잘못에서 벗어나기 위해 실험적으로 학문을 탐구해야 한다고 생각했을 것이다. 그런 생각은 과학자 뉴턴은 물론 철학자 로크에게도 크게 영향을 주었는데, 이어서 뉴턴과 로크가 그의 생각을 어떻게 발전시켰는지 알아보자.

* * *

뉴턴의 중요 저서로 『자연철학의 수학적 원리(*Philosophiae Naturalis Principia Mathmatica, Mathematical Principles of Natural Philosophy*)』(1687)와 『광학(*Optics*)』(1672, 1704)이 있다. 『자연철학의 수학적 원리』는 물체의 운동을 설명하는 내용을 담고 있는데, 이 책은 뉴턴이 제시하는 '학문 체계의 전형적 구조'를 보여준다. 그러므로 누구라도 학문을 연구하는 학자라면, 자신의 연구를 그 저술 체계를 따라서 모방하기만 하여도 훌륭한 지식 체계를 세울 수 있다. 『광학』은 빛의 운동을 설명하는 내용을 담고 있는데, 그 설명 중 뉴턴은 '학문 탐구의 전형적인 방법'을 보여준다. 그러므로 어느 과학의 분야를 연구하는 학자든 그 저술이 보여주는 절차에 따라서 연구를 수행한다면, 훌륭한 학문적 성과를 기대해볼 수 있다. 이렇듯 두 저술은 다만 물체의 운동이나 빛의 운동을 해설하려는 저술을 넘어서, 과학을 연구해야 할 대표적 모습, 즉 토머스 쿤이 말한 두 가지 의미 중 하나로서, '패러다임(paradigm)'을 보여주었다. 이러한 관점에서 두 책을 바라보면, 뉴턴은 과학을 열심히 연구한 것을 넘어서 자신의 학문을 어느 체계로 설명해야 할지, 그리고 어떤 방법으로 연구해야 할지를 철학적으로 고심했던 과학자, 즉 '철학하는 과학자'였다. 그의 두 저술 중 전자의 책부터 살펴보자.

『자연철학의 수학적 원리』의 설명 체계를 살펴보면, 유클리드 기하학의 체계를 모방한 공리적 체계를 보여준다. 앞서 이야기했듯이, 데카르트는 자신의 모든 학문과 철학을 유클리드 기하학의 체계를 닮게 하려 하였다. 그러한 공부를 했던 뉴턴 역시 같은 생각을 하였다. 뉴턴의 책 이름 *Philosophiae Naturalis Principia Mathmatica* (자연철학의 수학적 원리. 앞으로 축약하여 『프린키피아』로 부르자)부터가 데카르트의 저술 *Principia Philosophiae*(철학의 원리)와 닮았다. 두 저술의 본래의 제목에서 알아볼 수 있듯이, 뉴턴은 데카르트의 저술 내용을 수학적으로 더 구체적이며 엄밀히 설명해 보여주겠다는 의도를 가졌다. 그가 그것을 어떻게 보여주었는가?

앞서 이 책의 1권에서 살펴보았듯이, 유클리드 기하학의 체계는 자명한 다섯 가지 기하학의 원리인 '공준'으로부터, 다섯 가지 자명한 계산규칙인 '공리'로부터, 그리고 용어의 엄격한 '정의'로부터, 기하학의 기초 원리인 '정리'를 유도하며, 정리들로부터 이후의 모든 기하학 지식을 연역적으로 증명하거나 추론하는 체계로 구성되어 있다. 뉴턴은 그 순서를 아주 조금 바꾸었다. 우선 뉴턴은 유클리드 기하학에서처럼 물리학 용어들을 정의한다. 여기서는 몇 가지만 살펴본다.

정의(definitions)

정의 1. '질량'이란 밀도와 체적(부피)으로부터 계산되는 측정치
이다.

정의 2. '운동량'이란 속도와 질량으로부터 계산되는 측정치이다.

정의 3. '질량의 내적인 힘'은 저항하는 힘으로 작용하며, 그것에
의해서 모든 물체는 정지된 현재 상태를 유지하려 하거
나, 혹은 일직선의 등속운동 상태를 유지하려 한다.

정의 4. '외부의 힘'은 정지 상태 혹은 일직선의 등속운동 상태인
물체를 변화시키기 위해서 그 물체에 가해진 작용을 말
한다.

정의 5. '구심력'이란 그 힘으로 인해 물체가 중심점을 향하도록
강요되는 경향을 말한다.

뉴턴은 위와 같이 용어를 정의한 후, 유클리드 기하학의 공준과
같은 자명한 법칙으로 세 운동법칙(laws)을 아래와 같이 제시한다.
앞에서 알아보았듯이, 물론 이것은 데카르트의 저술 내용을 약간
변형한 것이다.

법칙(laws)

법칙 1. 외부의 힘이 작용하지 않는 한 모든 물체는 정지 상태
혹은 일직선 등속운동 상태를 지속한다.

법칙 2. 운동의 변화는 물체에 가해지는 외부의 힘에 비례하며,
그 힘이 작용하는 직선의 방향으로 작용한다.

법칙 3. 모든 작용에서 그것에 반대 방향으로 같은 크기의 반작
용이 일어난다. 또는 두 물체 상호작용은 항상 동일하며

반대 방향으로 일어난다.

뉴턴은 위의 법칙들이 경험적으로 얻어낸 것이면서도 진리성을 갖는다고 생각했다. 이 점은 유클리드 기하학과 다르며, 따라서 학문의 기초인 공준을 이성적으로 찾아보아야 한다고 생각했던 데카르트와 뉴턴은 차이가 있다.

위의 운동법칙을 이야기한 후, 뉴턴은, 유클리드 기하학의 '공리'와 같은, 여섯 부칙을 제시한다. 아래의 부칙들은 물체에 작용하는 힘들이 상호작용하는 규칙들이다. 데카르트 역시 부칙들을 제시했지만, 뉴턴처럼 체계적이지 못했다.

부칙(corollaries)

부칙 1. 아래 그림과 같이 두 힘이 한 물체에 동시적으로 작용할 경우, 그 물체는 평행사변형의 대각선 방향으로 작용한다. 또한 대각선 방향의 힘은 두 변 방향의 힘으로 분리될 수 있다. (즉, 힘 AB와 힘 AC의 합은 힘 AD이며, 역으로 힘 AD는 힘 AB와 힘 AC로 분리된다.)

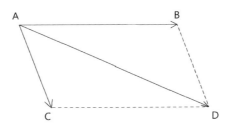

[그림 2-7a] 부칙 1을 보여주는 그림. 벡터 AB와 벡터 AC의 크기와 방향의 합은 평행사변형의 대각선의 길이와 같은 벡터 AD이다.

부칙 2. 따라서 한 방향의 결합한 힘 AD는 두 방향의 힘 AC와 힘 CD의 결합이며, 반대로 한 방향의 힘 AD는 두 힘 AC와 CD로 분해될 수 있고, 그 힘의 결합과 분해는 역학적으로 충분히 증명 가능하다. (위의 부칙 1을 부연 설명한 내용이라 할 수 있다.)

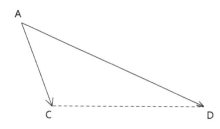

[그림 2-7b] 부칙 2를 보여주는 그림. 벡터 AC와 벡터 CD의 크기와 방향의 합은 각각을 평행사변형의 변으로 생각했을 때, 두 벡터의 합은 그 대각선에 해당하는 벡터 AD와 같다.

부칙 3. 한 물체에 한 방향으로 작용한 힘의 총합과 반대 방향에서 작용한 힘의 총합이 같다면, 그 물체의 작용에는 변화가 없다. (즉, 아래 그림에서 왼쪽의 힘 벡터와 오른쪽의 힘 벡터의 합이 같을 경우, 양방향으로 같은 힘을 받는 물체는 움직이지 않을 것이다.)

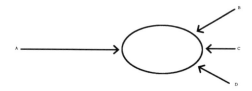

[그림 2-7c] 부칙 3을 이해시켜주는 그림. 한 물체에 작용하는 네 벡터의 방향과 크기의 합이 0이면, 그 물체는 움직이지 않는다.

부칙 4. 둘 혹은 그 이상의 물체들의 공통의 무게중심은 그 물체들 스스로에 의해서 운동 상태나 정지 상태를 변화시키지 않는다. 따라서 서로 작용하는 모든 물체 전체의 무게중심은 정지 상태 혹은 일직선 등속운동 상태를 유지한다.

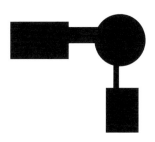

[그림 2-7d] 부칙 4를 이해시켜주는 그림. 물체들이 서로 결합되어 있다면, 그 물체들 전체의 무게중심이 그 결합체의 상태를 스스로 변화시키지 않는다.

부칙 5. 임의 공간에 포함된 여러 물체의 운동은, 그 공간이 정지 상태에 있든 혹은 일직선운동을 하든, 같은 상황에 놓인다.

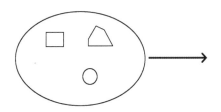

[그림 2-7e] 부칙 5를 이해시켜주는 그림. 한 용기에 담겨 있는 상태의 여러 물체는 그 공간의 상황에 따라 동일한 상태를 유지할 것이다.

부칙 6. 만약 여러 물체가 어떤 방법으로 움직였다고 하더라도 나란히 등가속도의 힘에 따라서 평행 방향으로 움직이게 된다면, 그것들은 그렇게 움직이도록 강요된 것처럼, 나란히 나아갈 것이다.

[그림 2-7f] 부칙 6을 이해시켜주는 그림. 물체가 같은 속도로 같은 방향으로 움직인다면, 서로 충돌하거나 간격이 벌어지지 않고 나란히 진행할 것이다. (이 부칙은 우리가 벡터를 유클리드의 평행선의 공준 5와 유사하게 해석하도록 만든다.)

위와 같이 여섯 부칙은 물체에 작용하는 힘이 어떻게 작용하는지 알려주는 원리들이다. 따라서 그 원리들은 물체에 작용하는 여러 힘을 계산할 수 있는 일종의 '계산규칙들'인 셈이다. 따라서 위의 부칙들은 뉴턴 역학 체계 내에서 유클리드 기하학의 공리와 같은 역할을 담당한다. 물론 위의 부칙들에 대해 뉴턴 스스로는 '필연적 참'인 지식으로 여겼을 것이다.

위의 '정의'와 '운동법칙' 그리고 '부칙'으로부터 뉴턴은 아래와 같이 '정리'를 유도하였다. 그가 처음 증명하는 아래의 정리 1은 케플러 제2법칙이다.

정리(theorem)

정리 1. 움직이지 않는 동일 평면 위에서 움직이지 않는 중심축
　　　　둘레를 회전하는 물체는 시간에 비례한 만큼의 면적을
　　　　만든다.

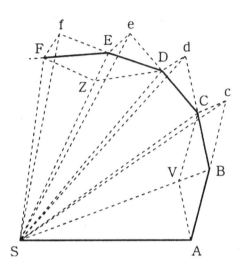

[그림 2-8] 뉴턴 책에서 가져온 그림. 물체가 한 점 S를 중심으로 타원형으로 회전할 경우, 뉴턴은 그 회전운동이 동일 시간에 그리는 면적을 A에서 F까지 미분의 개념을 적용하여 분석하였다.

위의 정리 1을 아래와 같은 순서로 증명해 보일 수 있다.

[증명]

1. A에서 B로 등속도 진행하는 물체는 동일 시간에 AB와 동일
　한 거리 Bc를 움직일 것이다. [법칙 1 관성의 법칙에 따라서]

2. 그런데 그 B 지점의 물체에 중심 S에서 원심력 BV가 작용한 다면, 벡터 Bc와 벡터 BV가 작용한 물체는 [부칙 1에 의해서] 평행사변형 BcCV의 대각선인 BC로 이동할 것이다. 그 경우에 삼각형 BCc와 삼각형 BVC의 넓이는 동일하다.

3. 그리고 만약 삼각형 BCS에서 각 SBC가 직각인 직각삼각형이라면, 두 삼각형 BCS와 BSc는 밑변 SB가 공통이고 높이 BC가 동일하므로 넓이가 같다.

4. 또한 삼각형 BCS와 삼각형 BAS는 밑변 SB가 공통이고 각각의 높이 BC와 VA가 동일한 삼각형이므로 넓이가 같다.

5. 같은 방식으로 A에서 F까지 물체의 포물선 운동을 미분하여 생각했을 때, 동일 시간 동안 그려지는 삼각형의 넓이는 언제나 같다. 즉, 동일 시간 동안에 그린 삼각형들의 면적은 원심력에 이끌려 작용하였을 때 동일 면적을 그린다. [정리 1이 증명되었다.]

살펴보았듯이, 뉴턴 역학의 체계는 유클리드 기하학의 체계를 정확히 모방하고 있다. 유클리드 기하학에서처럼 뉴턴 체계 역시 용어를 엄격히 '정의'하였고, 유클리드 기하학의 '공준'처럼 자명한 전제로 '운동법칙'을 제시하였고, 유클리드 기하학의 '공리'와 같은 엄격한 계산규칙으로 '부칙'을 두었다. 그리고 그것들로부터 유클리드 기하학에서처럼 '정리'를 유도하는 '공리적 체계'를 보여준다. 따라서 우리는 뉴턴 역학의 체계가 유클리드 기하학의 체계와 동일효과를 가진다고 기대할 수 있다. 앞서 이야기했듯이, 유클리드 기하학의 정리와 그 정리로부터 유도된 기하학의 모든 지식은 자명한 전제로부터 엄밀한 연역논리에 의해 추론된 것이므로 '필연적 참'

으로 생각되었다. 그렇다면 뉴턴 역학의 체계에 의해 유도된 모든 물리학적 지식 역시 참인 전제들로부터 엄밀한 계산규칙에 의해 연역적으로 추론된다는 점에서, 그 정리들과 그 정리로부터 유도된 모든 물리학적 지식이 '필연적 참'이라고 말할 수 있다. 적어도 뉴턴은 그렇게 믿었을 것이다.

이 시점에서 다음과 같은 질문을 하는 독자는 없을까? 데카르트는 『철학의 원리』에서 물리학을 이야기한다. 그리고 데카르트를 공부한 뉴턴은 자신의 물리학 저서의 이름을 『자연철학의 수학적 원리』라고 붙였다. 도대체 그들은 물리학과 철학의 관계를 어떻게 보았던 것인가? 그리고 그렇게 책 이름을 붙였던 이유가 무엇일까? 이런 예상된 질문에 뉴턴은 이미 대답을 내놓고 있었다. "고대 학자들은 역학을 자연에 대한 탐구에서 가장 중요한 일로 여겨왔으며, 실체의 형상과 오묘한 본질을 거부하는 근대 학자들은 자연현상을 수학적 법칙에 따르는 것으로 탐구해왔다. 나는 이 책에서 역학을 철학과 관련된 한에서 탐구했다." 뉴턴의 이 말을 다시 풀어서 설명하자면, 뉴턴 자신은 물리학 혹은 역학을 철학적으로 연구한 결과, 그것을 아리스토텔레스처럼 '본질' 혹은 '본성'으로 설명하려 하기보다 '수학 법칙'을 적용하여 설명하려 했다.

그 책의 제목이 의미하듯이, 대가의 과학자가 되려면 자신의 과학을 철학적으로 생각할 수 있어야 한다. 다음 이야기에서 우리는 뉴턴이 자신의 과학을 어느 정도까지 철학적으로 사고했는지를 알아볼 수 있다. 그리고 3권에서 아인슈타인이 자신의 물리학을 어떻게 철학적으로 탐구했는지도 살펴볼 것이다.

■ 절대 시간·공간

위에서 알아보았듯이, 뉴턴은 자신의 역학이 필연적 참인 진리라고 확신했다. 그리고 어느 학문의 연구자라도 자신과 같은 지식 체계를 구성한다면 필연적 진리를 얻을 수 있다고 확신했다. 이 시점에서 우리가 아래와 같이 비판적으로 검토해보는 일은 당연히 필요하다. 뉴턴 역학의 지식이 언제나 필연적 참인 진리라고 말할 수 있을까? 어떻게 그는 자신의 물리학 지식이 진리라고 장담할 수 있었을까? 어쩌면 뉴턴 역시 위와 같은 염려를 했던 것 같다. 뉴턴은 자신의 물리학 지식이 실제 현상계에서도 그대로 적용 가능한 지식이라고 확신했으며, 그 확신을 증명하는 일이 필요하다고 생각했다. 앞서 말했듯이, 유클리드 기하학의 지식은 순수하게 이성적으로 파악된 것이며, 경험적으로 그 참을 증명할 수 있는 것이 아니다.

그렇지만 사실 세계에서 사물의 운동을 설명하려는 뉴턴의 물리학은 경험적 실제 세계를 설명할 수 있어야 했다. 뉴턴은 그렇게 하려면 유클리드의 기하학과 다른 조건들이 더 있어야 한다고 생각했다. 다시 말해서, 그의 역학으로 계산된 물체의 운동과 실제 사물의 운동이 일치해야만 한다. 그러자면 그의 체계로 계산된 세계와 실제 세계가 같아야 한다. 만약 그렇지 않다면, 그가 계산한 물체의 운동 예측은 실제 세계에 그대로 적용되어 나타나지 않을 것이기 때문이다. 그 점을 명확히 할 필요가 있었던 뉴턴은 실제 세계의 공간이 데카르트가 만든 해석기하학적 공간 그대로 존재해야 한다고 생각했다. 그리고 시간은 언제나 동일하게 흐르고 있어야 한다고 생각했다. 이러한 이야기가 쉽게 이해되지 않을 수 있으므로, 구체인 예를 들어가며 더 쉽게 설명해보자.

만약 누군가 포탄을 쏜다면, 그 운동을 뉴턴은 (데카르트가 만든) 이차 함수 곡선의 궤적으로 해석하고 계산할 것이다. 그렇지만 우리가 마주하는 현실의 실제 공간에 [그림 2-9]처럼 눈금은 그어져 있지 않다. 그러므로 아무리 뉴턴 역학이 엄밀한 계산을 하였다고 하더라도 실제 세계의 현실적 공간이 그림의 눈금처럼 균일한 간격으로 존재하지 않는다면, 즉 데카르트의 해석기하학적 도형의 공간과 현실적 공간이 다르다면, 뉴턴의 계산은 무의미하다.

예를 들어, 뉴턴 역학에 의한 계산대로라면 초속 500미터로 날아가는 포탄은 10초 후 출발 지점으로부터 5,000미터 거리에 있어야 한다. 그런데 만약 사실 세계의 공간이 '눈금이 그려지듯이' 균일하게 존재하지 않는다면, 그러한 계산은 실제와 맞지 않을 수 있다. 또한 포탄이 날아가는 도중에 현실 세계의 시간이 엄밀히 균일한 간격으로 규칙적으로 흘러가지 않는다면, 예를 들어 포탄이 처음에

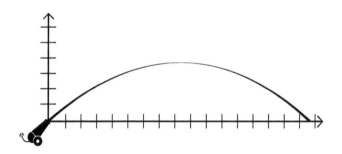

[그림 2-9] 사물의 운동에 대한 뉴턴 역학의 계산이 참이려면, 실제 세계의 공간이 데카르트의 해석기하학적 공간과 같아야 한다. 그러자면 실제의 공간도 마치 기하학적 공간과 같은 동일한 간격을 가진 공간이어야 할 것이다.

날아갈 때와 날아가는 도중에 그 시간 흐름의 속도가 달라진다면, 그의 역학적 계산 역시 실제와 같지 않을 것이다.

그러므로 실제 세계에 데카르트의 해석기하학적 공간과 동일한 공간, 즉 완전히 균일하게 분포된 '절대공간'이 놓여 있어야 하며, 언제 어디서나 완벽히 균일하게 흐르는 '절대시간'이 존재해야 한다. 그것이 전제되지 않는다면 자신의 물리학이 무의미할 것이라고 뉴턴은 생각했다. 자신의 물리학의 정당성을 위해 시간과 공간이 어떠해야 하는지 고민했다는 점에서, 뉴턴이 자신의 학문을 얼마나 세심하고 깊게 반성했는지, 즉 비판적으로 검토했는지를 알아볼 수 있다. 이상이 뉴턴의 절대공간, 절대시간 이야기의 핵심이다.

* * *

이야기가 나온 김에 시간과 공간에 관한 이야기를 조금 더 하는 것도 나쁘지 않겠다. 역사적으로 '시간'과 '공간'의 '상대성/절대성' 논란은 갈릴레이의 공간 해석과 관련해서 시작되었다. 그의 생각은 아래와 같은 예로 설명된다.

물결이 잔잔한 지중해에 범선이 순풍을 타고 수면을 미끄러지듯이 나아가는 경우, 선실에 있는 사람은 그 배가 움직이는 것을 거의 느끼지 못한다. 만약 그가 선실 안에서 10미터를 걸어서 움직였다고 가정해보자. 그리고 그동안 배가 동일 방향으로 20미터 나아갔다고 가정해보자. 만약 그 사람이 움직인 거리를 배 안의 사람과 배 밖의 사람이 각각 측정한다면, 그 측정된 이동 거리에 차이가 생긴다. 배 안에서 바라본다면 그 사람이 움직인 거리가 10미터이며, 배 밖에서 바라본다면 그 사람이 움직인 거리가 30미터이다. 그렇게 그 사람의 이동 거리에 대해 어느 것이 옳다고 말할 절대적 기준을 정할 수 없다. 그것이 공간의 상대성에 대한 논란의 시작이었다.

라이프니츠(Gottfried Wilhelm Leibniz, 1646-1716)는 갈릴레이의 이야기에서 한 발 더 나아가 물체가 움직이는 속도를 생각해보았다. 우리가 시속 100킬로미터로 달리는 기차에 타고 있다고 가정해보자. 그 가정에서 기차를 타고 가는 사람은 움직이지 않고 있으므로 속도가 0킬로미터라고 할 수 있지만, 기차 밖의 사람이 보기에는 그 안에 타고 있는 사람의 움직이는 속도가 시속 100킬로미터로 파악된다. 그렇지만 사실 지구도 아주 빠르게(초속 약 34킬로미터) 태양의 주위를 공전한다. 따라서 누군가가 지구 밖에서 우리가 움직이는 속도를 측정한다면 시속 100킬로미터는 아니다. 지구의 공전 속도에 기차의 속도가 가감된 속도여야 한다. 다시 말해서 우리는 어떤 물체의 운동 속도를 절대적 기준으로 말할 수 없다. 따라서 우리는 공간과 시간에 대해 절대성을 주장할 수 없으며, 오직 상대적이라고 말할 수 있을 뿐이다.

그렇지만 물체의 운동을 정확히 계산하려는 뉴턴의 입장이라면, 어떤 물체의 운동 거리나 속도에 대해 모두 '계산 가능하다'는 점을 강조할 필요가 있었다. 상대적으로 보일 수 있는 시간과 공간에 대해 기준을 설정한다면, 그 기준으로부터 무엇이든 계산할 수 있다. 그런 생각에서 뉴턴은 '태양계의 중심'을 절대공간의 좌표 중심으로 설정하면 관찰자에 따라서 상대적으로 파악된다고 주장할 필요가 없다고 생각했다. 그 기준으로부터 어떤 운동이나 속도를 측정하면 문제가 될 것이 없기 때문이다. 당시 우주론에 대한 천문학은 태양계를 넘어선 생각을 거의 할 필요가 없었던 수준이었다.

그러나 태양의 중심이 절대공간의 중심이라는 이야기는 뉴턴이 절대 시공간을 이야기하고 싶었던 핵심 사항은 아니다. 그가 정작 말하고 싶었던 것은, 어떤 물체의 운동 거리와 속도를 정확히 계산할 수 있으며, 그 계산이 실제와 일치한다는 주장이었다. 즉, 그는 실제 공간이 데카르트가 만들어놓은 해석기하학의 공간과 동일하다는 점을 강조해야 했다. 만약 그렇지 않다면 자신의 역학으로 계산된 수치가 사실 세계와 일치하지 않을 염려가 있기 때문이다. 다시 말해서, 실제 세계의 공간이 균일하게 분포된 해석기하학적 공간으로 존재해야 하며, 시간은 균일한 간격으로 흘러가고 있어야 한다. 이러한 주장이 바로 뉴턴이 말하고 싶었던 절대 시공간의 핵심으로 보인다. 따라서 뉴턴은 이렇게 말한다. "우리는 수학적 원리를 통해 얻은 추론을 가지고 자연의 모든 현상을 알아낼 수 있다."

그렇게 뉴턴의 관점을 이해하고서, 우리는 잠시 아래와 같이 더 깊이 질문해볼 필요가 있다. 우리는 공간 자체를 만질 수 없으며, 또한 시간 자체를 감각으로 느낄 수 없다. 우리가 눈으로 사물의 크기와 형태를 볼 수 있고, 시곗바늘을 감각으로 볼 수 있지만, 공간 자체와 시간 자체를 볼 수는 없다. 그렇다면 도대체 공간이란 무엇이며, 시간이란 무엇일까? 뒤에서 우리는 뉴턴 역학을 더 깊게 철학적으로 연구했던 칸트가 시간과 공간을 어떻게 이해하는지, 그리고 아인슈타인은 시간과 공간을 어떻게 이해하는지도 알아볼 것이다. 그러한 이야기를 통해서 위의 의문에 대한 다른 대답을 찾아볼 것이다. 여기에서는 이 정도로 이야기를 마치고 위의 의문, 뉴턴의 지식이 과연 필연적 참인 진리인지의 문제를 다시 논의해보자.

* * *

앞서 이야기했듯이, 뉴턴은 빛의 운동에 관해 후크와 논쟁하였다. 뉴턴은 프리즘을 통과한 빛이 여러 색깔로 나뉘는 것에 대하여, 태양광이 색깔이 없어 보이지만 프리즘을 통과하면 여러 빛깔의 광선들로 나뉘는 것을 보면, 사실은 그것이 여러 빛깔의 광선들이 모인 것이라고 보았다. 반면에 후크는 색깔이 없는 빛이 프리즘을 통과하여 여러 색깔을 보여주는 까닭은 프리즘의 역할 때문이라고 반박하였다. 뉴턴은 후크의 그런 반박에 이렇게 응수하였다. "나는 가설을 만들지 않는다(I feign no hypotheses)." 앞으로 살펴보겠지만, 사실상 뉴턴은 그렇게 말할 자격이 있었다. 그는 학문의 연구 방법에서 언제나 실험을 중요하게 여겼기 때문이다.

그런데 여기서 그의 입장을 조금 변호할 필요가 있어 보인다. 그가 의미하는 '가설'이란 '경험에 앞서 이론적으로 제안하는 것'이란 뜻은 아닐 것이다. 그가 외면했던 가설은 '사실적으로 확인할 수 없는 가짜의 허위 이론', 즉 '검증할 수 없는 이론'을 말한 것이라 추측된다. 그만큼 자신의 이론들에 대해 이론적 혹은 논리적으로 완벽한 체계를 갖추고 있으며 경험적으로도 확증할 수 있는 훌륭한 완성품이라는 확신에 차 있었을 것이다. 그러한 그의 확신은 다음 전제에서 나온다. 무엇보다도 공준인 3법칙이 경험적으로 얻어낸 진리의 법칙이며, 그 법칙들로부터 물체의 운동에 대해 한 치의 오차도 없이 계산해낼 논리적 체계를 세웠다. 그리고 그 계산에 대해 언제나 실험적으로 확인할 수 있다.

여기까지 이야기를 듣고 누군가는 아래와 같은 의문을 다시 가질 수 있다. 이 책 1권에서 말했듯이, 일반적인 철학자들의 믿음에 따르면, 경험은 우리에게 틀릴 수 없는 필연적 참인 지식을 제공하지 못한다. 오히려 필연적으로 참인 지식을 제공하는 쪽은 이성적 지식이다. 도대체 우리는 어느 쪽 말을 신뢰해야 하는가?

그렇다. 지금까지 해온 이야기를 잘 기억했다면, 이제 위의 의문에 대해 생각해보아야 한다. 과연 뉴턴의 3법칙이 경험을 통해 얻어낸 것이라고 할 수 있을지 의문이다. "외부의 힘이 작용하지 않는 물체는 '정지 상태' 혹은 '일직선 등속운동'을 지속할 것이다."라는 뉴턴의 제1법칙이 직접 경험으로 얻어진 지식일까? 실제로 우리가 영원히 정지한 물체를 관찰한 적이 있기는 한가? 또한 영원히 등속운동을 지속하는 물체를 경험적으로 관찰할 수 있기는 한 것인가? 결코 그렇다고 인정하기는 어려워 보인다. 그러므로 그의 3법칙은 경험적으로 파악된 것이라기보다는 (유클리드 기하학의 공준에 대해서 데카르트가 생각했던 것처럼) 이성적으로 파악된 것이라고 보아야 할 것 같다. 그 점에서 뉴턴은 자신의 역학 체계가 경험적으로도 완벽하다고 '지나치게' 확신했다고 평가된다. 뒤에서 칸트를 이야기하면서 이 문제를 다시 생각해볼 것이다.

* * *

이제 뉴턴의 책 『광학』에 대해 이야기할 차례이다. 앞서 이야기했듯이, 그 책이 담은 내용은 '빛의 운동'에 관한 연구이지만, 그 연구를 통해서 그는 '과학의 방법론'을 보여주려 했다. 그런 방법론에 관하여, 아리스토텔레스는 '귀납적 추론과 연역적 추론'에 따른 방법을 내놓았으며, 갈릴레이는 '분석', '종합', '실험'이란 절차에 따른 방법을 내놓았다. 그렇다면 뉴턴이 『광학』에서 보여주는 과학의 탐구 절차는 무엇인가?

그는 우선 가는 한 줄기 빛을 프리즘에 통과시키면 여러 색깔로 분해되는 것을 '관찰'할 수 있는데, 그것을 잘 '분석'해보면 아래와 같은 '원리'를 유도할 수 있다고 생각했다.

(1) 분석: "태양광은 서로 다른 색깔 광선들의 집합으로 되어 있다." 그리고 그 각각의 색은 프리즘에 의해 고유한 각도로 굴절한다.

(2) 종합: 위의 원리들을 '종합'하여 그는 다음과 같은 새로운 실험 '가설'을 추론하였다. "프리즘을 통과한 특정 색깔의 광선을 다시 프리즘에 통과하더라도 다른 색깔로 변하지 않을 것이다."

(3) 실험: 이러한 실험적 가설을 [그림 2-10]과 같은 실험 장비를 만들어, 실험적으로 확인해본 결과 위의 '종합'에 따른 실험 가설이 옳다는 것이 드러나며, 따라서 '분석'에 따른 처음의 원리도 옳다고 인정된다.

[그림 2-10] 뉴턴의 프리즘을 이용한 실험을 이해시켜주는 그림. 한 줄기의 광선이 프리즘을 통과하여 무지개에서 볼 수 있는 여러 색깔로 나뉜다. 그 색깔 중하나의 광선을 다시 프리즘을 통과시켜보면 색깔의 변화가 없다.

이상의 이야기를 통해서 볼 때, 뉴턴의 방법론은 갈릴레이의 방법론과 어떤 점에서 차이가 있었는가? 뉴턴의 방법론은 갈릴레이의 방법론과 너무 비슷하다. 갈릴레이는 가장 멀리 포탄을 발사하기 위한 각도를 연구하는 과정에서 (1) 분석, (2) 종합, (3) 실험 등 3단계의 절차를 주장하였다. 그것을 뉴턴이 공부하였던 것 같다. 그러고 보니 그의 학문의 체계는 유클리드의 것을 모방하였고, 그의 방법론은 갈릴레이의 것을 모방한 것 같다. 그렇지만 그의 방법론에 대해서도 비판적으로 검토해보자.

그의 방법은 논리적으로 빈틈이 없어 보인다. 그러나 여기에도 아래와 같은 문제점을 찾아볼 수 있다. 뉴턴은 위의 첫 단계에서 빛을 프리즘에 통과시켜보고서 '빛이 여러 광선들의 종합으로 되어 있다'는 것을 발견했다고 하였다. 그러나 우리가 반드시 그렇게 생각해야 할 어떤 규칙이 있는 것은 아니다. 왜냐하면 누구라도 그렇게 생각하기보다 후크와 같이 '프리즘이 여러 종류의 색깔로 분해하였다'고 생각할 가능성도 있기 때문이다. 만약 누군가 그렇게 생각했다면(어쩌면 뉴턴도 처음에는 그렇게 생각하였다가 실제로는 나중에 생각을 바꾸었는지도 모르지만), 다음 단계에서 '프리즘에 의해 분해된 광선을 다시 프리즘을 통과시키면 역시 다양한 빛의 광선들이 나타날 것이다'라고 다른 가설을 제안할 가능성도 있다. (물론 실험에서 그것이 오류임은 드러날 것이지만) 실제로 그렇게 하지는 않다고 하더라도 실험해보기 전에 그가 다른 가설을 제안했을 가능성은 있다. 그런 측면에서, 뉴턴의 방법론 절차는 이미 결과를 얻은 후 의도적으로 구성한 것이라고 볼 수도 있다. 만약 그렇다면, 그의 방법론을 따른다고 우리가 실제 새로운 원리를 발견할 수 있을지 의심된다. 지금 한국의 고등학교 교과서에 그의 방법론,

즉 '실험 가설'을 세우는 절차가 소개되어 있으며, 대부분 과학자는 그 방식으로 연구하는 것을 의심하지 않는다.

이렇게 그의 방법론이 논리적으로 아무 문제가 없어 보이지만, 조금만 깊이 생각해보면 심각한 문제점이 드러난다. 나아가서 새로 제안된 가설이 옳은지 실험으로 확인한다고 해서, 그 가설이 반드시 옳다고 주장할 수 있는지 그는 의심하지는 못했다. 즉, 좀 더 철저히 철학적이지는 못했다. 이것에 관련한 좀 더 깊은 논의를 3권 12장, 13장에서 다룬다. 여기서는 뉴턴의 학문적 체계에 대한 문제를 마저 이야기하자.

앞서 말했듯이 근대 기계론적 세계관을 가졌던 학자들은 세계에 대한 체계적인 설명을 위해서 '충분한 이유'가 제시되어야 한다는 생각을 가졌다. 그리고 그 조건을 아래와 같이 말하였다.

첫째, 설명하려는 현상과 설명에 이용되는 근거 사이는 '연역적 추론' 관계여야 한다.
둘째, 설명에 이용되는 근거들은 그 자체가 틀릴 수 없는 '자명한 진리'여야 한다.
셋째, 연역논리로 설명된 체계는 '사실 세계'와 관련되어야 한다.

뉴턴은 위의 조건을 충실히 따른 학자라고 분명히 말할 수 있다. 자명한 전제를 찾아서 연역적으로 구성하며, 그것을 사실 세계와 일치시키기 위해서 절대 시공간을 설정하였으며, 마침내 실험해보아야 한다는 점까지 강조했기 때문이다.

■ 뉴턴 패러다임

앞서 이야기했듯이, 르네상스의 계몽주의 사조에서 여러 과학자 및 철학자는 아리스토텔레스 체계로부터 탈피하려는 경향이었다. 그러한 경향을 여러 학자, 특별히 데카르트가 보여주기는 했지만, 실질적으로 아리스토텔레스의 철학을 대체시킨 인물은 뉴턴이라고 말할 만하다. 목적론을 따르는 학자들은 세계의 어떤 현상들 혹은 인과적 작용에 대해서, 그것들이 인간의 잣대와 같은 어떤 의도를 갖는다고 해석하려고 한다. 반면에 뉴턴의 기계론적 세계관을 따르는 학자라면, 베이컨의 지침에 따라서, 그러한 의도를 제외한다.

뉴턴은 당시의 사회적 배경에서 그러한 실험철학을 탐구할 수 있었다. 당시 영국에는 보일을 중심으로 과학협회가 결성되었는데, 그 협회는 찰스 2세로부터 (형식적) 후원을 받아 '왕립학회'로 탄생하였다. 왕립학회에서는 여러 분야의 과학자들이 서로 협력적인 연구를 진행할 수 있었다. 그러면서도 그들은 베이컨의 방법론에 따라서, 어떠한 가정도 하지 않은 채 사실적 지식을 수집하는 방식으로 연구했다. 특별히 로버트 후크는 저서 《마이크로그라피아(*Micrographia*)》(1665)에서 "독단에 빠지지 않는 연구를 추진해야 한다."라고 역설하기도 했다. 당시 학자들은 편견 없는 객관적 사실의 지식을 얻을 수 있다고 기대하였고, 그러한 지식은 우리가 지어낸 어떤 의도의 이야기가 아니라고 믿었다.

이러한 시대적 맥락에서 뉴턴 역시 세계 혹은 자연을 설명할 경우, 예를 들어, 중력이 어떻게 생기는지를 지어내는 이야기로 하지 않았다. 그는 다만 물체들 사이에, 엄밀히 말해서, 지구, 달, 태양 등과 같은 천체들 사이에 중력이 어떤 수학적 관계로 작용하는지를 밝혀내려 했다. 이렇게 뉴턴은 데카르트를 따라서 기계론을 선택하였지만, 데카르트보다 더욱 기계론을 밀고 나갔다. 뉴턴은 "나는 사실만을 다룬다."라고 자신 있게 말했다. 그는 실제로 존재하는 것들에 대한 법칙을 탐구하려 했으며, 어떤 추측이나 의도적 해석을 끌어들여 자연을 포장하려 들지 않았다. 따라서 기계론은 데카르트로부터 시작되었으나, 그 세계관은 실질적으로 뉴턴에게서 비로소 완성되었다고 할 수 있다.

뉴턴이 보여준 수준 높은 기계론적 연구 결과물인 『프린키피아』와 『광학』은 이후 학자들에게 더욱 기계론적으로 연구할 확신과 용기를 줄 수 있었다. 그러므로 뉴턴을 근대 과학혁명의 완성자라 불러도 좋겠다. 그렇게 '뉴턴 패러다임'이 등장하였다. '패러다임'은 토머스 쿤의 저술에서 나왔으며, 그것이 무엇인지 다음 3권 13장에서 구체적으로 알아보겠지만, 여기서 간단히 이야기해보자면, 쿤이 말하려는 '패러다임'의 두 가지 의미 중 하나는 '정형' 혹은 '전형적 모습', 즉 '가장 대표적 모습'을 말한다. 뉴턴은 학문이 어떤 체계를 이루어야 하는지, 그리고 학문을 어떤 방법으로 연구해야 하는지 등에 대해 패러다임을 보여주었다. 심지어 그는 『광학』의 끝에서 이렇게 말한다. "만약 자연철학의 모든 분야가 내 방법을 추구하여 마침내 완벽해진다면, 도덕철학의 경계도 확장될 수 있다." 그는 이렇게 자연현상을 넘어 인문사회 분야까지도 자신의 방법을 따라서 연구할 수 있다고 확신하였다. 그러므로 이후의 학문을 연구하는 연구자라면 누구라도 '뉴턴을 따라하기' 혹은 '뉴턴 모방하기'를 통해서 훌륭한 학문의 체계를 완성하고, 성공적인 발견을 이룩할 수 있다는 믿음을 가질 수 있었다. 그렇다면 어떤 학자들이 그러한 연구를 보여주었는가?

프랑스의 계몽주의 철학자 콩도르세는 1795년, 자연과학의 법칙들이 있는 것처럼 '인간의 지적, 도덕적 능력'에서도 그러한 방식으로, 즉 법칙적 원리를 탐구함으로써 연구할 수 있다고 말했다. 로버트 후크와 로버트 보일은 실험정신으로 공기 펌프를 개발하였는데, 그들은 공기의 압력과 부피의 관계를 법칙적 원리로 파악하였다. 그리고 그들의 진공에 관한 연구 성과에 힘입어, 다른 연구자들은 진공 속에서 정전기 현상을 실험적이며 기계론적으로 연구할 수 있었다. 예를 들어, 화학자이며 목사이기도 했던 프리스틀리(Joseph Pristley, 1733-1804)는 전기를 기계론적 관점에서 실험적으로 연구하였다. 미국의 정치인이었던 벤저민 프랭클린(Benjamin Franklin, 1706-1790)은 전기 흐름에 대해서 실험정신으로, 그리고 기계론적으로 탐구하였다. 그는 번개 치는 날에 하늘로 연을 날려서 번개가 전기 현상이라는 것을 (위험하게) 실험적으로 연구한 것으로 유명하다. 마이클 패러데이(Michael Faraday, 1791-1867)는 뉴턴의 관점에서 우주에 존재하는 모든 힘을 전기 작용으로 설명하려 하였다.

이러한 전기 현상에 관한 과거 연구만이 아니라, 현대 물리학 교재에 실린 전기역학마저도 뉴턴 패러다임을 보여준다. 전기역학을 다루는 어느 교재든 펼쳐 보면, 그 체계가 뉴턴의 『프린키피아』를 모방한 체계로 구성된 것을 우리는 볼 수 있다. 그러한 책들은 한결같이 전기의 여러 용어, 예를 들어 전압(V), 전류(A), 저항(R) 등등을 엄밀히 '정의'하며, 전압(V)과 전류(A) 혹은 저항(R) 사이의 관계에 관한 기초 법칙들($V \propto \frac{1}{R}$, 전압은 저항에 반비례한다)을 일종의 '공준'으로 가정하고, 그것들 사이의 계산규칙을 일종의 '공리'로 전제한다. 예를 들어, 2개의 같은 전압을 병렬연결하면 하나의 전압과 동일하며($1V + 1V = 1V$), 그것들을 직렬연결하면 두 전압의 합과 같다($1V + 1V = 2V$). 그러한 전제들로부터 전기역학의 전체 체계를 구성한다. 나아가서 뉴턴 이후 대부분 과학 연구가 뉴턴의 체계를 모방했으며, 뉴턴의 방법론을 모방하였다.

화학의 방법에서 역시 그러했다. 산소의 발견과 같은 연구 업적에서도, 과학자들은 뉴턴 방식의 실험정신에 따른 기계론의 입장에서 이해하려 하였다. 프리스틀리는 물체가 연소하는 현상을 아래와 같이 이해하였다. 나무 조각을 불에 넣으면 불길이 타오르며 연기가 나온다. 그것을 보고 프리스틀리는 어떤 물질이 타면서 플로지스톤(Phlogiston)을 방출한다고 믿었다. 그리고 유리병에 무언가를 넣고 가열하면 그것이 어느 정도 타다가 이내 꺼진다. 그런 현상을 관찰하고서, 그는 나무로부터 플로지스톤이 방출하여 그것이 유리병 내부를 채우기 때문에 더는 타지 않는다고 이해하였다. 그는 뉴턴 방식의 기계론의 관점에서 생각하기는 하였지만, 자신의 종교적 신념에 따라서 신이 우리에게 어떤 공기를 주었는지를 고려하는 관점에서 이해하려 하였다. 반면에 라부아지에(Antoine Lavoisier, 1743-1794)는 실험정신을 발휘하여 더욱 뉴턴처럼 이해하려 하였다. 그는 나무와 같은 물질이 타는 것을, 공기 중의 산소가 다른 물질과 결합하여 산화물질이 만들어진다고 이해하였다. 그는 뉴턴처럼 화학적 자연현상을 더욱 기계론적으로 파악하려 하였으며, 그 결과 당시 유력했던 플로지스톤설을 산소에 의한 물체의 '연소' 작용으로 이해하였다. 이러한 새로운 관점에서 그는 나무가 불에 타는 것, 철과 같은 금속이 녹스는 것, 그리고 동물의 호흡 등이 모두 동일한 '산화작용'이라고 이해하는 계기를 만들었다. 예를 들어, 호

흡과 연소는 모두 '탄소 + 산소 = 이산화탄소'(탄소가 산소와 만나 이산화탄소가 만들어진다), '금속 + 산소 = 금속산화물'(철과 산소가 결합하여 산화철이 만들어진다)의 동일 작용으로 이해할 수 있다. 라부아지에는 1785년 쓴 글에서, 마치 수학자들이 천체운동을 수학적으로 계산하듯이 앞으로 화학작용에 대해서도 엄밀히 계산할 날이 올 것이라고 미래를 전망하였다. 그러한 예측은 뉴턴 패러다임에서 나왔다.

실제로 이후 화학자들은 화학작용에 의한 반응 결과물을 측정하는 실험적 연구, 즉 정량적 연구를 추진하였다. 예를 들어, 조제프 루이 프루스트(Joseph Louis Proust, 1754-1826)는 화학 원소들이 서로 반응하는 비율이 일정하다는 '일정 성분비의 법칙'을 주장하였다. 이를 통해서 화학원소들이 서로 어떻게 결합하느냐에 따라 다양한 물질들 혹은 사물들이 생겨날 수 있다는 고대의 원자론에 힘이 실리게 되었다. 영국 맨체스터 출신의 존 돌턴(John Dalton, 1766-1844)은 서로 다른 원자들이 서로 다른 방식으로 결합하여 다양한 물질이 만들어진다는 원자론을 주장하였다. 그는 다른 원소들 사이에 서로 끌어당기는 '인력'이 작용하며, 동일 원소들 사이에 서로 밀쳐내는 '척력'이 작용한다고 생각했다. 그리고 그는 여러 다양한 원소들과 동일 원소들이 동시에 결합할 경우, 어떤 구조를 가질지도 추정하였다. 예를 들어, 동일한 원소 A 3개가 다른 원소 B 1개와 결합하여 화합물 A_3B가 만들어질 경우, 3개의 A는 B에 이끌려 결합하면서도, 1개의 B를 중심으로 서로 멀리 떨어지려 하므로, 각각 120도 간격을 이룰 것이라고 가정하였다. 나아가서 그는 원소들이 서로 결합하는 작용에 어떤 법칙이 있을 것이라고 가정하기도 하였다. 이러한 모든 연구와 노력이 뉴턴 패러다임 아래에서 이루어졌다고 평가될 수 있다.

뉴턴 패러다임은 철학자들에게 기계론적 관점에서 인간사회의 윤리적 체계까지 영향을 미쳤다. 자연이 어떤 기초 원리로부터 설명될 수 있다면, 인간사회도 어떤 사회적 기초 원리로부터 설명될 수 있지는 않을지, 혹은 인간의 본성으로부터 도덕 체계를 설명할 수 있는 것이 아닐지 기대하도록 만들었다. 예를 들어, 의사이자 법률가이고 철학자인 존 로크(John Locke, 1632-1704)는 뉴턴이 자연의 운동을 기초 원리로부터 설명할 수 있었던 것처럼 확실한 도덕 원리를 찾으려 노력하였다. 그래서 그는 자신의 저술『인간 오성론(*An Essay Concerning Human Understanding*)』(1690)에서 "도덕도 수학과 마찬가지로 증명될 수 있다."고 감히 주장하였다. 그리고 뉴턴과 가깝게 지냈던 새뮤얼 클라크(Samuel Clarke, 1675-1729)는 영국 앤 여왕의 전속 목사였는데, 그는 뉴턴 패러다임의 관점에서 도덕을 유클리드 기하학과 같이 확실한 몇 가지 원리로부터 설명할 수 있다고 가정하기도 하였다.

그뿐만 아니라 철학자 데이비드 흄(David Hume, 1711-1776) 역시 뉴턴 패러다임 관점에서 도덕 원리를 경험적으로 찾으려 하였다. 그는 인간이 어떤 도덕적 행동을 하는 마음의 원리가 무엇인지를 찾고 싶어 했다. 흄은 자신의 저서『인간 본성에 관한 논고(*A Treatise of Human Nature*)』(1739-1740)에서, 자신의 연구는 곧 인간의 추론 법칙을 '실험적 방법'으로 탐구함으로써 도덕적 주제까지를 설명해보려는 시도라고 밝힌다. (이 책 뒤에서 다시 이야기하겠지만) 그는 뉴턴 패러다임의 관점에서 인간의 추론은 '연상'이라는 사고 법칙에 따르며, 그것은 다시 '양태', '실체', '관계'라는 세 가지 규칙에 따른다고 생각하였다. 그는 자연법칙처럼 정신의 영역에서도 몇 가지 법칙이 일종의 '인력', '척력' 등과 같은 힘으로 작용한다고 가정하였다. 뉴턴이 자신의 저서, 『광학』에서 자신의 방법을 추구하다 보면 도덕철학까지도 이해하고 설명할 수 있을 것이라고 기대했듯이, 적지 않은 이후의 철학자들은 뉴턴의 관점에서 합리적이며 실험적으로 심성의 규칙 혹은 원리를 찾아서, 그것으로부터 사회적 도덕을 설명하고 싶어 했다.

경제학 분야의 아담 스미스(Adam Smith, 1723-1790)의 『국부론 (An Inquiry into the Nature and Causes of the Wealth of Nations)』 (1776) 역시 뉴턴 패러다임 배경에서 탄생하였다. 그의 주장에 따르면, 개인들이 저마다의 '이기심'에 따라 행동하다 보면, 그것이 자연의 원리와 마찬가지로 사회적 원리로 작용하는 '보이지 않는 손'에 이끌려서 사회적 번영에 기여할 수 있다. 그러므로 인간의 내면에 가지는 이기적 심성이 사회적으로 해롭지 않으며, 오히려 사회적 부를 창출하는 원동력이 될 수 있다. 그러므로 정치적으로 좋은 방책은 사회경제를 가능한 한 간섭하지 않는 것이다. 반면에 토머스 맬서스(Thomas Malthus, 1766-1834)는 『인구론(An Essay on the Principle of Population)』(1798)에서 국가적 간섭이 필요하다는 주장을 동일한 뉴턴 패러다임 관점에서 주장하였다. 그의 주장에 따르면, 인구는 기하급수적으로 증가하는 반면에, 식량은 산술급수적으로 증가할 수 있을 뿐이다. 그러므로 언제든 인구 증가를 감당할 정도의 식량을 증가시키지 못하여 국가는 경제적 어려움에 직면하기 마련이다. 인간이 어떠한 노력을 기울이더라도 식량 부족 사태를 원리적으로 막을 수 없는 '자연의 보편적 법칙'이 있기 때문이다. 그러한 측면을 받아들인다면, 한 국가의 경제는 적절히 통제되고 관리될 필요가 있다. 이렇게 뉴턴 패러다임은 특별히 사회지

배 계급구조를 바꾸고 싶어 하는 사람들에게 개혁의 필요성 혹은 정당성을 위한 도구로 활용되기도 했다. 사회개혁가 칼 마르크스 (Karl Marx, 1818-1883)는 맬서스의 주장에 힘입어 노동 계급을 착취하는 부르주아 계급에 맞서서 노동 계급이 봉기해야 한다고 주장하였다.

이렇게 서로 다른 혹은 상반된 여러 주장이 대부분 뉴턴 패러다임 아래에서 나타났다. 일일이 열거하기 어려울 만큼 많은 이들이 뉴턴 패러다임을 따라서 사회를 이끌어가는 어떤 자연법칙이 있다고 가정하였으며, 그 가정하는 법칙을 가지고 자신들의 사회 정책 제안을 정당화하려 하였다. 그러한 정당화를 더욱 강화해준 것은 당시 생물학에서 나온 진화론이었다. 적자생존에 따른 '진화'는 사회를 발전시키는 '자연법칙'으로 이해될 수 있었기 때문이다. 그것은 아래에서 따로 이야기할 필요가 있다.

* * *

생명체의 오묘한 섭리는 사람들에게, 우주를 창조하고 지배하며 다스리는 '지적 설계자'의 존재를 가정하도록 만들었다. 그러한 종교적 신념에 따르면, 모든 생명체의 생물종(species)은 신의 의지에 따라 만들어졌다고 믿어졌다. 그러므로 인류가 생명의 기원과 진화를 뉴턴의 패러다임 아래에서 새롭게 이해하기 시작했다는 것은, 이제 생물학이 종교적 권위를 부분적으로 혹은 근본적으로 대체할 수 있게 되었음을 의미했다. 당시의 상식적 관점에 따르면, 음식물을 담은 그릇에서 저절로 구더기가 생긴다는 결정적 증거에 비추어, 생명은 저절로 생겨날 수 있다고 믿어지기도 했다. 물론 오늘날 알려진 상식으로 볼 때 그것은 잘못된 증거이다. 그 구더기는 우리가 보지 않는 사이에 파리가 낳은 알이 부화한 것이기 때문이다. 생물학자 라마르크는 그러한 속설을 개선하려 하였다.

라마르크(Jean-Baptiste Lamarck, 1744-1829)는 뉴턴 패러다임의 관점에서 새로운 생물종의 탄생이 네 가지 자연법칙에 따라서 발생할 수 있다고 가정하였다. 제1법칙으로, 생명체들은 스스로 정해진 한도까지 크기를 키운다. 제2법칙으로, 동물들은 필요에 따라서 신체 내에 새로운 기관을 만들고 유지할 수 있다. 제3법칙으로, 그러한 조직은 활용에 따라서 다른 관련 조직들과 유기적 관계를 맺을 수 있어서, 동물들이 매우 정교한 여러 기관을 가질 수 있다. 제4법칙으로, 동물들은 자신들이 살아 있는 동안 개선한 조직들을 다음 세대로 전해 주므로, 더욱 발달한 기관을 가질 수 있다. 이렇게 자연의 법칙으로 설명하려는 관점에서 나온 주장이 라마르크 진화론 즉 '용불용설'이다.

그의 진화론은, 동물들이 필요에 따라서 혹은 원하기만 하면 스스로 새로운 기관을 가질 수 있다는 주장을 함축한다. 그의 주장을 비판적으로 검토해보자면, 누구라도 그것을 쉽게 받아들이기 어려워 보인다. 그 이유는 그러한 라마르크의 논리적 추론은 다른 측면에서 뉴턴의 패러다임과 부합하지 않기 때문이다. 인간의 의지에 의한 혹은 누군가의 소망에 의한 '의도적 행동'과, 자연법칙에 따르는 '인과적 작용'은 아주 다르거나 상반되는 것으로 이해되기 때문이다. 누군가의 '비물리적' 혹은 '정신적' 소망은, 어떤 일을 하게 만들 수도 그렇지 않을 수도 있는 '우연성'과 연관되지만, '물리적인' 인과적 작용이란 그러하지 않을 수 없는 '필연성'과 연관되기 때문이다. 뉴턴 법칙에 따르는 인과적 작용은 필연성을 갖는다. 뉴턴 이후로 물리적 법칙 혹은 자연법칙은 인과적 작용으로 명확히 이해되었고, 따라서 뉴턴 역학은 우리에게 필연적 진리를 제공해줄 것으로 인식되었다. 이러한 비판적 측면에서 보면 라마르크는 뉴턴 패러다임을 어설프게 따라 했던 학자인 셈이다.

라마르크를 넘어서 뉴턴의 패러다임에서 진화론을 체계화시키고 완성한 생물학자는 단연코 찰스 다윈(Charles Darwin, 1809-1882)이었다. 그의 저작 『종의 기원(*On the Origin of Species by Means of Natural Selection*)』(1859)이 체계적으로 설명하는 '자연선택에 의한 진화론'은 이후의 여러 분야의 학문은 물론 사회 전반에 미치는 영향이 매우 컸다. 조금 더 정확히 말해서, 뉴턴 패러다임에서 나오는 다윈의 진화론은 21세기를 살아가는 지금까지도 모든 분야에서, 심지어 철학의 분야에까지 큰 영향력을 발휘하고 있다. 그것이 어떻게 그러한지 알아보자.

다윈은 급료를 받지 않는 조건으로 영국 조사선 비글호를 타고, 1831-1836년 사이에 지구 여러 곳을 탐사할 수 있었다. 그는 다만 탐사를 통한 관찰만으로 자신의 진화론을 주장한 것은 아니었다. 그는 항해와 탐사 동안 라이엘의 《지질학 원리》를 읽으며, 당시 연구되었던 '지층에 관한 연구'와 그 연구에서 드러나는 '화석의 증거'를 고려하였다. 그리고 그는 '철학자 베이컨의 원리'를 의식하고 실험정신으로 자료를 수집하였다. 또한 농부들이 '가축들을 품종 개량한다'는 사실에서, 자연환경이 생물종을 품종 개량할 수 있다고 가정했다. 그리고 그는 그러한 가정을 토대로 1838년 우연히 맬서스의 『인구론』을 읽고서, 한 생명의 종이 어떻게 점차 다양한 종으로 분화할 수 있을지를 설명할 확신을 얻었다. 맬서스에 따르면, 어떤 환경이라도 생물들은 기하급수적 번식으로 인하여, 필연적으로 치열한 생존경쟁 상황에 내몰린다. 따라서 다윈은 이렇게 가정하였다. 자연환경이, 마치 농부들이 품종을 개량하듯이, 생존경쟁의 법칙에 따라 변이를 품종 개량할 수 있으며, 마침내 새로운 종을 개량시킨다. 그렇게 다윈은 다양한 분야를 공부하였고, 그러한 지식과 라마르크의 주장이 논리적으로 일관성을 갖지 못한다고 비판적으로 생각했다. 그것은 다윈이 의식적이든 무의식적이든 논리적 일관성을 고려하는 비판적 사고 1을 했음을 보여준다. 그는 자신이 공부했던 여러 지식 사이의 논리적 연결 혹은 합리적 설명을 시도했다. 이러한 측면에서, 자신의 전문 혹은 전공 분야를 넘어 여러 분야를 가로지르는 통섭 연구는 새로운 발견을 이끄는 질문을 유도한다는 『통섭』의 저자 에드워드 윌슨의 이야기가 다시 의미 있게 다가온다.

다윈은 구체적으로 무엇을 관찰했으며, 그것을 어떻게 설명했는가? 특별히 그는 아메리카 대륙에서 멀리 떨어진 곳에 여러 섬이 모인 태평양의 갈라파고스 군도에서 핀치새(finch) 여러 마리를 박제로 만들어 영국으로 가져왔다. 몸의 모양으로 보아 모두 같은 종으로 보였지만, 특별히 부리의 모양이 다양했다. 참새와 같이 짧은 부리를 가진 것, 딱따구리처럼 약간 길고 뾰족한 부리를 가진 것, 그보다 더 길고 뾰족한 부리를 가진 것, 길면서도 아래로 휘어진 부리를 가진 것 등등의 새들은 충분히 그의 관심이 끌릴 만한 특징들이었다. 맬서스의 인구론을 따라서 진화를 이해해보자면, 태평양의 바다 한 곳에 우연히 부리가 짧은 핀치새가 날아들었다. 그놈들은 처음에 아마도 주로 씨앗을 먹이로 생존할 수 있었을 것이다. 그러나 기하급수적으로 증가하는 개체 수 때문에 새들은 먹이를 두고 생존경쟁에 내몰려야 했다. 새들이 번식하면서 다음 세대에 우연히 약간 부리가 긴 후손이 나타나고, 그것이 어쩌다 벌레를 먹기에 적절하여 생존에 다소 유리할 수 있었을 것이다. 그런데 그러한 새로운 유리함도 이내 더욱 증가한 개체 수로 인하여 다시 극한의 생존경쟁에 내몰린다. 그러자 약간 부리가 긴 새들로부터 다음 세대에 더 긴 부리를 가진 후손들이 우연히 태어나고, 그놈들은 아마도 선인장에 부리를 찔러 넣고 즙을 빨아 연명하여 생존할 수 있었을 것이다. 그리고 그놈들도 개체 수의 증가로 또다시 어려운 생존경쟁에 내몰리자, 이번에는 그들로부터 휘어진 부리를 가진 새들이 우연히 태어났고, 바닷가 혹은 해변에서 먹이 활동을 하기에 적절하여 새롭게 생존에 적응할 수 있었을 것이다. 그렇게 하여 하나의 품종으로부터 다른 품종으로 조금씩 변화하면서, 다양한 품종의 생명체로 나뉘고 진화할 수 있었을 것이다. 그것을 화석의 증거를 통해서, 그리고 다양한 곳의 다양한 생명체들의 생태적 상황을 통해서 확신할 수 있었다. 다윈 진화론이 말해주듯이, 진화의 결정자는 동물 자신의 의지가 아니고 자연환경이다.

이러한 자연선택 진화론은 다윈 혼자만의 노력으로 성취할 수 있었던 것이 아니다. 뉴턴처럼 다윈도 "거인들의 어깨 위에 있었기에" 가능했던 일이다. 그는 『종의 기원』 서문에서 자신의 이론이 혼자만의 생각이 아니라는 것을 여러 페이지에 걸쳐서 서술하고 있다. 자신보다 앞서 진화론을 주장하거나 이야기했던 것으로, 다윈은 라마르크의 《동물철학》(1809)을 비롯한 여러 저술과 연구가 있음을 소개한다. 웰스(W. C. Wells)의 연구(1813), 허버트(W. Herbert)의 연구(1837), 패트릭 매튜(Patrick Matthew)의 연구(1831), 그랜드(Grant)의 연구(1826), 지질학자이며 박물학자인 폰 부흐(Von Buch)의 연구(1836), 식물학자 라피네스크(Rafinesque)의 연구(1836), 홀더먼(Haldeman) 교수의 영향(1834-44), 지질학자 장 도말리우스

달로이(M. J. d'Omalius d'Halloy)의 연구(1846), 오언(Owen) 교수의 연구(1849), 프리크(Freke)의 연구(1851), 허버트 스펜서의 연구(1851), 식물학자 노댕(Naudin)의 연구(1852), 지질학자 카이절링(Keyserling) 백작의 연구(1853), 샤프하우젠(Schaaffhausen)의 연구(1853), 식물학자 르코크(M. Lecoq)의 연구(1854), 바덴 포웰(Baden Powell) 목사의 연구(1855), 헉슬리(Huxley) 교수의 강연(1859), 후커(Hooker) 박사의 연구(1859) 등등이 그것이다.

이는 다윈이 얼마나 오랜 세월 폭넓게 살펴보고 생각을 정리해왔는지를 보여준다. 하지만 그가 이렇게 장황하게 앞선 연구를 거론하는 것은, 아마도 자신의 진화론이 돌발적인 혹은 독자적인 주장이 아니며 이미 많은 학자로부터 지지받는 학설임을 드러내고자 하는 의도 때문인 것으로 보인다. 그런데도 그는 자신의 자연선택설이 그들의 주장과 특별히 다른 점을 이렇게 말한다. "자연선택설을 단순히 [누가 먼저] 선언했다는 것은 전혀 중요하지 않다." 그는 자신이 누구보다 훨씬 체계적으로 설명할 수 있었다는 것에 무게를 둔다. 그리고 그는 자신과 동등하게 자연선택설을 이야기하는 학자로 당시에 뉴질랜드에서 탐사하던 월러스(Wallace)도 소개한다.

다윈의 진화론은 전통적 신념, 즉 동물들은 저마다 본성을 갖는다는 아리스토텔레스의 신념을 부정한다. 다윈의 진화론의 관점에서, 동물 종은 변화하고 진화하므로, 따라서 어느 동물이 어느 본성을 갖는지 탐색하는 일은 무의미했다. 앞의 1권에서 알아보았듯이, 아리스토텔레스는 동물의 본성을 탐색함으로써 그것들의 일반화인 법칙을 알 수 있다고 기대하였다. 나아가서 그는 만물의 본성을 탐색함으로써 자연법칙을 알 수 있다고 기대하였다. 그리고 그는 본성을 네 가지로 분류하고서, 그중에 '목적인' 즉 '목적의 본성'을 찾는 일이 자연철학자들의 으뜸 과제라는 목적론을 주장하였다. 그러나 이제 다윈의 관점에서 그러한 노력은 불필요했다. 다윈은 애초에 생명이 어떻게 탄생했는지 생명의 기원을 이야기하는 창조론은 물론, 생명의 본성을 이야기하려는 어떤 노력도 부질없다고 생각했다.

* * *

지금까지 뉴턴 패러다임이 다양한 분야에 어떠한 영향을 미쳤는지 알아보았다. 뉴턴 패러다임에서 다양한 분야의 학자들은 신학적 혹은 형이상학적 가설을 설정하려 하지 않았다. 그들은 자연의 법칙을 찾아서 그것으로 세계를 설명하려 시도하였다. 뉴턴을 포함한 그들 모두는 베이컨의 원리에 따라서 어느 우상을 섬기지 않고, 실험적으로 탐사하려 하였다. 그들은 실험에 근거하여 자연을 법칙적으로 이해하려 하였으며, 그 이해를 (엄밀한 공리적 체계를 도입하지는 못하였더라도) 가능한 한 체계적으로 설명하려 하였다.

뉴턴 패러다임에서 빼놓고 넘어갈 수 없는 철학자로 독일의 칸트가 있다. 그러므로 바로 이어서 칸트 이야기를 하는 것도 좋겠지만, 칸트에게 영향을 미쳤던 영국의 철학자들이 있으므로 그들부터 알아본 후로 미루는 것이 더욱 적절하다. 그런 후에 뉴턴주의자 칸트를 알아보는 것이 더 적절해 보인다. 그러자면 앞서 뉴턴주의자로 소개했던 영국의 경험주의 철학자, 로크와 흄을 이야기해야 한다. 그런데 그 이야기도 잠시 미루어야 할 이유가 있다. 로크의 이해를 도와줄 근대의 계몽주의 사상에 관한 이야기부터 있어야 할 듯싶기 때문이다.

9장

경험주의

우리의 관찰은 사고의 모든 내용에 대해 우리의 이해를 제공하는 원천이다.

_ 로크

■ 시민사회를 위한 철학

앞서 이야기했듯이, 르네상스 운동은 사상의 측면에서 근대 시민계급들이 정치, 사회, 도덕 등 모든 분야에서 자기주장을 하도록 촉발하였다. 그 운동은 무엇보다 사람들이 비판적이며 합리적으로 사고할 수 있어야만 가능했다. 다시 말해서, 기독교와 국가의 권위에 대한 도전은 잘못이 아니며 정당하다는 생각, 즉 자신들의 행동을 정당화할 사상이 있었기에 가능했다. 그런 사상을 사람들은 '계몽주의(enlightenment)'라 부른다.

계몽주의 사상은 시민들이 조금씩 교회와 국가의 권위에 의문을 가지도록 만들었고, 종교의 구속에서 벗어나도록 깨우침을 주었다. 그 사상에 따르면, 국가의 권위가 신으로부터 주어졌다기보다 원초적으로 시민에게서 나온 것임을 시민들에게 일깨워주었고, 따라서 시민들이 자신들을 위한 새로운 사회를 건설할 의식을 갖게 해주었다. 그 새로운 사상의 첫 신호탄을 쏘아 올린 것은 데카르트라고 말할 수 있다. "나는 생각한다. 고로 존재한다."라는 말이 직접적으로 신에게 도전하려는 의도에서 한 말은 아니었지만, 그 말은 신에 의존해서 인간의 존재를 증명하기보다 인간 자신의 합리적 사고에 의해서 자신의 존재를 증명할 수 있음을 주장하기 때문이다. 그런 측면에서 데카르트의 명제는 사실상 인간이 주체적으로 사고하는 실천을 보여준 본보기이다.

사람들이 로크(John Locke, 1632-1704)를 '계몽철학의 아버지'라고 칭한다는 점에서, 그리고 그가 저서 《신앙의 자유에 대한 제1서간》(1689)을 썼다는 점에서, 그는 실질적으로 계몽철학을 주도한 사람이라고 할 수 있다. 그는 그 책을 당시 자유로운 사상이 다소 허락된 네덜란드로 피신하여 출판했다. 또한 그는 민주주의 기본 이론서라고 할 수 있는 『통치론(*Two Treatises of Government*)』(1690)을 저술하였다. 국가의 출발은 신이 왕에게 부여한 권리로부터가 아니라 시민들로부터 자연발생적으로 나온 것이라는 전제에서, 그는 시민 중심의 국가는 특정 계급만의 전유물이 되지 않도록 권력을 분산해야 한다고 주장했다. 그의 주장에 따라 현대 민주주의 국가들은 삼권분립을 기본 원칙으로 삼는다. 그 사상은 볼테르를 통해서 프랑스로 전파되어 프랑스 시민혁명을 주도하게 하였고, 몽테스키외(Charles-Louis Montesquieu, 1689-1755)가 발전시켜 미국의 헌법에도 자리 잡게 되었다. 물론 현재 한국도 헌법에 '민주주의 국가'임을 명확히 규정하고 있다는 점에서 기본적으로는 로크의 사상을 따른다.

또한 사람들은 칸트(Immanuel Kant, 1724-1804)를 '계몽철학의 완성자'라고 말한다. 칸트는 다음과 같이 말했다. "계몽이라 함은 후견인의 지배와 지도로부터 독립하여 인간 자기 자신이 책임을 질 수 있도록 미성년 상태에서 탈출하는 것을 말한다." 이 말에서 칸트가 의미하는 것은, 시민들이 전통적 권위인 국가와 교회라는 후견인의 지배에서 벗어나 자주적으로 사고할 수 있어야 한다는 계몽이다. 시민들이 그렇게 하려면, 스스로 성숙한 사고를 할 수 있어야 한다. 시민들이 맹목적으로 국가와 교회의 권위에 따르지 않고, 그 속박에서 벗어나려면, 시민들 스스로 주체적이며 합리적으로 생각할 수 있어야 한다. 이런 측면에서 민주주의 발전을 위해 시민 모두 철학적 소양을 갖출 필요가 있다. 지금도 독일과 프랑스에서는 고등학생들이 교과목으로 철학을 공부한다. 특히 프랑스 학생들은 대학 입학시험으로 철학 논술 시험을 본다. 그리고 시민들은 카페에서 철학 토론회를 연다.

그러한 계몽주의 사상은 합리적이고 과학적으로 '비판하는 이성'을 발전시켜온 과정의 산물이라고 할 수 있다. 그런 측면에서 당시의 사람들이 어떻게 신의 권위에서 벗어날 수 있다고 생각하게 되었는지 구체적으로 알아볼 필요가 있다.

신에 관한 이야기를 하려면 무엇보다 '사람들이 일상적으로 말하는 신'과 '과학자나 철학자가 학문적으로 이야기하는 신'을 구분하는 것부터 필요하다. 일상적으로 사람들은 자신들이 믿는 종교의 계율을 따르며 살아간다. 그리고 만약 그 계율을 잘 따르는 경우 자신에게 복을 내려줄 것이며, 그 계율을 어기는 경우 신에 의해 처벌받지 않을까 두려움을 갖는다. 그렇게 사람들은 자신들에게 행복이나 징벌을 가져다주는 신을 설정한다. 그런 설정에 따르면, 신은 인간과 비슷하게 감정을 가졌으며, 따라서 화를 내거나 즐거워 하기도 한다. 그런 신은 '인격신'이라 불린다.

반면에 과학자나 철학자가 학문적 궁금증에서 자연의 섭리에 대한 궁극적 원인으로 설정하는 신이 있다. 학자들은 그런 신이 사람들에게 벌을 주거나 상을 내리는지에 관심을 두지 않는다. 다만 자신들의 학문적 탐구에서 자연에 대한 설명의 한계에 이르렀을 때, 자연의 궁극적 원인으로 신을 말할 뿐이다. 예를 들어, 아리스토텔레스는 아래와 같이 생각하였다. 신이 우주를 창조했다면 그 신이 '진공'을 창조하지는 않았을 것이다. 신이란 완전자이며, 그런 완전자가 비어 있는 공간인 진공을 남겨놓았을 리가 없기 때문이다. 따라서 물질로 채워져 있지 않아 보이는 공간에는 '에테르(aether, ether)'라는 가벼운 물질이 채워져 있을 것이다.

그런 '에테르'의 존재는 데카르트와 뉴턴 시대를 넘어 19세기까지도 믿어졌다. 일부 과학자들은 태양으로부터 지구로 파동인 빛이 전달되려면 그 파동을 전달할 '매질'이 있어야 한다고 생각했으며, 그 매질이 바로 아리스토텔레스가 말한 에테르라고 짐작하고, 태양과 지구 사이의 우주 공간에 그 물질이 채워졌을 것으로 추측했다. 그 존재가 부정된 것은 아인슈타인의 상대성이론이 나오고 나서이며, 최종적으로는 현대 양자역학의 발달로 빛이 '입자' 성질을 갖는다는 주장이 있었고, 따라서 빛이 전달되기 위해 매질이 필요하지 않다는 결론에 이르렀다.

위와 같이 아리스토텔레스가 신을 가정했다는 측면에서, 그가 서양인이고 신을 믿었다는 점에서 독실한 기독교인이라고 누가 주장한다면 그것은 지나치다. 그는 예수 탄생 이전의 사람이었으며, 오히려 나중에 그의 사상이 기독교에 영향을 주었다. 아리스토텔레스처럼 학자들이 자연의 궁극적 원인으로 설정하는 이론적인 신은 '이론신'이라 불린다. 인격신이 인간들의 삶을 지도하고 구원하는 존재라면, 이론신은 학자들이 자연을 설명하지 못할 때 가정하는 (설명의) 도피처라고 할 수 있다. 그러한 이론신의 개념을 종교적으로 해석하려는 경향이 계몽주의 사상의 하나로 나타났는데, 그것은 '이신론(deism)'이라고 불린다. 처음 이신론을 제안한 사람으로 존 톨랜드(John Toland, 1670-1722)가 있으며, 그 입장을 아래와 같이 요약할 수 있다. 신이 우주를 창조하였다고 하더라도, 그 우주는 이미 신의 손을 떠난 것이며, 따라서 자연은 스스로 법칙에 따라서 작동한다. 그렇다면 자연현상을 신비적인 종교의 기적으로 이해할 것이 아니라, 합리적이며 과학적인 해석에 따라서 이해하는 것이 바람직한 태도이다. 그런 관점에서 보면, 우리가 이성적으로 종교를 해석해도 무방하다.

이와 같은 관점에서, 성서에 대해서도 비판적 관점에서 분석하는 것이 허락된다. 그 입장을 따르는 사람들은 기성종교에 분명히 반대하였지만, 자신들이 반(反)종교적이라고 생각하지는 않았다. 다만 그들은 인간이 따라야 할 자연의 본성이 있으며, 그 본성에 따라서 새로운 윤리 혹은 도덕을 찾아야 한다고 생각하였다. 또한 인간사회가 발전하여 더 나은 생활을 할 수 있으면, 개인의 권리와 자유가 보장되어야 하며, 그것이 곧 공공의 복리를 증진하는 길이라고 생각하였다. 그런 생각에서 시민들은 국가의 권위에서 벗어나 개인의 자유와 권리가 최대한 보장되어야 한다는 생각도 할 수 있었다.

* * *

신에 관한 이야기가 나온 만큼, 틀림없이 누군가는 다음과 같이 질문하고 싶을 것이다. 신이 존재하는가? 그 점을 철학자가 대답해 줄 수 없는가? 이 질문에 대해서 시원한 대답을 해줄 철학자를 찾아보기는 매우 어려워 보인다. 다만 아래와 같이 위의 질문을 약간 수정한다면 어느 정도 대답이 가능할 것이다. 신의 존재를 믿어야 한다면 어떤 이유로 믿어야 하는가? 그 존재 믿음의 이유가 무엇이며, 그 믿음이 정당한가?

세상에는 신의 존재를 믿는 사람도 있으며, 그 존재를 부정하는 사람도 있다. 그리고 이도저도 아니라서 관심을 두지 않는 사람도 있다. 어쩌면 독자는 주위 사람들과 '신이 존재하는지'에 대해서 심각한 토론을 해본 경험이 있을지도 모른다. 그런데 그 주제로 토론하던 중 서로의 입장을 끝까지 우기는 일도 있었을 것이며, 상대방의 말꼬리를 잡고 논박을 계속하다가 결국 말싸움이 되고, 결국 그 토론자들은 가까운 사람과 서먹한 관계가 되어버리는 일도 있다. 그러므로 흔히 사람들은 일상에서 '정치'와 '종교'에 관해 토론하지 않는 것이 좋다고 말한다. 왜냐하면 그 토론에서 서로 끝까지 고집을 부릴 것이며, 결국은 상대를 설득하지 못하고 서로의 관계만 나빠질 수 있기 때문이다. 그런 측면에서, 이 책에서도 신에 관해서더는 이야기하지 않는 것이 좋을 수 있다.

그렇지만 이 책은 철학서이며, 철학의 역할 중 하나는 어떤 문제를 비판적으로 그리고 합리적으로 따져보고, 명확히 규명할 가능성을 탐색하는 일이다. 따라서 신 존재를 주장하는 논증으로 어떤 것이 있는지, 그리고 그 논증들이 어떤 논리적 문제점이 있는지, 비판적으로 검토해볼 필요는 있겠다. 누구라도 신 존재에 대해 토론해본 사람이라면, 아마도 아래의 논증 중 하나를 사용했거나, 아니면 상대방이 그 논증을 사용하여 제대로 답변하지 못했던 경험을 가졌을 수 있다. 여기에서 '신 존재 증명'을 논리적으로 검토해보는 일은 흥미로운 일이다. 다만 앞으로 이야기할 내용이 각자가 신 존재를 믿거나 믿지 말아야 할 '충분한' 이유를 제공하는 것은 아니라는 점을 미리 밝혀둔다.

신이 이 세계에 실제로 존재한다고 믿는 사람들은 보통 사람의 눈에 보이지 않는 신 존재를 증명하기 위해 여러 논증을 개발했다. 그중 대표적으로 아래와 같은 세 논증이 있다.

첫째는 존재론적 증명(Ontological Argument)으로, 이것은 안셀무스(Anselmus, 1033-1109)의 기도문에 나오며, 대략 아래와 같은 논리적 이야기이다.

"신이시여! 어떤 어리석은 자들이 '신이 존재하지 않는다'라고 말하기도 합니다. 그런 말을 하는 가운데 그들은 이미 '신'이란 '완전자'를 의미한다는 개념을 알고 사용했습니다. 완전자는 모든 속성을 가지는 경우에만 쓸 수 있는 말입니다. 그러므로 완전자는 '존재하는' 속성마저 가지고 있다고 보아야 합니다. 그러니 '완전자'란 말을 존재하지 않는 것에 대해서 쓸 수는 없습니다. 그러므로 '신'을 '완전자'로 이해한다면, 신이 존재한다는 것을 인정해야만 합니다. 만약 그들이 '신은 존재하지 않는다'고 말하면서 신의 의미를 제대로 알고 사용했다면, 그들은 스스로 모순을 말하는 것입니다."

이러한 기도문 내용은 신 존재를 증명하기 위해 신에 대한 '개념적 정의'와 함께 '논리적 개념'을 이용하여 아래와 같이 논리적으로 주장하고 있다. 누군가 '신은 존재하지 않는다'고 말하면서, 신이란 말을 '완전자'란 의미로 사용했다면, 그 주장은 논리적으로 자기모순이다. 왜냐하면 완전자는 세계의 모든 속성을 포함한 존재라는 점에서 존재하는 특성마저도 포함하기 때문이다. 따라서 '신은 존재하지 않는다'고 말할 수 없으며, 그것으로 신이 존재할 수밖에 없는 이유가 논증된다.

위 논증에서 우선 개념적 문제를 의심해보자. 만약 무엇이 '완전자'라면 그것은 '존재하는 속성을 갖는다'는 주장이 옳을까? 칸트는 그 점에 대해서 (신 존재 증명과 관계없이 실체에 관해 이야기하던 중) 아래와 같이 생각하였다. " '존재한다'라는 어휘는 '속성'을 가리키는 말이 아니라, 단지 '계사'에 불과하다." 이러한 이야기를 쉽게 이해할 수 있도록 보충 설명해보자. '실체'와 '속성'에 대한 이야기는 아리스토텔레스가 체계화시켰던 생각인데, 그의 의견에 따르면 한 문장에서 '주어(subject)' 위치에 오는 말은 '실체(substance)'를 가리키며, '술어(predicate)' 위치에 오는 말은 '속성(property)'을 가리킨다. 예를 들어 "소크라테스는 죽는다."라는 말은 "소크라테스라는 실체의 사람이 죽을 성질 혹은 속성을 갖는다."라는 내용으로 해석된다.

다른 예로 "홍길동은 키가 크다."라는 문장에서 '홍길동'은 특정 사람인 실체를 가리키며, '키가 크다'라는 말은 그 실체가 갖는 속성을 가리킨다. 이러한 예를 칸트식으로 이해하기 위해서 영어 문장으로 써보자. "Hong-Gil-Dong is tall(홍길동은 키가 크다)."라는 문장에서, 실체를 가리키는 말은 'Hong-Gil-Dong(홍길동)'이며, 속성을 가리키는 말은 'tall(키 큰)'이다. 그리고 '존재한다'는 말은 'is(이다)'이다. 즉, 무엇이 '있다(is)' 혹은 '존재한다'는 것을 표현하는 말은 계사(be동사)이며, 그 뒤에 나오는 형용사(혹은 명사)가 아니다. 그러므로 칸트의 해석대로라면, 아무리 많은 속성을 가진 것이라도 그것이 '존재하는' 속성을 가질 수는 없다. 무엇이 '존재한다

(있다)'란 말은 계사(be동사)가 표현해주지만, '키 큰'이란 속성을 가리키는 말은 보어이기 때문이다. 그러한 측면에서 '실체'와 '속성'은 구분되어야 한다.

이러한 구분의 배경에서, 결코 '존재하는 속성'이란 가능하지 않다. 어느 실체가 존재한 이후라야 그것이 어떤 속성을 갖는다고 말할 수 있다. 우리는 다만 어떤 '존재하는 실체'에 대해서 그 속성을 이야기할 수 있으며, 그런 측면에서 '존재'는 '속성이 부여되기 위한 전제'이다. 결론적으로, '완전자'가 모든 속성을 가졌으므로 '존재하는 속성'마저 가지고 있다고 말하는 것은, 실체와 속성을 구분하지 못하여 발생하는 '언어적 오류'이다.

이러한 존재론적 문제의 지적은 프레게(Gottlob Frege)를 통해 러셀(Bertrand Russell)로 전수된 술어논리(Predicate Logic)에서도 그대로 나타난다. 러셀에 따르면, "모든 사람은 죽는다(All men are mortal)."와 같은 전칭긍정명제는 논리적으로 두 문장의 결합이다. 전칭긍정명제가 아래와 같이 두 문장의 결합으로 실질적으로 분석되기 때문이다. "모든 무엇에 대해, 만약 그것이 사람이라면, 그것은 죽을 성질을 갖는다(For all x, if x is a human, then x is mortal)." 그런 분석에서, 우리는 이 문장을 아래와 같은 기호로 표시할 수 있다. (이에 대한 좀 더 자세한 설명을 이 책의 4부 11장에서 다룬다.)

$(\forall x)\ (Hx \to Mx)$: 모든 x(무엇)에 대해서, 그것이 H(인간)라는 속성을 갖는다면, 그것은 M(죽는다)의 속성도 가질 것이다.

또한 우리는 "일부 사람은 죽는다(Some men are mortal)."와 같은 문장을 기호로 다음과 같이 표시할 수 있다.

($\exists x$) (Hx · Mx) : 존재하는 x(무엇)가 H(인간)라는 속성과 M(죽는다)이라는 속성을 동시에 갖는다.

위와 같은 문장을 분석해볼 때, 속성은 'H'와 'M'에 대응하는 무엇이며, 존재는 'x'에 대응하는 무엇이다. 그 같은 관점에서, 현대 미국의 실용주의 철학자 콰인(W. V. O. Quine, 1908-2000)은 아래와 같이 말했다. "존재한다는 것은 속박 변항의 값이다(To be is to be a value of variable)." 즉, 존재한다는 것은 x가 가리키는 값이다. 그의 말에 따르면, 존재를 가리키는 기호는 속박 변항인 'x'와 관련한다. 그 말대로라면 속성을 가리키는 기호와 존재를 가리키는 기호는 서로 무관하다. 이상과 같이 일상적 언어를 기호논리로 분석해보면, "완전자가 존재하는 속성을 갖는다."라는 주장은 언어의 논리를 위배한다는 것이 드러난다. 이러한 설명에도 불구하고, 만약 현대 철학과 논리학을 공부하지 않은 사람이라면, 이러한 러셀과 콰인의 주장을 이해하기 어려울 것으로 짐작된다. 그렇지만 지금 당장 위의 내용을 더 쉽게 이해시켜주기는 어려울 수 있다. 그러기 위해서는 많은 이야기가 필요하기 때문이다. 이러한 기호논리학에 관한 이야기는 11장까지 읽은 후, 다시 이곳을 읽어보는 것도 좋겠다.

위와 같은 지적을 영국의 현대 철학자 스트로슨(Peter Frederick Strawson, 1919-2006)과 오스틴(John Langshaw Austin, 1911-1960)에게서도 찾아볼 수 있다. 그들 역시 신의 존재 증명과는 상관없는 논리적인 이야기 중 나온 것이지만, 누군가 "홍길동의 아들이 대학에 다닌다는 것을 내가 안다."라고 말하려면, '홍길동의 아들이 존재한다'는 것을 '전제'해야만 한다. 다시 말해서, 어떤 속성, 즉 '대학 재학 중'임을 말하려는 사람이라면, 그는 이미 어떤 실체가 존재한다는 것, 즉 '아들이 있다'는 것을 전제해야 한다. 무엇이 존재하고 난 후, 우리는 그것의 어떤 속성을 말할 수 있다. 따라서 "완전자가 '존재하는' 속성을 갖는다."라는 주장 자체가 가능하지 않다. 이 정도면 존재론적 증명이 어떤 언어적 오류를 가지는지 충분히 살펴본 셈이다.

위의 논증에 대한 다른 지적으로 논리적인 이야기를 하나 더 해보자. 위의 존재론적 논증은 다음과 같은 논리를 보여준다. 누가 만약 "신은 존재하지 않는다."라고 말한다면, 그 말은 자체 모순을 범하는 것이므로, "신은 존재한다."라는 주장이 옳다. 그런데 그 논증자체가 문제가 있어 보인다. 남의 논증이 틀렸으므로 그와 상반된자신의 논증이 '반드시' 옳다고 주장할 수 없기 때문이다.

그러한 논리적 이유를 앞에서 살펴보았던 이야기를 예로 들어 다시 알아볼 수 있다. 기원전 300년경 아리스타르쿠스(Aristarchus)는 '태양이 중심이며 그 주위를 지구와 같은 행성들이 돌고 있다'는 지동설 즉 태양중심설을 주장했다. 그렇지만 그러한 주장은 당시로서는 일반적으로 받아들여지기 어려웠다. 지구가 움직이려면 무엇이 계속 밀어주어야 하는데, 아리스타르쿠스는 그것을 설명하지 못했기 때문이다. 당시에 유력하게 인정받던 아리스토텔레스의 주장에 따르면, 무엇이 움직이려면 지속적인 힘이 작용해야 하며, 활의 시위를 떠난 화살도 자체의 '추진력'을 가지고 있다고 믿었다. 그런 배경에서 당시의 학자들은 아리스타르쿠스의 주장이 스스로 모순적이라고 생각했다. 근대에 갈릴레이와 데카르트 그리고 뉴턴이 인정했듯이, 활시위를 떠난 화살은 '관성'에 의해서 계속 날아갈 수 있다고 밝혀졌다. 뉴턴 역학의 설명에서 추진력은 고려되지 않으며, 존재하지도 않는다. 이제 현대 모든 사람은 천동설 즉 지구중심설이 틀렸으며, 지동설이 옳다고 인정한다.

이러한 과학사의 사례를 돌아보면, 누군가의 주장이나 이론에 결함이 있어 보인다는 이유에서, 그것과 상반되는 자신의 주장이나 이론이 '반드시' 옳다고 말할 수 없다. 남의 오류를 지적하는 것으로 자신의 논리적 추론을 정당화하기 어렵다. 상대의 부족한 이론이 미래에 보완되어 그 이론이 결국 옳은 것으로 판명될 수 있기 때문이다.

둘째로, 우주론적 증명(Cosmological Argument)은 다음과 같은 생각에서 나온다.

우리는 자신을 낳은 부모님이 있으며, 부모님 역시 그들을 낳은 부모님이 있었다. 내 책상에 내가 놓아두지 않은 어떤 물건이 놓여 있다면, 나는 그 물건이 누군가에 의해 그곳에 옮겨진 것이라고 결론을 내리는 것이 너무나 당연하다. 과학자들은 자연에 일어나는 모든 현상에 대해 원인이 있다고 생각한다. 같은 맥락에서, 우리는 우주의 모든 것에 대한 궁극적 원인이 있다고 생각하지 않을 수 없다. 그리고 우주가 존재한다면, 그것을 창조한 궁극적 원인으로서 신이 존재한다고 생각하는 것은 매우 당연하다. 따라서 모든 것의 궁극적 원인인 제일원인으로서 신이 존재해야만 한다.

위와 같은 추론에 대해 영국의 현대 철학자 버트런드 러셀은 다음과 같이 논박한다. 전체로서의 우주 자체에 대한 원인을 찾으려는 물음 자체가 잘못이다. 우리 모두 각자의 어머니를 갖는다고 해서, 우리 전체의 어머니가 있어야 한다고 생각하는 것은 잘못된 추론이다. 위의 논증은 그 같은 오류를 범한다. 이런 오류는 논리학에서 '결합의 오류'라고 불린다. 개별 속성에 따라서 그 개별이 결합한 무엇도 같은 속성을 가진다고 추론하는 식의 오류이다.

나아가서 위의 논증은 마치 다음 이야기와 유사한 논증을 보여준다. 인도를 방문한 서양의 한 과학자가 지구는 평평하지 않고 둥글며 스스로 공중에 떠 있다고 이야기하자, 인도의 한 노인은 다음과 같이 논박하였다. "아니, 어떻게 둥근 것이 공중에 떠 있을 수가 있단 말이요? 밑에서 받쳐주는 것도 없이 무엇이 공중에 떠 있을 수는 없어요." 이런 노인의 말에 대해서 과학자는 아래와 같이 논박하였다. "그럼 도대체 무엇이 지구를 받쳐줄 수 있단 말이요?" 그랬더니 노인은 아래와 같이 대답하였다. "그것도 모른단 말이요? 커다란 거북이가 받쳐주고 있지 않습니까?" 그리하여 과학자는 다시 아래와 같이 반문하였다. "그 거북이는 또 무엇이 받쳐주고 있나요?" 노인은 아래와 같이 태연스럽게 대답하였다. "그것도 모른단 말이요? 그 아래에 또 커다란 거북이가 받쳐주고 있지!"

우주론적 증명은 자연에 대해 원인을 묻고, 그것에 대한 궁극적인 원인으로 신이 존재해야 한다고 추론한다. 그러나 신만은 유일한 창조자이며, 자신을 위한 창조주가 필요하지 않은 존재이다. 그 논증이 '신만은 원인이 따로 없다'고 가정한다는 점에서, 자체의 논리에 일관성을 잃어버린다. 그렇다면 우주 역시 궁극적인 원인 없이 원래부터 그대로 존재했다고 주장하지 말아야 할 이유가 없다.

셋째로, 목적론적 증명(Teleological Argument) 또는 설계자 논증(Design Argument)은 아래와 같은 생각에서 나온다.

사람의 신체를 상세히 탐구해보면 모든 기관이 서로 절묘하게 조화를 이루어 작동한다. 또한 자연의 생태계도 절묘한 질서를 보여주며, 자연에 존재하는 미물들조차도 모두 나름대로 존재 이유를 갖는다. 그렇게 자연은 아무렇게나 있지 않다. 만약 우리가 매우 잘 다듬어진 정원을 보게 된다면, 비록 그 정원을 가꾸는 정원사를 보지 못한다고 하더라도, 그곳을 가꾸는 정원사가 있다고 확신할 것이다. 마찬가지로 자연의 오묘한 섭리를 보게 되면, 그것들을 다루고 통제하는 어떤 의도(목적)가 있으며, 따라서 그 의도를 갖는 어떤 존재를 인정할 수밖에 없다. 그러므로 비록 우리가 볼 수 없다고 하더라도, 자연을 설계하고 통제하는 '지성의 존재'인 신이 존재한다고 생각하는 것은 너무나도 자연스럽다.

위의 논증에 따르면, 우리가 신을 보거나 명확히 알 수는 없지만, 그렇다고 하더라도 여러 정황으로 보아 신이 존재한다고 결론 내리는 것이 정당하다. 그러나 콰인은 위의 논증에 대한 논박이 될 만한 말을 아래와 같이 하였다. "동일성이 없이 어느 것도 존재한다고 말할 수 없다(No entity without identity)." 콰인 역시 신 존재를 이야기하기 위한 맥락에서 이렇게 말한 것은 아니며, 여러 존재론의 관점을 비판적으로 검토하기 위해서 말했다. 콰인의 말에서 '동일성'이란 무엇을 그것이라 규정할 수 있는 무엇을 가리킨다. 그러므로 콰인의 말은 이렇게 이해된다. 우리가 어떤 용어를 명확히 '무엇이라고' 규정할 수도 없다면, 그 용어에 대응하는 존재를 인정하지 말아야 한다. 다시 말해서, 구체적으로 무엇이라고 말할 수도 없는 무엇에 대해, 즉 무엇인지 알지도 못하면서, 그것이 '있다(존재한다)'고 주장해서는 안 된다. 그런 관점에서, 인간의 능력으로 알 수 없지만, 신이 존재한다고 주장하지 말아야 한다.

더구나 현대 진화생물학적 관점에 따르면, 자연의 절묘한 생명체들의 모습은 아주 오랜 기간 자연에 적응하지 못한 것들이 제거된 '자연선택(Natural Selection)'에 의한 결과물이다. 그런 관점에서 어떤 의도적 설계 같은 것은 고려될 필요도 없다. 앞에서 살펴보았듯이, 다윈이 탐색했던 갈라파고스 군도에 서식하는 핀치새는 동일종의 새임에도 불구하고 먹이 생태에 따라서 각기 다른 부리 모양을 갖는다. 그 부리 모양이 각자의 생활에 적응하지 못하는 것들은 자연선택을 받지 못해 생존하지 못한다. 그러한 부리 모양의 절묘함에 어떤 설계자의 의도가 있었다고 상상하는 것은 공상이다.

* * *

세 가지 '신 존재 증명'이 어떤 논리적 주장을 하고 있으며, 그 논리적 주장에 어떤 문제가 있는지 알아보았다. 그렇지만 여기에서 신 존재 증명에 문제점이 있음을 위와 같이 지적했다고 해서, 거꾸로 '신이 존재하지 않는다'는 것이 증명된 것처럼 생각하는 것도 문제가 있다. 왜냐하면 위의 이야기는 단지 신의 존재 증명을 주장하는 논리에 문제가 있다는 점을 지적한 것에 불과하기 때문이다.

이 시점에서 앞에서 했던 이야기를 다시 할 필요가 있겠다. 처음으로 어떤 사상을 공부할 기회를 가질 경우, 그 사상의 논리성에 쉽게 빠질 가능성이 있다. 그런 경우에 항시 마음에 다음과 같은 생각을 새겨두어야 한다. "그와 상반되는 사상이 있을 것이다." 그리하여 쉽사리 옳지 않은 사상이나 극단적인 견해에 마음을 온통 빼앗기지 않도록 경계해야 한다. 종교 역시 사람의 마음을 구속하는 사상과 같은 역할을 하므로 조심할 필요가 있다. 자신의 어떤 생각에 대해서 지나치게 확신하게 되면, 스스로 극단적인 행동을 할 가능성이 있기 때문이다. 그런 점에서 특정한 사상이나 종교에 쉽게 빠지는 것을 경계해야 하며, 지나치게 확신하는 것도 경계해야 한다.

이런 이야기에 대해서 누군가는 아래와 같이 반문할 수도 있다. "그런데 기독교를 믿지 않는 사람은 있지만, 적어도 기독교가 해롭다고 말하는 사람은 보지 못했습니다. 그러므로 지금까지의 경험에 비추어 기독교를 신앙으로 선택한 것에 대해서는 조금도 마음에 거리낌을 가질 필요는 없겠지요? 그 종교는 사랑을 가르치는 종교니까요." 누군가 위와 같이 질문한다면, 그 질문에 대해서 그렇다고 대답하기 어렵다. 왜냐하면 버트런드 러셀이 쓴 『나는 왜 기독교인이 아닌가?』라는 책이 있기 때문이다. 여기서 그 책의 내용을 소개하지는 않겠다. 다만 어떤 생각에 대해서도 반대 의견이 있을 수 있으므로, 어떤 사상을 처음 접하는 경우 극히 조심해야 한다고 말해두고 싶다. 그런데도 누군가는 아래와 같이 말하면서 다른 질문을 할 수도 있다. "그렇지만 불교는 조금도 해롭지 않을 것입니다. 기본적으로 그 종교는 우리에게 욕심을 버리라는 교리를 가르치므로 그 종교에 반대되는 사상이 나올 수는 없겠지요?"

앞서 말했듯이 아무리 좋아 보이는 사상이라도 지나치게 확신하면 그 사상을 광신적으로 실천하려 할 수 있다. 그런 관점에서, 그런 주장에 아래와 같이 우려된다고 말하지 않을 수 없다. 만약 우리 모두 일상생활에서 극단적으로 욕심을 버리고자 한다면 어떤 결과가 초래될 것인지 생각해보라. 한 국가의 장래는 개인들 각자의 생각과 행동이 모아진 결과로 결정된다. 만약 국민 모두 함께 조금만 가지려는 생각을 '지극히' 실천한다면, 그 나라는 경제적 열세를 면할 수 없다. 그 결과 국력이 약해져 외국의 침입을 불러들이는 결과를 초래할 수 있다. 그런 측면에서 우리가 일상생활에서 다음과 같은 지침을 절대적으로 신봉하고 따르는 것은 심각한 문제를 발생시킬 수 있다. "한국 국민 모두 경제 발전보다 자비를 앞세우고, 무소유의 마음을 지극히 실천해야 한다. 우선, 앞으로는 더는 공장을 짓지 말고, 고속도로도 만들지 말아야 하며, 산을 뚫어 터널을 만드는 것도 절대 허용해선 안 된다. 그것을 목숨을 걸고 실천해야 한다."

위와 같이 우리가 특정 사상이나 종교의 교리를 지나치게 신뢰한다면, 그 사상이나 교리로부터 편견이 형성되어 세계에 대한 올바른 판단을 내리기 어렵게 된다. 그렇지만 위의 이야기가 어떤 사상이나 교리도 전혀 신뢰하지 말라는 의미는 아니다. 다만 어떤 사람이 특정한 사상이나 교리에 의해 판단이 흐려진다면 그 잘못된 판단에 따라 극단적인 행동할 수 있으며, 그런 광신적 신념에서 나온 실천은 큰 재앙으로 돌아올 수 있다는 것만을 주의하자는 의미이다. 이러한 지적을 간접적으로 말하는 학자로 베이컨이 있었다. 그리고 그의 생각을 경험주의로 발전시킨 철학자로 로크가 있었다. 이제 '계몽주의 아버지', '경험주의 창시자'로 불리는 로크를 이야기해보자.

■ 경험적 지식의 확장(로크)

로크(John Locke, 1632-1704)는 영국에서 태어났으며, 부친은 변호사였다. 그런 배경에서 성장한 로크 역시 법률가이면서 의사이기도 했다. 그는 '자유주의(liberalism)의 아버지'로도 불린다. 그는 의

사로서 인식의 가능성에 대해, 즉 인식이 어떻게 가능할 수 있을지를 생리적 차원에서 설명하려 했던 과학철학자이다. 또한 자신의 인식론에 기초하여 사회의 제도와 법을 어떻게 만들어야 할지 근본적으로 고심했던 사회철학자이기도 하다. 다시 말해서, 그는 과학에 기초하여 인식론을 탐구했으며, 그 인식론에 기초하여 사회제도 개혁의 방향을 안내했다.

그는 《신앙의 자유에 대한 제1서간》(1689) 외에, 사회를 어떤 제도로 이끌어가야 할지를 이야기한 책으로 『통치론』(1690)을 썼고, 철학의 인식론에 관한 책으로 『인간 오성론』(1690)을 썼다. 우선 전체적인 그의 관점을 아주 간단히 아래와 같이 요약할 수 있다. 경험은 우리 지식의 원천이다. 그리고 경험은 우리에게 절대적 진리를 보장해주지 않는다. 다시 말해서, 경험을 통해 우리가 진리를 알 수 있다고 말하기 어렵다. 그것은 우리 모두 인간인 한에서 누구나 같은 입장에 선다. 그 점에 있어서, 어느 권력자, 심지어 국왕이라도 인간인 한에서 예외가 있을 수 없다. 그러므로 어느 한 개인의 의견이 절대적으로 올바른 판단이라고 보장받을 수 없다. 우리가 얻을 최선의 판단이란, 오직 서로 다른 여러 의견 중 어느 것이 더 나은 판단인지 검토하는 방법 외에 다른 길은 없다. 그러므로 우리는 가장 나은 판단을 위해 남의 이야기를 잘 들어보아야 한다. 그런 측면에서 한 사회 혹은 국가의 가장 나은 의사결정을 위해 각자의 의견 및 견해를 자유롭게 토론할 수 있는 제도로 '의회'가 필요하다. 이런 측면에서 그는 '민주주의 아버지'로 불린다.

또한 '계몽철학의 아버지'이며 '경험주의의 선구자'로도 불리는 그는, 사람들이 주체적으로 판단하려면 우리의 인식이 어떤 능력을 지니는지부터 검토하고 밝혀야 한다고 생각했다. 그런 생각에서 그는, 우리가 세계에 대해 어떤 지식을 얻을 수 있으며, 그 지식이 어떤 본성을 갖는지 밝혀낸 후, 그것에 따라서 우리가 무엇을 어떻게 해야 할지를 말해야 한다고 생각했다. 그는 우선 우리 인식의 능력을 검토해보았다. 그 검토는 경험적 인식론의 출발이었다. 그는 이렇게 말한다. "우리는 자신의 능력을 음미하여 우리의 오성이 과연 어떠한 대상을 다루는 데에 적합하며, 어떤 대상을 취급하는 데에는 부적합한지를 먼저 밝혀둘 필요가 있다."

그가 그렇게 처음부터 인간이 알 수 있는 한계를 명확히 밝힌 후, 그 명확한 근거를 기초로 삼아 새로운 학문 체계 혹은 철학 체계를 세워보겠다고 생각한 것을 보면, 분명히 그는 기계론의 관점을 가졌다. 명확한 기초를 찾고, 그 기초 위에 거대한 지식의 건축물을 구성하겠다는 발상은 기본적으로 데카르트의 기계론 혹은 구성적 환원주의에서 나온 발상이다. 그는 인식론 연구를 통해서 무엇을 밝혀내기에 앞서, 인식론의 탐구가 무엇을 목적으로 하는지 아래와 같이 규정하였다. "나의 목적은 인간 지식의 기원, 확실성, 그리고 범위를 탐구하자는 것이며, 또한 그 지식의 근거와 함께 믿음, 의견, 찬동의 정도에 대해서도 알아보자는 것이다." 앞서 1권에서 알아보았듯이, 이러한 그의 말은 지금까지 인식론이 무엇인지를 밝히는 교과서적 정의가 되어왔다.

간략히 정리하자면 철학의 한 탐구 영역인 인식론(Epistemology)이란 이렇게 규정된다. 인식론에서 우리가 탐구하는 것은, 지식을 어떻게 가지게 되었는지 그 '기원'을 밝혀보고, 그런 지식의 진리성에 대한 '확실성'을 비판적으로 검토하며, 무엇을 알 수 있으며 무엇은 알 수 없는지 그 '범위' 및 한계를 밝혀보는 일이다. 나아가서 우리가 갖는 지식의 근거가 무엇인지 검토해보고, 그것으로부터 우리의 '믿음'과 '의견', 그리고 '찬동한 내용'에 대해서도 자연스럽게 검토해야 한다. 로크가 구체적으로 지식을 어떻게 이해했는지를 알아보려면, 다시 데카르트의 입장을 돌아보고, 그 둘을 서로 비교해 볼 필요가 있다.

* * *

데카르트는 우리가 갖는 지식의 기원 혹은 출처를 아래와 같이 세 가지에서 찾았다. 우리가 가진 여러 관념(idea)을 분류해보면, 첫째로 '생득적으로' 알고 있는 것, 둘째로 '외부로부터 들어온' 것, 셋째로 '자기에 의해서 만들어진' 것 등이다. 이러한 세 종류의 지식에 대해 그가 어떻게 생각했는지 조금 더 구체적으로 말하자면 아래와 같다. (여기에서 '관념'이란, 아래 예에서 알아볼 수 있듯이, '추상적 개념'을 말한다.)

첫째, 우리는 '신', '동일률', '선과 악' 등과 같은 관념들을 선천적(생득적)으로 알고 있다. 즉, 신의 관념과 논리적인 관념, 그리고 도덕적인 관념은 출생과 동시에 이미 알고 있는 관념(지식)일 수밖에 없다. 왜냐하면 우리가 신에 대한 개념을 이미 가지고 있어야만 신이 누구인지를 배울 수 있기 때문이다. 그리고 '같다(동일하다)' 혹은 '다르다'라는 동일률의 개념도 배움(경험)에 앞서 이미 알고 있어야 한다. 그래야만 그런 개념을 활용하여 그 이상의 다른 수학적 지식을 배울 수 있다. 또한 적어도 '착함'이 무엇인지 그리고 '악함'이 무엇인지 등에 대한 도덕적 관념도 경험에 앞서 이미 알고 있어야만 어떤 행위가 옳고 그른지 등의 도덕 교육이 가능하다. 그러므로 위와 같은 관념(개념)들은 여러 다른 지식을 터득하기 위한 능력으로서 출생부터 우리에게 주어져 있어야 한다.

둘째, 우리는 경험, 관찰 혹은 교육을 통해서 수많은 지식을 배울 수 있다. 그런 점에서 우리는 경험적으로 알게 된 후천적인 관념들을 갖는다. 우리는 대부분 우리의 지식을 경험으로 얻는다.

셋째, 우리는 경험적 관념과 생득적인 관념들을 종합하여 새로운 개념을 창작할 수 있다. 예를 들어 '용'이라는 개념은 우리가 출생과 동시에 알고 있는 것도 아니며, 경험적으로 관찰을 통해 알게 된 것도 아니지만, 경험적으로 알게 된 여러 관념과 논리적인 관념들을 동원하여 인간 스스로 만들어낸 관념이다. 우리가 알고 있는 용이란, 머리는 마치 악어와 같고, 몸통은 큰 구렁이와 같으며, 뿔은 사슴의 것과 같은 모양이며, 발에는 독수리의 것과 같은 발톱을 가지고 있는 가상의 동물이다. 그 특징들을 보면 우리는 경험으로 알게 된 개념들을 모아서 '용'에 대한 관념(표상)을 만들어낸 것을 알 수 있다.

물론 데카르트는 위의 세 종류 지식 중 첫 번째의 생득적 관념이 가장 중요하다고 말한다. 그 관념이 없다면 우리는 어떠한 경험적 관념도 가질 수 없다는 점에서, 그것은 다른 지식을 가능하게 하는 원천이기 때문이다.

* * *

반면에 로크는 위의 생각이 근본적으로 잘못되었다고 생각했다. 만약 인간이 '신의 관념', '논리학의 원리', '도덕적 법칙' 등을 생득적으로 알고 있다면, 어린아이나 미개인 혹은 백치들조차 그런 관념들을 알고 있어야 한다. 분명 어린아이나 백치는 논리적 기본 개념을 알고 있지 못하며, 도덕의 기본 관념을 알고 있다고 보기 어렵다. 데카르트가 생득적 지식이라고 보았던 모든 것들이 사실은 모두 배워서 안 것이라는 점에서, 그것들도 경험적으로 알게 된 관념이 아닐 수 없다. 로크는 이렇게 말한다. "관념이란 감각을 통해서 경험적으로 받아들여진 것 이외의 것이 아니다. [논리학이나 수학을 제외한] 모든 지식이 경험에서 비롯된다."

논리학이나 수학을 제외한 우리의 모든 지식이 경험을 통해 알게 된 것이라면, 신에 대한 관념 역시 경험을 통해 (배워서) 알게 된 것이다. 또한 종교의 교설 역시 그러한 한계를 벗어날 수 없다. 그 점에서 그 교설이 절대적 진리일 수 없다. 그러므로 특정 종교가 절대적 신앙의 대상으로 강제되어야 할 정당성은 없다. 그러한 추론에 비추어 종교의 자유는 보장되어야 한다. 그렇게 인식론적 관점에서 그는 종교의 권위로부터 해방되어야 할 정당성을 확보한다. 세계에 대한 직접적인 경험이 지식의 원천임에도 불구하고, 우리가 만약 경험을 외면하고 오직 이성에 의해서만 세계와 종교를 이야기하려 든다면, 그것은 큰 오류이다. 그는 이렇게 말한다. "광신은, 이성을 떠나, 이성과는 관계없는 계시를 조성한다. 그리하여 이성에서 떠나고 계시에서도 떠나는 결과가 되어, 그 공허함을 메우기 위해 그들은 자신들의 머리에서 나오는 자기 멋대로 공상하게 된다."

데카르트는 이성적으로 세계의 가장 기초 지식을 파악하여, 그것으로부터 모든 다른 자연에 관한 지식을 연역적으로 구성하고 설명할 수 있다고 확신했다. 반면에 로크는 모든 지식의 근원은 경험 혹은 감각에서 나오며, 이성으로 밝힐 수 있는 것은 '우리가 알고 있는 지식 중 어느 것이 더 확실성을 갖는지' 검토하는 일뿐이라고 생각했다. 그것도 경험적 지식이 확실성을 갖기보다 개연성을 갖는다는 점에서, 이성은 그런 개연적 지식 중 어느 것을 실제로 받아들일지를 다만 결정할 수 있을 뿐이다.

로크의 경험주의에서, 우리가 경험을 통해 무엇을 배워가는 것은, 마치 화가가 백지에 그림을 그리면서 빈 공간을 채워가듯이, 백색의 마음에 그림을 그려 넣는 것에 비유된다. 그리고 관찰 혹은 경험은 아래와 같이 구분된다. "우리의 관찰은 우리가 감각할 수 있는 외부 대상이든, 혹은 우리에 의해 반성되고 지각된 마음의 내적 작용에 의한 것이든, 모든 사고 내용에 대한 우리 이해의 원천이다. 그 두 가지 지식의 원천으로부터 우리가 가지는, 또는 자연히 가질 수 있는 모든 관념이 흘러나온다." 이렇게 로크는 기본적으로 지식의 기초가 경험에서 제공된다는 점을 분명히 했다. 그리고 관찰(경험)은 두 가지가 있으며, 그 첫 번째는 외부 세계에 있는 대상들에 대해 감각적으로 지각하는 것이며, 두 번째는 자기 마음의 내적 활동을 반성해보아 알 수 있는 것이다. 그러니까 그가 말하는 경험은 사실에 대한 감각적 경험만이 아니라, 자신이 마음속으로 어떤 생각을 하고 있는지 의식하는 경험도 포함된다.

반면에 데카르트는 그 둘을 분명히 구분했다. 그에 따르면, 외부 세계에 대해서는 경험적 관찰이 있으며, 마음속으로 스스로 생각을 아는 것은 그것과 다르다. "나는 생각한다. 고로 존재한다."라는 말에서처럼, 자기 마음속으로 스스로 생각을 아는 것은 외부 세계를 경험하는 경우와 달리 '직접적인' 앎이다. 그리고 그것은 자기 생각을 스스로 안다는 측면에서 '틀릴 수 없는' 앎이다.

그러나 로크에 따르면, 그것이 외부 세계에 대한 관찰과 다를 바가 별로 없다. 앞에서 지적했듯이, 사실상 우리는 스스로 생각을 이따금 틀리게 아는 경우가 있으며, 착각은 마음의 외부 대상에 대해서만 일어나지 않으며, 자기 생각에 대해서도 이따금 일어날 수 있다. 그런 배경에서 그는 마음으로 알아낸 지식이 '영원성'을 갖는

'진리'라는 주장에 반대한다.

1권에서 지적했듯이, 전통적으로 철학자들은 '눈으로 보아서 안 지식'과 '마음의 눈으로 안 지식'을 구분해왔다. 그리고 그러한 철학자들은 후자의 지식이 완전한 앎이며 '본질적인 앎'을 의미한다고 가정했다. 그들의 가정에 따르면, 감각기관을 통해서 아는 지식과 달리, 본질이란 감각으로 알 수 있는 대상이 아니다. 그런 관점은 '본질주의(essentialism)'로 불린다.

그렇다면 로크는 본질에 대해서 어떻게 생각했을까? 경험주의자 로크는 '마음으로 안 지식' 역시 하나의 관찰일 뿐이며, 그것이 절대 진리성의 '본질적 앎'이라는 생각에 반대하여, 아래와 같이 말한다. "우리가 알 수 있는 '본질'은 순전히 언어적인 것으로, 일반 용어에 대한 정의로서 성립되는 문제일 뿐이다. 가령 '물체의 본질은 연장인가, 견고성인가' 하는 논의는 언어적 주장에 불과하다."

이렇게 '본질이 존재한다'는 주장을 부정하는 관점은 '비본질주의' 혹은 '유명론(nominalism)'이라고 불린다. 반면에 아리스토텔레스가 "인간은 이성적이다."라고 정의했을 때, 그 문장은 '인간'이란 실체가 갖는 본성(혹은 본질)으로 '이성적임'을 말한다. 그리고 만약 어떤 철학자가 "이성은 논리적이다."라고 말한다면, 그 주어가 가리키는 '이성'은 실체를 가리킨다. 그렇게 주장하는 전통적 관점에 따르면, 본질이 비록 현실적으로 존재하지 않는다고 하더라도, 그것과 다른 의미에서 실재하는 존재이다. 그러나 로크의 관점에서 본다면, 그런 본질과 같은 것은 존재하는 것이 아니며, 단지 언어적 '개념'에 불과하다. 본질이란 세계에 사실적으로 있는 것이 아니며, 우리가 '분류의 기준'을 위해 개념적으로 규정하고 단지 우리가 만들어낸 '추상적 관념'일 뿐이다.

지금 위의 두 관점에 대해서 누군가는 어느 쪽을 따라야 할지 고민스러울 것이며, 그런 점에서 상당히 혼란스러울 것이다. 예를 들어, 실재론 혹은 본질주의 입장에 따르면, '원'이란 개념, '국가', '사랑', '이성' 등과 같은 개념들이 단지 우리가 눈으로 볼 수 없는 것이라서 없다고 단적으로 주장하기 어려우며, 그것들은 우리 모두 객관적으로 알 수 있다는 점에서 객관적 존재이다. 이러한 맥락에서 '본질'이 존재한다는 주장이 가능할 수 있다.

그러나 유명론 혹은 비본질주의 입장에 따르면, 그것들은 '개념'일 뿐이며, 실제로 있는 존재가 아니다. 오직 이곳에 사는 사람들이 있고, 산과 강이 있으며, 나무와 동식물들이 존재할 뿐이다. 그런 관점에서 우리는 좋아하는 사람을 보고 가슴이 뛸 수도 있고, 얼굴이 붉어질 수도 있으며, 함께 있고 싶은 느낌을 가질 수 있어서, 그런 것들을 모아서 '사랑'이란 명칭을 붙여놓은 것일 뿐, '사랑'이 존재하지 않는다. 아니, 존재한다고 가정하지 말아야 한다. 또한 우리는 고민스러운 일이 있거나 궁금한 의문이 있을 때, 그런 것에 대해서 생각할 수 있으며, 그 사고 작용을 '이성'이라고 말할 수 있겠지만, 그렇다고 이성 자체가 존재하는 것은 아니다.

그렇지만 위의 비본질주의 주장에 대해 누군가 실재론의 입장에서 다시 논박할 수 있다. 우리가 '석탄'과 '석유'만을 만질 수 있을 뿐 '에너지'를 만질 수는 없으므로, '에너지'도 없다고 인정해야 하느냐고 반문할 수 있다. 우리는 "에너지를 절약하자."라고 말하며, 일 년에 국가에서 소비하는 전기 '에너지의 양'이 얼마인지 계산하여 수치로 말하기도 한다. 이런 측면을 고려하면, 단지 '만질 수 있는지' 혹은 '관찰할 수 있는지'가 존재하는 것의 기준이 되기는 어려워 보인다. 상식적으로 생각해보아도 '국가'는 볼 수도 없으며 만질 수도 없지만, '한국'이 실제로 존재한다. 많은 과학의 개념들, 무수히 많은 학문의 개념들이 만약 존재가 아니라면, 학문이 연구하여 밝혀낸 이론이나 개념들은 모두 세계와 무관한 가공의 것들에 불과한가?

여기까지의 이야기를 들으면서 누군가는 아마도 그만 이야기하자고 할 것 같다. 끝없는 논쟁으로 이어지며 결론도 나지 않을 언쟁을 차라리 그만두는 것이 좋겠다고 생각할 듯싶다. 그리고 역시 철학은 말꼬리를 잡고 뱅뱅 도는 이야기만 할 뿐 실질적으로 문제를 해결하지는 못한다고 생각하는 사람도 있을 듯하다. 사실상 이러한 존재론의 문제는 지금 이야기하는 시대의 학문 수준에서 시원하게 설명하기 어려우며, 3권과 4권에서 숨통이 트이는 이야기가 등장한다. 그러므로 위의 논의는 여기서 일시 중지하고 '우리가 세계를 어떻게 경험할 수 있는지'의 문제에 대해 로크가 어떤 생각을 했는지 알아보는 것이 좋겠다.

* * *

의사이기도 했던 로크는 경험적 인식이 생리학적으로 어떻게 이루어지는지 생각해보았다. 그 결과 그는 자신의 인식론을 이렇게 설명한다. 만약 우리가 눈앞에 있는 사과를 바라본다면, 광선이 그 물체로부터 반사되어 우리 눈에 들어와 그 사물을 보게 된다. 그런 점에서 우리가 사물로부터 직접 느끼는 것은 사물 자체라고 말할 수 없으며, 처음부터 사물 자체를 인식한다고 말하기 어렵다. 왜냐하면 우리 눈에 들어온 정보는 사과 자체가 아니며, 그것에서 반사된 여러 파장의 광선과 다양한 정도로 반사되는 광선들뿐이기 때문이다. 그런 이야기를 현대 과학으로 말하자면, 그 광선들은 눈동자의 수정체를 통과하여 망막에 감각 자극을 줄 것이며, 그 자극된 신호가 뇌로 보내지고, 또한 뇌에서 자극 정보가 처리되어야 비로소 그 사물을 인식할 수 있다. 그런 상황은 비단 눈으로 보는 경우에만 해당되지는 않을 것이며, 우리가 손으로 사과를 만지거나 입으로 가져가 맛을 볼 경우에도 마찬가지다. 우리는 감각기관에서 사과 자체를 감각하지 못하며, 단지 처음에 여러 느낌을 얻을 것이고, 그 느낌들을 종합한 후에서야 비로소 그 사물을 인식할 수 있다. 그런 측면에서 우리가 감각하는 느낌 자체는 사과가 아니라, 사과의 '감각자료(sense data)'이다.

감각자료가 뇌로 보내진다면, 뇌에서 그 사물에 대해 '노랑', '말랑한 느낌', '신맛' 등이 파악될 것이다. 감각자료에서 얻어진 정보로 처음 파악된 관념(표상)은 '단순관념(simple ideas)'이다. 단순관념은 그야말로 세계로부터 우리가 느끼는 아주 단순한 느낌이므로, 단순관념이 사실 세계에 있는 대로의 느낌일 것이다. 단순관념들을 통합하고 나서, 우리가 느낀 것이 사과임을 알게 된다. 따라서 우리가 파악한(인식한) 사과는 단순관념과 구분되는 '복합관념(complex ideas)'이다. 복합관념은 세계에 대한 직접적 경험인 단순관념을 종합한 것이므로, 역시 사실 세계를 그대로 드러낸다. 그리고 사물을 인식하기 위해서 우리의 인식 구조에는 단순관념 혹은 감각자료를 종합하는 원리가 적용되어야 하는데, 그것은 '양태', '실체', '관계'라는 세 가지 원리이다.

첫째, '양태'란 우리가 사물을 인식할 때 그 사물 자체만을 단독으로 인식하는 것은 아니며, 그 사물과 관련된 여러 가지 모습들을 함께 결부시켜 인식하는 원리이다. 우리는 어떤 사물의 '위치', '거리', '형태', '시간', '힘', '운동' 등등을 종합적으로 관련지어 인식

154

한다. 예를 들어, 사과를 인식할 때 그것의 '크기', '위치', '단단한 정도' 등등을 고려하여 인식한다.

둘째, 우리는 무엇을 인식할 때 '습관적'으로 여러 속성을 특정 실체에 귀속시켜 파악하려 한다. 감각으로부터 얻어진 단순관념이란 사실 무엇의 속성(특징)이며, 우리는 그 속성을 특정 대상에 관련시키려는 경향을 지니며, 그로 인하여 우리는 그 대상을 사과라는 '실체'로 인식한다.

셋째, 우리는 사물들을 인식할 때 그 사물만을 단독으로 인식하기보다는 주변의 다른 사물들과 비교하고 대조하는, 즉 관계시키려는 경향을 지닌다. 그럼으로써 지금 바라보고 있는 사과가 지난번에 먹었던 사과보다 유난히 작은지 큰지, 혹은 색깔이 더 진한 것인지 등을 생각한다. 그런 비교를 통해서 우리는 자연스럽게 바라보고 있는 대상인 사과가 지난번에 먹었던 것과 같은 종류에 속하는지를 파악하려는 판단이 생겨난다. 그것을 '동일성(identity)의 원리'라고 하며, 그 원리로 우리는 세계의 어느 대상을 동일한 그것으로 파악할 수 있다.

또한 우리는 여러 사물 혹은 여러 사건을 서로 비교하고 대조하는 가운데 원인과 결과를 생각하게 된다. 예를 들어, 지금 바라보는 식탁 위의 사과가 어제 냉장고 안에 있던 사과와 비교해볼 때 크기와 모양 등이 너무 유사하다는 점에서 냉장고 안에 있던 것과 동일하다고 생각하며, 그 사과가 지금 식탁에 놓인 것은 자신이 알지 못하는 사이에 누군가 그것을 꺼내 놓았기 때문이라는 원인을 생각한다. 그런 경향을 그는 '인과율(causality)의 원리'라고 불렀다. 간단히 말해서, 우리는 비교하고 대조하는 경향을 지니며, 그 경향을 추상화하여 '동일률'과 '인과율'이라고 부른다.

■ 원자론에서 민주주의로

로크는 경험이 어떻게 가능한지를 이야기한 후, 경험적 지식이 얼마나 신뢰할 만한 것인지도 생각해보았다. 그는 경험적 지식이 세계에 대해 직접적으로 획득된 것이란 측면에서, 그것이 실제 세계를 그대로 반영한다고 믿었다. 그러한 믿음에서 일상적으로 우리는 세계의 실재 즉 진리를 파악할 수 있다고 믿는 경향이 있다. 그러나 더 깊이 생각해보면 그렇게 주장할 수 없음을 알 수 있다. 로크는 그 점에 대해 어떤 의견을 내놓았을까?

그는 당시 보일(Robert Boyle, 1627-1691)이 쓴 기체역학에 관한 논문을 읽었으며, 그와 함께 토론하기도 했다. 보일의 기체역학 이론은 아래와 같은 내용을 담고 있다. 기체가 담긴 밀폐 용기를 가열하면 그 내부의 압력이 높아진다. 그것은 용기를 가열하면 그 내부의 기체 미립자들이 에너지를 얻어 더 활발히 움직이게 되는데, 그러면 그 미립자들이 용기의 벽에 더 많이 충돌하게 되고, 그로 인해서 용기 밖으로 미는 힘이 증가하기 때문이다.

위와 같은 보일의 주장은 미립자들의 활동과 충돌에 대한 실제의 관찰에서 나온 것은 아니며, 단지 하나의 가설이다. 당시의 과학으로는 미립자들에 대한 직접적인 관찰이 불가능했다. 보일의 그러한 연구를 지켜본 로크는 경험적 지식에 대해 반성적으로 고려하였다. 우리가 아무리 세계에 대해 직접적으로 경험하더라도, 우리 경험은 미립자들로 구성된 현상을 관찰하지 못한다. 그러므로 우리는 경험적 지식에 확실성을 장담하기 어렵다.

앞서 이야기했듯이, 사물의 제1성질은 그 자체가 갖는 객관적 성질이며, 제2성질은 사람마다 주관적으로 느껴지는 성질이다. 그 관점에서 본다면, 학문을 탐구하는 우리는 경험을 통해 사물들의 객관적 성질인 제1성질을 파악하도록 노력해야 한다. 그리고 만약 우리가 그 성질들을 제대로 알 수만 있다면, 그것으로부터 그 성질들이 다른 어떤 특징을 가질지도 연역적(논리적)으로 추론하여 밝혀내는 것이 가능하다. 그런 방식으로 우리는 아직 밝혀내지 못한 세계에 대해서 많은 원리를 발견할 수 있을 것이다. 또한 그렇게 논리적으로 밝혀진 지식 역시 틀릴 가능성이 없는 필연적 지식일 수 있다. 그렇지만 사물들의 제1성질을 '완벽히' 파악하는 것은 원리적으로 불가능하다. 왜냐하면 사물들의 제1성질은 미립자들의 성질에 의해 일어나는 것인데, 미립자들이 너무 작아서 제대로 파악하기 어렵기 때문이다. 그런 한에서 경험적 관찰에 인식적 한계가 있다.

더구나 우리가 자연에 대해서 틀릴 수 없는, 즉 '필연적'으로 참인 지식을 얻으려면, 미립자인 원자의 배열과 운동 등에 대해 파악해야 할 뿐만 아니라, 그런 특성들이 관찰자에게 제1성질과 제2성질로 관념(표상)을 갖게 하는 방식에 대해서도 알아야 한다. 만약 그 모두를 알 수만 있다면 우리가 자연현상에 대해서 선험적으로, 즉 경험하지 않고도 필연적으로 참인 지식을 알 수 있다. 그렇지만 원자가 너무 미세하기 때문에 우리는 그 배열과 운동에 관해 알기 어려우며, 비록 그것들을 안다고 하더라도 그것들이 서로 어떻게 상호작용하는지 알아내는 일은 더욱 어렵다. 그런 측면에서 우리가 필연적으로 참인 지식을 알아낼 수 있다고 확신할 수 없다. 따라서 과학이 세계의 진실을 파악하는 데에는 한계가 있다.

그러한 인식에서 그는 이렇게 말한다. "과학이 하는 일은 '현상'들 사이의 연합과 계기 등의 일반화를 수집하는 것이다." 그렇게 얻은 일반화는 기껏해야 개연성이 있을 뿐이며, 필연적 진리일 수 없다. 그러므로 과학자는 보통 사람들보다 세련된 방법으로 자연을 관찰할 뿐이며, 그 관찰의 결과는 하나의 '의견'이며 개인적 판단이지, 결코 확실성을 가진 '지식'은 아니다.

위와 같이 그는 우리 인간이 '경험적으로' 파악할 수 있는 지식의 한계를 알고서, 우리가 '이성적으로' 무엇을 할 수 있을지 생각해보았다. 경험이 아무리 직접성을 갖는다고 하더라도, 경험을 통해 얻은 지식이 필연적 진리를 알려주지 못한다면, 우리는 어느 과학 이론이 이론적으로 아무리 완벽해 보이더라도 그것이 단지 개연적일 뿐이라는 것도 인정해야 한다. 결국 우리 이성은 여러 가능한 이론 혹은 가설 중 어느 것을 인정하는 것이 더욱 현명할지를 판단하는 것 이상은 할 수 없다. 나아가서 우리는 스스로의 판단에 대해 그것이 필연적 진리라고 주장할 수 없으며, 자신의 판단에 대해 그렇게 확신할 수 없다. 그렇다면 자신의 판단을 남에게 강제로 설득하려 해서도 안 된다.

그는 이렇게 말한다. 우리가 인식론적으로 자신의 지식과 판단에 확실성을 주장할 수 없다는 점을 깨닫게 된다면, 타인에게 그러한 불확실한 자신의 판단을 강요할 수 없다. 또한 남의 판단이나 주장도 확실성을 장담하기 어렵다는 것을 인식한다면, 우리가 남의 생각을 맹목적으로 따를 이유도 없다. 그러므로 남을 설득하여 자기 생각을 따르도록 하고 싶다면, 공개적으로 서로의 의견을 교환하고 검토할 수 있어야 한다. 그러한 검토를 통해서 우리는 어느 의견을 따라야 할지 결정해야 한다.

이상과 같은 경험적 앎의 인식론적 한계는 누구에게도 예외적이지 않다. 사회적으로 신분이 높은 귀족이나 당시의 국왕조차도 인간인 한에서 예외적일 수 없다. 우리는 잘못된 판단을 따라야 할 이유가 없다는 점에서, 군주의 판단에 대해서도 그것이 옳지 않다면 거부할 필요가 있다. 그렇게 로크는 자신의 인식론적 결론을 사회적 문제를 해결하는 방향의 기초로 삼았다. 다음에 이어질 이야기는 로크의 정치철학 이야기이다. 그런데 로크는 홉스의 사상에서도 영향을 받았으므로 먼저 홉스 이야기부터 해보자.

* * *

홉스(Thomas Hobbes, 1588-1679)는 국가의 통치 문제, 즉 국가와 사회의 질서에 대해 관심이 많았으며, 『리바이어던(*Leviathan*)』(1651)을 저술하였다. 그의 생각에 따르면, 인간은 본래 이기적이며, 그 때문에 남을 무력으로 지배하려는 성향이 있다. 그 성향으로 인하여, 국가의 통치가 있기 이전 인간들은 무질서하게 서로 투쟁하며 살아가는 원시 상태에 있었을 것이며, 그 상태를 그는 '자연 상태'라고 말한다.

그가 말하는 자연 상태란 국가가 있기 이전에 폭력과 힘이 난무하여 만인들이 서로를 적으로 대하고 투쟁하는 상태를 가정해본 상황이다. 그런 상황에서 인간들은 욕구를 채우기 위해 서로를 잔인하게 죽이고 위협하여, 그런 사회는 공포와 가난이 계속되는 상태였을 것이다. 따라서 사람들은 평화롭고 질서 있는 사회를 만드는 것이 서로에게 이익이라고 생각하게 되었을 것이며, 마침내 그 원시 상태에서 벗어나기 위해 국가사회를 만들었을 것이다.

홉스의 이런 가정은 그다지 실제적이라고는 할 수 없다. 왜냐하면 오늘날 원시 밀림 속에서 살아가는 사람들의 모습을 보면, 그들은 국가사회를 갖지 않음에도 불구하고, 투쟁하기보다 서로 도와가면서 매우 순박하게 살아가기 때문이다. 오히려 사회 집단이 커지면서 서로 간의 권력 다툼이 발생한 듯하다. 결국 동족 사이에 일어난 인간의 잔인한 행동은 원시사회보다 비교적 문명국가의 상태에서 나왔다고 할 수 있다. 개인적 생존의 욕구보다 권력을 장악하려는 사회적 욕구가 더욱 극심한 폭력을 낳고, 그것을 상호 정당화하기 쉬울 것 같다. 역사적으로 적지 않은 정권들은 애국 혹은 조국을 핑계로 스스로 잔인함을 쉽게 인정해왔다.

아무튼 홉스의 입장에 따르면 자연 상태에서는 서로 아무렇게나 행동하여도 그 행동을 제한할 어떤 이유도 없으며, 따라서 그 상태에서는 모든 사람이 마음대로 행동할 '자연의 권리'를 가졌다고 할 수 있다. 그 권리를 지배하는 사람들은 극단적인 이기심과 무질서로 인하여 어떤 일도 할 수 있다고 생각했을 것이며, 어떤 수단을 동원하는 것도 허용된다고 생각했을 것이다. 그러므로 자연 상태에서는 어떤 행위도 도덕적으로 나쁘다고 생각할 필요가 없다.

그러나 우리가 자신의 생명과 종족을 보존하려면 스스로 꼭 해야 할 일과 하지 말아야 할 일을 올바로 인식할 필요가 있으며, 평화롭게 지내야 한다는 것도 알게 되는데, 그 법칙을 그는 '자연의 법칙'이라고 부른다. 사회를 평화롭게 다스리기 위해서 사람들은 다른 사람들과 평화적인 계약을 맺고, 그 약속을 철저히 이행할 필요가 있다. 그러자면 무질서한 자연의 권리를 서로의 계약으로 국가에 맡겨야 한다. 다시 말해서, 사회의 법과 질서를 따르지 않는 것은 원시 상태와 같으며, 그 상태는 스스로 파멸로 이끌 뿐이다. 따라서 문명화된 사회는 국가의 권력에 의해 통제되어야 한다. 그리고 만약 그 사회 지도자의 권력이 강력하지 않다면 그 소임을 다하기 어렵다. 그러므로 국가는 강력한 통제를 행사할 수 있어야 한다. 홉스는 『리바이어던』에서 그러한 결론을 추론한다. 그래서 사람들은 그 책의 이름을 '절대 권력을 가진 국가'를 상징하는 말로 사용하기도 한다.

국가가 발생하기 이전 자연 상태가 있었으며, 그 상태를 벗어나게 한 것이 '사회적 계약'이라는 홉스의 생각은 로크에게 영향을 미쳤다. 그러나 그렇게 탄생한 사회 혹은 국가를 어떻게 운영할지에 대해서 로크는 아주 다르게 추론하였다.

* * *

로크는 자연 상태로부터 출발한 인류의 역사가 개인들의 평화와 이익을 위해서 국가를 만들었으므로, 국가는 어떤 경우에도 시민들의 의사에 상반된 결정을 해서는 안 되며, 시민들에게 해가 되는 권력을 행사해서도 안 된다고 주장한다. 그의 주장에 따르면, 그야말로 시민들의 의사에 의해서, 시민들을 위한, 시민들의 국가가 되어야 한다. 더구나 국가의 통치자에게 지나치게 강한 권력을 부여하면 국가의 설립 목적과 달리 도리어 시민들의 이익을 해칠 위험이 크기 때문에 통치자의 독주를 막도록 최대한 그 권력을 제한해야 한다.

그 제한을 실현하기 위해서는 우선 법을 만드는 '의회'와 그 법을 실행하는 '행정'의 권한을 분산하고 제약해야 한다. 왜냐하면 특정한 권력자 개인 혹은 집단이 자기 마음대로 법을 만들고 그 법을 실행하는 것이 허용되면, 그야말로 법조차 필요 없는 상태가 될 것이 우려되기 때문이다. 그런 사회는 이미 그들만의 국가이지, 결코 시민을 대변하는 국가는 아니다. 미국의 대통령 링컨(Abraham Lincoln, 1809-1865)의 유명한 연설 "국민에 의한, 국민을 위한, 국민의 정부를 만들겠다."라는 말은 로크의 철학 사상이 반영되어 나왔다.

또한 우리는 위와 같은 의회와 행정의 권한을 분리하는 것만으로 안심할 수 없다. 아무리 법과 제도를 만드는 사람들이 시민들의 의사를 대변해서 만든다고 하더라도, 행정을 맡은 권력층과 집단이 그 법을 자기 나름대로 해석하거나 임의로 이행할 수 있기 때문이다. 따라서 훗날 법과 규칙을 해석하고 판정해주는 '법원'을 신설하고, 그 권한을 행정으로부터 구별시켜야 한다는 생각도 탄생했다. 그렇게 '삼권분립'이라는 민주주의 기본 구조의 아이디어가 로크에 의해 기획되었다. 그러나 그렇게 하더라도, 서로 견제해야 할 관리자들이 한통속이 되어 시민들의 의사에 상반된 통치를 실행할 가능성은 남는다. 그럴 경우 시민들이 그 통치자들을 몰아내고 새로운 정부를 만드는 것이 정당하며 자연스러운 일이다. 다시 말해서, 나라의 주인인 자신들의 권리를 찾기 위해 시민들이 국가에 대해 저항하는 것은 정당하다. 이상의 로크가 민주주의를 주장한 배경을 간단히 정리하자면 아래와 같다.

첫째, 우리의 어떤 지식도 절대적 진리일 수 없으며, 국왕의 지식과 판단도 역시 그렇다. 그런 점에서 우리는 가장 바람직한 판단을 위해 의회주의 국가를 만들어야 한다.

둘째, 국가는 신의 뜻에 의해 탄생한 것이 아니며, 국왕은 신의 의지를 대변한다고 볼 수 없다. 국가가 있기 이전 자연 상태로부터 개인들은 자신들의 이익을 위해 국가를 만들었다. 그러므로 국가의 통치는 국민을 위한 것이어야 한다. 그런데 국가의 통치자가 권력을 남용할 수 있으므로, 권력을 분산해야 한다.

이 중 둘째 사항은 국가를 통치하는 사람들이 잘 새겨들어야 할 내용이다. 기본적인 민주주의 원리가 어떤 취지에서 나온 것인지를 알아야 할 것이다. 반면에 첫째 사항은 사회 구성원들 모두가 새겨 들어야 할 내용이다. 민주주의는 각자의 생각이 절대적 진리가 아니라는 전제에서 나온다. 그러므로 자신의 이익을 위한 주장을 마치 진리인 것처럼 내세우지 않도록 경계해야 한다. 사실상 이러한 인식은 의회주의를 위한 기본 전제이다. 자신의 판단과 주장을 지나치게 확신한 나머지 남의 생각을 듣지 않으려 하거나 검토조차 하지 않으려 든다면 상대방 또한 그럴 것이며, 그러면 다시 사회의 계약은 무효가 되어 오직 참담한 무질서가 남는다.

위와 같은 로크의 사상은 이제 세계의 모든 민주주의 국가들이 추구하는 이상이 되었다. 현재 지구상의 거의 모든 국가 이념이 그의 철학을 국가 설립의 기본 전제로 삼고 있으며, 미국 독립선언문의 "아무도 남(개인)의 생명이나 건강, 자유, 소유물 등을 침해해서는 안 된다."는 선언에도 로크의 사상이 들어 있다. 그 선언은 민주주의가 기본적으로 개인의 권리를 침해해서는 안 된다는 '개인주의'를 기초로 하고 있음을 보여준다. 민주주의로 가기 위한 첫 단계가 '개인주의'라는 것이다. 사회는 개인의 이익을 위해 만들어진 것이므로, 그 사회의 법과 질서 그리고 도덕은 개인의 이익을 최대로 높이려는 방향으로 지향해야 한다. 그런 점에서 로크의 사상은 "최대다수의 최대행복을 추구하는 것이 곧 선(善)이다."라는 벤담의 공리주의(utilitarianism) 입장과도 부합한다.

로크가 발전시킨 민주국가의 설립 이념은 현재 대부분의 나라에서 사람들이 따르는 사회 원리의 기초이며, 동시에 현대 도덕 원리의 기초가 되었다. 로크는 이렇게 말한다. "사람은 … 자신의 생명을 유지하기 위한 권리를 가지며, 따라서 고기나 음식물, 기타 자연이 사람의 생존을 위하여 부여하는 모든 것들에 대하여 권리를 가질 수 있다. … 그러나 만일 그것을 수중에 넣고 있는 동안 적당히 이용하지 못하여 썩어버렸을 때, 즉 그가 소비하기 전에 과실이 상하거나 사슴의 살이 썩거나 한다면, 그는 만인에게 공통적인 자연의 법을 위배하는 것으로, 처벌받아야 한다. 즉, 그는 이웃의 몫을 침해한 셈이 된다." 이 말에서 알아볼 수 있듯이, 로크는 개인주의를 지향하더라도, 개인적 이기주의나 집단적 이기주의를 지지하지는 않는다. 그는 지구의 전체 인류가 서로를 배려하며 살아야 한다는 것을 주장한다. 그는 이렇게 말한다. "대지의 소유권도 틀림없이 과실이나 동물과 마찬가지로 획득되는 것이다. 한 사람의 인간이 갈고 심고 개량하고 재배하여, 그 수확물을 이용할 수 있는 정도의 토지, 그것만이 그의 소유물이다. … 이 점에 관해서는 모든 사람이 평등한 권리를 갖는다. 그러므로 그는 동료인 모든 공유권자, 즉 전 인류의 동의가 없으면 그 토지를 점유할 수 없으며, 떼어내서 자기의 것으로 만들 수도 없다."

* * *

이제 로크의 철학을 비판적으로 검토해보자. 로크의 경험주의 인식론이 철학적 정당성을 갖는가? 로크는 경험적 지식에 대해 그 확실성을 보장할 수 없다고 생각했다. 그런데 그의 인식론 자체는 얼마나 확실성을 갖는지 검토해보자.

첫째, 그가 구분하는 지식의 종류에 문제점이 보인다. 분명히 그는 지식을 '논리적인' 것과 '경험적인' 것으로 구분하면서도 모든 지식은 경험으로부터 얻는 것이라고 주장한다. 그런 생각은 일관성을 갖지 못한 것처럼 보인다. 그는 수학적 지식이 논리적임을 인정할 것이다. 그러면서 마음의 내적 작용을 돌아보는 반성적 사고를 일종의 관찰이라고 생각하였다. 그 관점에서 보면, 수학적 지식은 경험적 지식과 논리적 지식 중 어느 편으로 분류되어야 할까?

그가 우리는 마음속의 생각에 대해서도 관찰할 수 있다고 주장하는 관점에서 보면, 수학적 지식도 마음속으로 따져본다는 점에서 일종의 경험적임을 인정해야 할 것 같다. 그리고 만약 그것이 경험적이라면 수학이 우연적 참인 지식임을 인정해야 할 것 같다. 물론 로크를 포함하여 당시의 철학자들이 위의 추론을 받아들이기는 아주 어려웠을 것이다. 데카르트는 수학적 지식을 경험과 관계없이 이성적으로 판단할 수 있는 것으로 보았으며, 그런 점에서 경험적 지식과 구분되어야 한다고 확신했다. 이런 측면을 고려해볼 때, 지식의 구분에서 로크보다 데카르트의 생각이 더 옳아 보인다.

다른 한편, 그가 지식을 경험적인 것과 논리적(혹은 수학적)인 것으로 구분하는 관점에서 보면, 수학적 지식은 결코 경험적인 것이 아니다. 그렇다면 우리는 모든 지식을 경험으로부터 얻었다고 주장하기 어려워진다. 오히려 우리가 수학적 지식을 가질 수 있는 것은 그것을 가능하게 하는 선천적 지식 혹은 앎이 있기 때문이라는 데카르트의 주장이 더 설득력 있어 보인다. 또한 경험을 가능하게 하는 어떤 선천적 능력도 있어야 할 듯싶은데, 그 점에 대해 로크는 무엇이라고 대답할까?

위와 같은 지적에 대해서 러셀은 아래와 같이 변론한다. "아무도 지금까지 철학의 창 안에서 확실성과 동시에 논리적인 일관성을 유지하는 데 성공하지 못하였다. 로크는 확실성을 얻는 것을 목표로 삼았다. 그 결과, 논리적 일관성은 희생하고 그 확실성을 성취하였다. … 논리의 일관성이 없는 철학은 전체적으로 진리일 수 없다. 그러나 논리에 일관성이 있는 철학은 흔히 전체가 뒤틀리기 마련이다. … 그러니 논리가 일관된 철학 체계가 반드시, 어느 정도 뚜렷한 잘못이 있는 철학보다 더욱 정당하다고 할 수는 없다."[7]

둘째, 그는 경험이 어떻게 가능한지 설명하려 했다. 그리하여 그는 감각자료가 인식 작용의 근원이라고 말한다. 그렇지만 우리가 아는 모든 지식은 경험을 통해서 안 지식이라는 점에서, 그가 주장한 어떤 원리나 주장도 역시 경험된 지식의 한계를 벗어나지 못한다. 또한 우리는 감각자료를 얻을 수 있지만, 그 감각된 자료 너머에 있는 세상의 것들에 대해 있는 그대로를 느끼거나 아는 것은 아니다.

예를 들어, 우리의 시각 기능이 볼 수 있는 능력은 가시광선의 일정한 범위의 파장에 불과하다. 어떤 동물은 우리가 볼 수 없는 광선을 볼 수 있으며, 우리가 들을 수 없는 소리를 들을 수 있다. 그렇다면 우리가 느낀 감각과 다른 동물이 느낀 감각 중에 어느 것이 사실 그대로라고 말할 수 있을까? 로크의 입장은 이러한 의문에 대답하기 어려운 아주 난감한 상황에 놓인다. 이런 고려에서, 우리는 이미 감각된 것만을 알 뿐이며, 감각되기 이전에 사실 그대로를 결코 경험할 수 없다는 주장도 가능하다. 로크는 그 점에 대답하기 어려울 듯싶다. 그런 지적을 가장 신랄하게 꼬집은 사람은 버클리 주교이다. 그의 지적을 이해하는 것은 로크에서 흄으로 이어지는 영국의 경험주의 인식론을 이해하기 위해 필수이다.

* * *

버클리(George Berkeley, 1685-1753)는 대학 교수이면서 기독교 주교였으며, 24세에 《인간 인식 원론(*A Treatise Concerning the Principles of Human Knowledge*)》(1710)을 저술했다. 그 책의 제

목만으로도 그가 인식론의 문제에 관심이 있었음을 알 수 있다. 그의 인식론적 입장은 '주관적 관념론(subjective idealism)'이라 불린다. 그의 인식론의 입장을 아래와 같이 간단히 말할 수 있다. 이해를 위해 다음을 천천히 읽으며 생각해보자.

제1성질도 주관이 감각한 내용인 한에서 제1성질과 제2성질은 엄밀히 구분되지 않는다. 우리 외부에 존재한다고 가정되는 제1성질도 실제로는 주관적 상태이다. 나아가서 외부에 존재한다는 대상이란 우리가 알 수 없으며, 있는(존재하는) 것은 관념뿐이다. 그러므로 정신이 소유하는 관념과 정신 그 자체만이 존재한다고 말할 수 있다. 그 이외에 우리는 무엇도 존재한다고 말할 수 없다.

위의 말이 너무 축약이기 때문에 조금 설명이 필요하다. 앞서 살펴보았듯이, 당시 인정되던 믿음에 따르면 사물 자체가 갖는 속성은 제1성질이다. 그런데 버클리는 그런 믿음이 틀렸다고 지적한다. 아무리 사물 자체가 갖는 속성이라 하더라도, 그것이 인간에 의해 인식된 것이라면 주관적이 아니라고 말하기 어렵기 때문이다. 그러므로 세계의 어느 것에 대한 지식도 사실 그대로를 객관적으로 파악했다고 주장될 수 없으며, 따라서 모든 제1성질은 사실상 제2성질이다.

나아가서 우리가 세계에 대해 알고 있는 모든 것들이 우리가 파악한 것이란 점에서, 그것이 사실 세계와 완벽히 일치하는지 우리는 장담하지 못한다. 물론 만약 우리 자신이 반성으로 자기 생각을 스스로 파악할 수 있으며 또한 세계의 사실 그대로를 볼 수 있다면, 그리고 [그림 2-11]과 같이 자기 생각과 사실 세계를 비교할 수 있는 위치에 있다면, 비로소 우리 자신이 인식한 세계가 실제 그대로인지를 확실히 말할 수 있다. 그렇지만 우리는 자신의 사고에서 벗

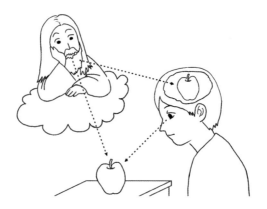

[그림 2-11] 버클리의 지적을 쉽게 이해시켜주는 그림. 우리는 자신의 사고 밖에서 자신을 들여다보면서 동시에 실제적 세계를 보고서 양자를 비교할 위치에 놓일 수 없다.

어나 사고 밖의 외부에서 나 자신의 사고를 객관적으로 볼 수 없다. 결코 자기 생각 밖으로 한 발도 나가지 못하므로, 우리는 주관(자기 생각)과 객관(사물) 그 자체를 비교해볼 수 없다. 따라서 우리가 느낀 세계의 모습은 우리가 파악한 '관념'일 뿐이요, 결코 '실재'라는 말을 해서도 안 된다. 우리는 자신이 알고 있는 '자신의' 경험적 내용 이외의 것을 결코 알 도리가 없다.

　종교인이었던 버클리는 자신의 신념에 따라서, 인간이 세계에 대한 관념을 경험적으로 파악할 수 있는 것은 신(God)이 있어서 가능하다고 주장한다. 그의 주장에 따르면, 우리가 외부 대상들을 경험할 때마다 신은 우리가 그것들의 관념을 갖게 해준다. 반면에 꿈에서 보는 대상들은 오로지 우리 자신이 만들어낸 관념들이다. 이런 이야기는 그의 로크에 대한 놀라운 비판적 지적을 우리가 낮춰 보게 만든다. 그러나 앞서 이야기한 로크의 경험주의에 대한 그의 지적은 경험주의 인식론을 탐구하는 철학자들, 특히 로크와 같이 우리가 세계를 사실대로 인식할 수 있다고 믿고 싶어 하는 철학자들에게 매우 곤혹스러운 지적이 아닐 수 없다. 그의 지적은 사실 많은 과학자와 기술자가 새겨들어야 할 말이기도 하다. 그들은 대부분 소박하게 자신의 관찰을 확신하는 경향을 지니기 때문이다.

버클리의 관점에 따르면, 우리가 경험하는 것은 사실이 아니라 관념뿐이며, 결국 우리는 자신이 본 현상만을 알 뿐이다. 따라서 우리는 실재가 존재한다고 말해서는 안 되며, 오직 현상만 있다고 말해야 한다. 그런 관점은 '현상론(phenomenalism)'이라고 불린다. 그의 입장을 일관성 있게 밀고 나가면, 우리는 경험하는 무엇에 대해서도 그것을 안다고 말할 수 없다. 심지어 다른 사람의 생각 혹은 관념이 나의 관념과 같은지도 확신할 수 없다. 그렇게 되면 결국 우리는 자기 마음속에 갇힌 상태로 살아가는 존재이며, 결코 어떤 것도 안다고 말할 수 없는 막다른 골목으로 몰린다. 그렇다면 버클리 자신의 모든 주장도 안다고 장담해서는 안 될 것이다. 이러한 비판적 관점에서, 우리가 버클리 주장을 전적으로 동의하기 어려운 측면이 있다.

그렇지만 그의 경험주의에 대한 지적은 우리에게 아래와 같이 질문하게 만든다. 우리는 관념에 대응하는 물질적 대상이 어떤 존재 양식으로 있는지를 어떻게 알 수 있을까? 다르게 말해서, 우리는 세계를 어떻게 경험하고, 어떻게 아는 것인가? 로크와 버클리로 인해서 경험주의 인식론의 문제는 철학의 중심 주제가 되었고, 그 물음에 대한 서로 다른 대답을 흄과 칸트가 이어갔다. 그들이 어떤 탐구를 하였는지 차례로 알아보자.

■ 과학적 믿음(흄)

흄(David Hume, 1711-1776)은 스코틀랜드에서 태어났으며, 20세에 프랑스로 유학하였는데, 그 대학은 100년 전 데카르트가 공부했던 곳이었다. 그만큼 그는 어느 방향으로든 데카르트 철학의 영향을 받았다. 그렇지만 그의 철학은 데카르트의 이성주의에 반대 방향으로 나아갔다. 그의 저서 『인간 본성에 관한 논고(*A Treatise of Human Nature*)』(1739-1740)는 인간 심리의 배경에서 철학을 연구하였으며, 이것은 과학적으로 철학을 연구하는 철학적 자연주의(philosophical naturalism)이다. 그는 훗날 그 책을 수정 보완하여, 인식론 저술로 『인간의 이해력에 관한 탐구(*An Enquiry Concerning Human Understanding*)』(1748)를 내놓았다. 특히 그 책은 칸트가 읽고 "독단의 잠에서 깨어났다."라고 말한 것으로 유명하다. 흄의 철학은 로크의 경험주의를 계승하였지만, 경험주의 자체의 한계와 난점을 아주 솔직히 지적했다는 점에서 현대 철학자들은 그를 '현대 경험주의에서 가장 뛰어난 선구자'라고 말한다.

그는 경험주의자로서 이렇게 말한다. "우리가 과학 자체에 부여할 수 있는 유일하고 가장 확고한 기초는 경험과 관찰이다." 앞서 말했듯이, 경험주의 인식론은 '지식의 기원(가능성)과 본성 그리고 그 한계에 대한 탐구'이다. 그는 그 탐구를 위해서 우선 '인간에 대한 과학(science of man)'을 발전시킬 필요가 있다고 생각했다. 그리고 그러한 발전이 이루어짐에 따라서 경험주의 인식론의 문제가 실질적으로 해결될 것이라고 믿었다. 그와 비슷한 생각을 뉴턴의 말에서도 찾아볼 수 있다. 뉴턴은 이렇게 말한다. "인간에 대한 과학은 다른 모든 과학에 대한 유일하고 확고한 기초이다." 흄과 뉴턴의 말대로, 과학의 기초로서 인간 자체에 관한 연구는 현대에까지 이어지고 있다. 지금 시대에 그러한 연구는, 인문과 사회 그리고 자연과학 등 모든 분야가 참여하여 공동 연구하는 '인지과학 (cognitive science)'으로 발전하였다.

흄이 기획했던 '인간에 대한 과학'은 구체적으로 무엇을 주제로 연구하는가? 그가 전망하는 경험주의 인식론이 해결해야 할 의문은 이렇다. 우리는 세계에 대한 새로운 지식을 어떻게 넓혀 나갈 수 있는가? 이러한 질문에 대답하려면 다음과 같은 두 질문에 대답할 수 있어야 한다. 우선, 우리는 세계를 어떻게 경험할 수 있는가? 다음으로, 우리는 경험된 내용으로부터 과학이론을 어떻게 얻는가? 그리고 이러한 두 질문 중 첫째인 경험적 인식의 가능성을 설명하려면, 다음 의문에 대답할 수 있어야 한다. 우리가 알고 있는 지식이 어떤 본성을 갖는가, 즉 '관념의 본성'이 무엇인가의 의문이다. 둘째 질문은, 우리가 어떤 관념으로부터 다른 관념으로 사고의 폭을 넓히면서 어떤 논리를 활용하는가, 즉 '추론의 본성'이 무엇인가의 의문이다. 다시 말하자면, 우리는 처음 경험으로부터 어떻게 관념(표상)을 얻어내는지, 그리고 그 관념이 어떤 본성적 특징(속성)을 갖는지 밝혀야 한다. 나아가서 우리가 그 경험적 관념으로부터 어떻게 과학이론을 얻어낼 수 있는지 밝혀야 한다.

이러한 두 종류의 의문에 대한 대답은 우리가 어떻게 과학을 발전시킬 수 있는지를 설명해줄 것이다. 나아가서 앞으로 얻을 그러한 대답을 통해서, 우리가 과학 지식을 어떻게 평가해야 하는지, 그리고 우리가 과학을 어떻게 탐구해야 하는지 등의 의문에도 대답할 길을 안내해줄 것이다. 한마디로 이러한 인식론의 탐구는 우리가 관찰과 경험을 통해 무엇을 주장할 수 있으며, 어디까지 주장할 수 있는지도 설명해줄 수 있다.

위에서 알아볼 수 있듯이, 흄에 의하면, 인식론의 탐구에서 우리가 찾아야 할 것은 바로 '관념의 본성'과 '추론의 원리'이다. 그러므로 그에게 인식론은 우리 지식의 본성에 관해서만이 아니라, 추론의 본성에 관한 연구인 논리학도 포함한다.

그는 우선 관념의 본성을 해명하기 위해서, 우리가 어떻게 관념을 얻는지, 즉 경험으로부터 추상적 관념을 어떻게 형성하는지를 설명해야 했다. 이 문제에 관하여 그는, 로크와 마찬가지로, 생리학적 관점에서 생각해보았다. 흄은 버클리의 지적을 피하기 위해, 우리가 단순관념으로 인식하기 전 단계에서 외부 세계로부터 느낄 수 있는 감각 자체를 고려해보았다. 아직 인식의 단계는 아니지만, 사물로부터 우리에게 다가온 그 느낌 자체를 그는 '인상(impression)'이라 불렀다. 우리에게 인상은 두 가지로 구분되는데, 하나는 외부 세계로부터 들어온 '감각적 인상'이고, 다른 하나는 과거에 느꼈던 것을 회상으로 느낄 수 있는 '반성적 인상'이다.

흄의 해명에 따르면, 그 인상들이 인식 구조로 들어와 우리에게 파악되면 그것이 비로소 '관념'이 된다. 그 관념 역시 두 종류로 구분된다. 그것은 직접 경험으로 얻게 되는 '경험적 관념'과 이미 경험했던 느낌을 상상해서 얻을 수 있는 '반성적 관념'이다. 그리고 그는 로크와 마찬가지로 단순관념들이 통합됨으로써 복합관념이 형성된다고 생각했다. 예를 들어, 만약 우리가 '황금 산'이란 이미지를 떠올릴 수 있다면, 그것은 '황금'이란 이미지와 '산'이란 이미지가 통합되어 가능하다.

위와 같이 경험의 가능성을 이야기하고 나서, 그는 우리의 관념이 어떤 본성을 갖는지, 즉 '지식'이 어떤 본성을 갖는지를 생각해보았다. 기본적으로 모든 지식은 경험에서 나오지만, 우리는 그것들을 두 가지 방식으로 판단할 수 있다. 우리의 판단 혹은 지식은 '진술문'으로 표현되며, 그것은 둘로 나눠진다. 하나는 '사실들 사이의 관계'를 다루는 진술이고, 다른 하나는 '관념들 사이의 관계'를 다루는 진술이다.

우선 그가 말하는 '사실들 사이의 관계'를 다루는 진술이란, 예를 들어 "오늘 날씨가 맑다." "달에는 수많은 분화구 모양의 형태가 있다." "모든 파충류가 알을 낳지는 않는다." 등등과 같은 것들이다. 그와 같은 진술문 혹은 판단은 우리가 관찰로 참/거짓을 결정할 수 있으며, 이성적 사고만으로 결정할 수 없다. 그러한 진술 혹은 판단이 '사실들 사이의 관계'를 말하기 때문이다. 그러므로 그런 지식의 진실성이 경험적으로 가려진다는 점에서, 그는 그것을 '후험적(*a posteriori*) 지식'이라 불렀다.

다음으로 '관념들 사이의 관계'를 다루는 진술이란, "삼각형의 내각의 합은 180도이다." "3 곱하기 5는 30의 반이다." 등등과 같은 것들이다. 물론 우리는 그와 같은 진술문 혹은 판단의 관념들을 '배워서' 혹은 경험을 통해서 알 수 있다. 그렇지만 그 진술들의 참/거짓의 판정은 오직 이성적 혹은 논리적 추론만으로 이루어진다. 예를 들어, 우리는 '삼각형의 내각'이란 관념과 '180도'라는 관념 사이의 관계를 경험적으로 확인함이 없이 논리적 검토만으로 "삼각형의 내각의 합은 180도이다."라는 진술문의 진리를 확정할 수 있다. 그 점에서 그는 이러한 진술 혹은 판단을 '선험적(*a priori*) 지식'이라 불렀다.

그의 관점에 따르면, '관념들 사이의 관계'를 다루는 진술은 단지 '언어적 관계'만을 주장하므로, 그것은 '사실'과 무관하며, 따라서

'사실 세계를 말해주지 않는' 진술이다. 그리고 그런 종류의 진술문의 진리성은 논리적으로 밝혀진 것이라서 그것이 아닐 수 없으며, 그런 점에서 그것의 참은 우연적이 아닌 '필연적' 참이다. 누구라도 "삼각형의 내각의 합이 181도이다."라고 결코 주장할 수 없다는 점에서, 혹은 "삼각형의 내각의 합이 180도이다."가 부정될 수 없다는 점에서, "삼각형의 내각의 합은 180도이다."는 필연적 참이다.

반면에 '사실들 사이의 관계'를 다루는 진술은 '사실'과 관련되기 때문에 우리가 새로운 세계를 탐구할 수 있게 해준다. 그런 지식은 위의 종류처럼 그 확실성을 주장할 수 없으므로 필연적 참이 아니며 '우연적' 참이다. 예를 들어, "파충류는 알을 낳는다."라는 진술과 "모든 파충류가 알을 낳는 것은 아니다."라는 진술 중에 어느 것이 옳은지는 논리적인 생각만으로 밝혀지지 않는다. 다시 말해서, 둘 중 어느 판단을 하더라도 그 판단 자체가 모순적이지는 않다.

다른 예로, 만약 누군가가 "달의 분화구는 달에 화산 폭발이 있었다는 증거이다."라고 주장하는 경우를 검토해보자. 우리는 그 진술을 논리적으로 사고하는 것만으로 참/거짓 여부를 알지 못한다. 그리고 언제든 그 진술이 참이 아니라고 부정될 수 있다는 점에서, 그 참은 우연적이다. 실제로 현재 천문학자들의 의견에 따르면, "달의 분화구 모양은 소행성의 충돌이 많았다는 증거이다."가 옳다고 여겨진다. 달의 분화구 모양 중에는 태양계에 떠돌아다니는 바위 혹은 가스 덩어리 등이 충돌한 원인으로 생겨난 흔적이 많다. 이런 사례가 보여주듯이, 우리는 경험적 사실과 관련해서 원인과 결과를 필연적으로 연결하여 그 관계를 파악할 수 없다. 나아가서 원인과 결과의 관계는 단지 심리적인 기대로 생겨난다.

지금까지 살펴본 흄이 구분하는 지식의 구분과 본성은 다음과 같이 요약된다.

(1) 사실들 사이의 관계를 말하는 진술은 우연적 참이지만, 우리에게 새로운 내용을 제공해준다. 자연과학 지식이 그것에 속한다.
(2) 관념들 사이의 관계를 말하는 진술은 필연적 참이지만, 논리적 관계만을 이야기할 뿐, 새로운 지식을 제공하지 않는다. 수학과 기하학 지식이 그것에 속한다.

　　이렇게 지식을 두 종류로 분석한 후, 그는 아래와 같이 말한다. "수학의 법칙이 실재를 언급하고 있다면, 그것은 확실하지 않다. 수학이 확실한 것인 한, 그것은 실재를 언급하지 않는다." 이러한 흄의 말은, 피타고라스를 추종하는 학자들, 대표적으로는 데카르트에 대한 논박으로 해석될 수 있다. 그리고 흄은 데카르트가 이성에 의해 엄밀한 지식의 체계를 세우려 했던 생각에 아래와 같이 정면으로 반박한다. "내가 보기에 추상 학문과 증명의 유일한 대상들은 '양'과 '수'일 뿐이며, 이러한 양과 수의 한계들을 벗어나서 존재하는 더욱 완전한 종류의 지식으로 나아가려는 모든 시도는 단순한 궤변과 환상일 뿐이다."

　　위와 같은 관점에서, 흄은 우리가 의지하고 따라야 할 것은 필연적 지식을 가능하게 하는 이성이 아니라, 우연적 지식을 가능하게 하는 경험이라는 것을 더욱 강조하여 아래와 같이 말한다. "상상을 하늘로, 우주의 끝까지 펼쳐보자. 그래 보았자, 실제로는 우리 자신으로부터 한 발짝도 밖으로 내딛지 못한다. 다시 말해서, 우리는 마음이란 좁은 한계 내에 나타난 지각 이외에 어떤 종류의 존재도 생각할 수 없다."8) 우리가 아는 모든 관념(표상) 혹은 지식은 모두 경험으로부터 얻은 것이며, 그런 측면에서 누구라도 경험으로 획득될 수 없는 내용을 주장하려 한다면, 그것은 엉터리 궤변이라고 생각해도 무방하다. 따라서 우리는 특히 학문에 있어서 누가 경험을 벗어난 관념을 사용하는지 안 하는지를 잘 따져볼 필요가 있다. 물론 어떤 철학 용어가 아무런 의미나 관념을 갖지 못하면서도 사용될 수 있지만, 이것은 허위 용어에 불과하다. 그러므로 우리는 그런 철학 용어에 대해서 그것이 어떤 '인상(impression)'을 전제하는지, 즉 경험적 인상을 포함하는지를 검토해야 한다. 그 검토 결과 우리가 만약 그 용어에 대응하는 경험적 인상을 찾을 수 없다면, 그 철학 관념에 대한 신뢰를 의심해야 한다.

이렇게 흄은 인식론의 문제를 분명히 정리하고 나서, 계몽철학의 맥락에서 '신의 문제'와 '보편 개념의 존재론적 문제'에 대해서도 할 이야기가 분명해졌다. 만약 누군가 '신(God)'에 대해서 '완전자'라는 관념과 필연적으로 관련지어서만 이해할 수 있다고 주장한다면, 그 주장이 경험적 감각 내용을 어떻게 담고 있는지 따져보아야 한다. 그렇게 생각만 해보아도 우리는 "신은 완전자이다."라는 말이 허위 용어를 포함하는 가짜 주장임을 알 수 있다. 우리의 모든 인식은 감각에 뿌리를 두고 있는데, '완전자'란 감각은 도대체 어떤 것이며, 또한 '신'이란 관념이 감각될 수 있기는 한 것인지 의심할 수밖에 없기 때문이다.

마찬가지로, 우리는 '보편 개념이 실재한다'는 주장을 믿어야 할지 검토해볼 수 있다. 우리가 보편 개념을 감각적으로 경험할 수 있는 것이 아니라면, 적어도 그것은 사실적 관념은 아니며, 그러므로 그것에 대해 '존재한다'고 생각하는 것은 잘못이다. 우리가 경험할 수 있는 것은 개별 사물들이며, 우리는 그것에 대한 보편 개념을 직접 경험할 수 없다. 그렇다면 '보편 개념'이란 가리켜지는 것이 없는, 단지 허위적 말일 뿐이다. 예를 들어, '인간'이라는 추상적 관념은 '모든 크기'와 '모든 속성'의 인간을 표상하지만, 그것이 경험되려면 우리가 가능한 모든 크기와 속성들을 한꺼번에 표상할 능력을 지녀야만 한다. 그렇지만 우리에게는 실제로 그런 능력이 없다.9)

흄의 입장에서 이렇게 생각해볼 수 있다. 전통적으로 철학자 중 그런 보편 개념이 경험과 무관하게 실재한다고 주장한 사람들이 있었다. 그들의 주장에 따르면, 보편 개념은 개별적 대상과는 무관하게 존재한다. 그러나 그런 주장이 잘못인 것은 다음과 같은 측면을 고려할 때 드러난다. 우리가 그동안 알고 있던 보편 개념에 적용되던 대상이 나중에 그 개념에 적용할 수 없는 경우가 이따금 발생한다. 예를 들어, 과거 대부분의 사람이 " '물고기'는 지느러미를 가지고 바다에서 빠르게 헤엄치며 생활하는 동물이다."라는 진술을 참으로 알았던 상황을 가정해보자. 그런 가정에서 과거에 고래는 물고기로 분류되었다. 그렇지만 나중에 고래는 육지의 포유류가 물에서 생활하도록 진화한 종이라는 믿음에 따라서, "고래는 물고기가 아니다."가 옳은 진술로 판결되었다. 그처럼 과거에 알던 보편 개념 '물고기'가 존재한다고 믿었던 사람은 자신이 떠올렸던 '물고기'의 관념(표상)을 수정해야 했다. 그렇게 개념이 수정되는 경우를 가정해보면, '물고기'란 보편 개념이 더는 존재한다고 주장할 수 없다.

위에서 알아본 것과 같이, 흄은 지식의 종류와 본성에 관해 이야기하고 나서, 경험주의 인식론의 문제에 대해 더 탐구해야 할 것이

남아 있었다. 바로 '인식 작용에 어떤 원리가 있는지' 밝혀내는 문제이다. 우리가 감각하는 것은 단지 느낌뿐이며, 우리는 사물 자체를 경험할 수 없다. 그런데도 우리는 사물을 인식할 수 있는데, 그러자면 로크처럼 흄 역시 우리가 감각적 느낌들을 어떻게 통합하여 특정 사물로 인식할 수 있는지를 설명해야 했다. 또한 그는, 우리가 경험과 무관한 '추상적 보편 개념'을 존재로 인식하는 이유 혹은 원리도 설명할 수 있어야 했다. 흄은 그러한 설명을 위해 '상상력'을 말한다. 그의 말에 따르면, 우리가 '우리의 주관과 무관한 독립적 실체들이 외부 세계에 존재한다'고 확신하는 믿음의 토대는, 우리의 상상력이 확실한 인상들의 일관성과 정합성에 의해 증진되기 때문이다. 그것이 어떻게 그렇다는 것인지 조금 더 구체적으로 알아보자.

흄의 관점에 따르면, 우리의 상상력이 발휘되는 것은 다음과 같은 세 가지 연상(association)의 법칙, 즉 인식의 통일 작용이 적용되기 때문이다. 관념들은 일정한 법칙에 따라서 기계적으로 결합하는 원리가 있으며, 그것은 '유사(resemblance)', '인접(contiguity)', '인과(cause and effect)' 등이다. '유사의 법칙'은 우리에게 두 관념 사이의 일치와 불일치를 판독하게 해주어, 유사한 것들을 같은 것으로 분류하도록 하며 그렇지 않은 것들은 따로 구분하게 만드는 심리적 원리이다. '인접의 법칙'은 우리에게 감각으로 얻은 관념들을 공간적으로 혹은 시간적으로 가까운 것끼리 같은 범주로 결합하게 만드는 심리적 원리이다. '인과의 법칙'은 우리에게 여러 관념들을 서로 상관관계로 결합하도록 만들어주는 심리적 원리이다.

이러한 연상의 법칙들은 우리가 어떻게 범주를 나눔으로써 보편 개념을 갖게 되는지 혹은 일반화하는지에 대한 세 가지 원리라고 말할 수도 있다. 즉, '유사한 속성을 가진 것들끼리', '시간과 공간적으로 가까운 것들끼리', '서로 상관된 것들끼리' 하나의 범주(종류)로 묶는 심리적 원리들이다. 그렇게 범주를 나눔으로써, 우리는 어떤 추상적 보편 관념과 일반화(가설)를 제안할 수 있다. 그러한 그의 제안은 곧, 우리가 어떤 원리에 따라서 개념을 가지고 일반화를 얻을 수 있는지를 설명하려 했던 시도였다. 이런 문제는 인식론의 가장 핵심 문제로 앞으로 철학자들이 지속해서 관심을 가져야 할 주제이다. 어쩌면 과학철학자들이 가장 알아내고 싶어 하는 궁극적인 의문일 것이다. 그런 이유로 이 책의 끝까지 논의하게 될 주제이다. (이 주제는 특히 4권에서 뇌과학과 인공신경망 AI의 측면에서 다시 논의된다.)

흄의 입장에서 위의 세 원리는 일종의 심리적인 것들이다. 심지어 '인과의 법칙'조차도 심리적이다. 우리는 일상생활에서는 물론 과학을 연구하면서 여러 사실적 사건들을 추론하면서, 원인과 결과를 분석하는 추론을 한다. 우리가 그렇게 추론하는 것은 "모든 사건에는 필연적으로 원인이 있다."라는 굳은 믿음 때문이다. 그의 입장에 따르면, 그런 믿음조차 사실은 우리의 심리적 습관에서 나온다. 우리는 '원인'이란 개념을 아무리 분석하여도 그것에서 '결과'라는 개념을 얻을 수 없다. 그러므로 인과의 법칙은 논리적이 아닌 심리적 습관으로 나온 것이다. 그러한 배경에서 그는 아래와 같이 말한다. "습관은 인생에서 가장 위대한 안내자이며, 그것만이 우리의 경험을 스스로 유용하도록 만들어준다."

지금까지 이야기를 종합해볼 때, 수학과 같은 지식은, 우리에게 필연적 및 논리적 확실성을 주기는 하지만, 세계에 대해서 알려주는 것이 없는 형식적 관계만을 이야기해주는 한계가 있다. 그리고 그 밖에 다른 경험으로부터 얻은 지식은, 우리에게 새로운 지식을 얻을 수 있게 해주지만, 그 진리성에 있어서 우연적인 확실성만을 제공하는 한계가 있다. 또한 우리가 엄밀하게 원인과 결과를 탐구한다고 여겨온 과학 지식조차도 연상(인식 통일)의 법칙이란 심리적 경향에 따라서 탐구된 것이며, 따라서 누구도 그 확실성을 장담할 수 없다.

그런 배경에서 그는 아래와 같이 말한다. "우리가 자신의 도서관을 뛰어넘어 누군가를 설득하려 든다면, 우리는 어떤 몰락을 만들겠는가? 만약 우리 손에, 예를 들어 신성이나 스콜라 철학자의 형이상학 책을 든다면, 다음과 같이 질문해보라. 그것이 '양'과 '수'에 관련된 어느 추상적 추론을 담고 있는가? 그렇지 않다면 그것이 사실이나 존재에 관련한 어느 경험적 추론을 담고 있는가? 이 질문에도 긍정적 대답을 할 수 없다면, 그것들을 아궁이에 처넣고 불태워라. 왜냐하면 그런 책은 궤변이나 환상을 담고 있을 뿐이기 때문이다."

이렇듯 흄에 따르면 우리가 가지는 지식은 각기 그 한계를 갖는다. 그것이 바로 우리 인간의 한계이기도 하다. 앞서 지적했듯이, 계몽철학은 인간 스스로 신의 계시에서 벗어나 이성에 의해 세계를 파악할 수 있다는 자신감에서 출발하였으며, 사람들에게 그러한 자신감을 고양하려는 시도였다. 그러나 흄은 인간의 지적 능력에 한계가 있음도 분명히 밝힌다. 나아가서 그는 인간이 자연에 대해 알수 있는 지식의 진리성에 대한 한계, 즉 과학 지식의 한계 역시 명확히 밝힌다. 그 한계는 과학철학자들이 과학 추론의 기초 원리로 인식해왔던 '인과율' 자체에 대한 그의 철학적 반성에서 나온다. 인과율과 관련한 그의 이야기가 무엇인지 쉽게 이해해보자.

* * *

　우리는 일반적으로 어떤 사회적 문제가 발생하면 그 문제가 다시 발생하지 않도록 여러 가지 방법을 모색한다. 그 방법을 얻기 위해 우리가 해야 할 첫 과제는 그 문제 발생의 '원인'을 밝혀내는 일이다. 그리고 우리는 문제의 원인을 치유하여 문제를 근본적으로 해결할 수 있다고 믿는다. 예를 들어, 갑자기 부동산 가격이 상승하여 집을 갖지 못한 사람들이 집을 장만하기 더욱 어려워졌다면, 그 문제 해결을 위해 우선 원인부터 찾아보아야 한다. 부동산 가격의 급상승이 표면적으로는 집이 부족하기 때문이라고 생각할 수도 있지만, 더 깊이 조사해보면 은행의 금리가 지나치게 낮고, 해외 무역 수지가 좋아져서 많은 자금이 유입된 것을 주요 원인이라고 할 수도 있다. 왜냐하면 그 자금들이 달리 투자할 곳을 찾지 못하여 부동산에 집중적으로 투자되기 때문이다. 만약 부동산 가격의 상승이 그런 원인에 의해 발생한다면, 그 원인을 해소할 방법으로, 한편으로는 정책적으로 은행 금리를 인상하는 방법을 생각해볼 수 있으며, 다른 한편으로는 해외에서 벌어들인 돈이 국내로 유입되지 않으면서도 국가의 이익에 도움이 되도록 하는 방안을 찾아볼 수도 있다. 그 방안으로 어쩌면 해외 유전 개발이나 다른 투자를 모색할 수도 있다.

　과학자들 역시 자연에서 일어나는 여러 문제를 해결하기 위하여 그 해결 방법으로 어떤 원리를 찾아내려 한다. 그것을 찾아내기 위해서 우선 우리가 해야 할 과제는 그 문제 발생의 원인부터 알아내는 일이다. 예를 들어, 1980년대 미국에서 피부암 발생이 급증하는 현상이 발생했다. 그러자 과학자들은 그 원인을 찾으려 했다. 피부암은 태양으로부터 오는 자외선과 긴밀한 관계가 있다는 것과 함께, 그 자외선을 오존층이 막아주고 있다는 것은 이미 알려져 있었다. 그리고 인공위성에서 사진을 찍어보면 남극 하늘에 뚫린 오존층 구멍이 매년 확대되는 것을 관찰할 수 있었다. 그것으로 볼 때 전체적으로 대기의 오존층이 엷어졌으며, 앞으로도 피부암 발생을 증가시킬 것이라는 예측이 나왔다. 오존층이 파괴되는 원인은 사람들이 사용하고 공기 중에 버린 프레온(Freon) 가스가 하늘로 올라가 오존(ozone)과 작용하기 때문이란 것도 밝혀졌다. 그렇게 원인이 밝혀지자 사람들은 문제의 해결 방안으로 전 지구적으로 프레온가스의 사용을 중단하는 대책을 마련할 수 있었다. 1985년 프레온가스 생산과 사용에 대해 국제적으로 규제하는 빈협약이 이루어졌다.

위와 같이 어떤 문제라도 그 해결을 위해 우선 우리가 해야 할일은 원인을 찾는 일이다. 우리가 그렇게 생각하고 행동하는 까닭은 '원인 없이는 어떤 결과도 발생하지 않는다'는 믿음을 모두 신뢰하기 때문이다. 오래전부터 과학자는 물론 과학철학자도 그 믿음을 하나의 원리처럼 생각해왔다. 왜냐하면 '원인이 있어서 결과가 발생한다'는 것은 예외가 없다는 점에서 '모든 결과는 원인을 갖는다'고 주장될 수 있기 때문이다. 그 주장은 하나의 법칙(원리)을 나타내는 형식을 가지므로, 그 주장의 명제를 '인과율(Causality)'이라 불러왔다. 과학을 탐구했던 철학자들은 인과율이 어떤 본성을 갖는지, 그리고 우리가 그것을 어떻게 알게 되었는지 궁금해했다.

데카르트는 모든 과학적 탐구가 인과율이 없이는 탐구될 수 없다는 생각에서, 그리고 가장 확실한 지식은 경험이 아닌 이성에 의해서 안 것이라는 이성(합리)주의 배경에서, 인과율이란 '직관적으로 자명한 제1원리'라고 생각했다. '직관'이란 복잡한 추론 없이 바로 파악하는 우리의 인지 능력을 말한다. 경험적으로 파악하는 매우 단순한 '관찰'을 의미하기도 하며, 아주 단순한 '이성적 판단'을 의미하기도 한다. 데카르트가 말하는 '직관'은 후자의 의미이다. 그는 "인과율은 과학 탐구를 가능하게 해주는 (근본) 원리이면서, 그 원리만큼은 틀릴 수 없는(필연적) 원리"라고 생각했다.

반면에 흄은 '우리가 한 번의 실례만으로 틀릴 수 없는 원인을 밝혀낼 수 없다'는 점을 지적하며, 위의 생각에 반대하며 이렇게 말한다. 우리가 주변의 외부 사물들을 살펴보면서 그 사물들의 작용 원인을 생각해보면, 우리는 단 한 번의 예를 보는 것만으로 그 작용에 필연적으로 연관된 원인을 찾아낼 수 없다. 그러므로 어느 것이 다른 무엇의 필연적 결과라고 이야기하지 말아야 한다.

위의 말이 어떤 의미를 갖는지 알아보기 위해 잠시 그의 생각을 정리해보자. 앞서 이야기했듯이, 지식은 두 종류이며 그중 필연적 속성을 갖는 것은 '관념들 사이의 관계'를 이야기하는 진술이다. 그리고 그 진술의 참은 경험과 무관하게 밝혀진다. 그와 같은 인식론(지식론)의 배경에서 보면, 원인과 결과의 관계가 필연적이라는 것은 '원인'과 '결과'라는 '두 관념 사이의 관계'가 '사실과 무관한 논리적 관계를 갖는다'는 의미로 해석된다. 그 해석에 따르면, 우리가 어느 작용(결과)에 대한 원인을 파악하기 위해 경험이 필요 없으며, 이성만으로 밝힐 수 있다. 다시 말해서, 만약 인과적 관계가 필연적이라면, 어떤 작용을 단 한 번만 보고서도 우리는 그 원인을 (논리적 사고만으로) 틀리지 않고 밝혀낼 수 있어야 한다. 그러나 위의 흄의 입장에 따르면 그런 일은 결코 없다. 그런 점에서 '원인과 결과의 관계'가 필연적 관계는 아니다. 그의 생각을 조금 더 쉽게 이해하도록 아래와 같이 정리해보자.

첫째, 사실에 관한(경험에 대한) 모든 추리는 원인과 결과의 관계에 근거한다.

둘째, 이성적 생각만으로 우리는 무엇의 원인을 알 수 없으며, 경험을 통해서 발견할 수 있을 뿐이다.

셋째, 결과는 원인을 함축하지 않는다. 왜냐하면 결과는 원인과 다르며, 또한 결과가 원인에서 쉽게 발견되지 않기 때문이다.

넷째, 외부 세계에 대한 지식은 모두 감각 인상에서 나오며, 그것들 사이에 어떤 논리적 관련도 없다. 그리고 단 한 번의 사례를 통해 어떤 사건이 다른 사건을 일으킨 원인이라고 판정하기 어렵다. 나아가서 어느 사건이 발생한 후 다른 사건이 반복적으로 발생하더라도, 우리는 반복된 사건을 경험하고서야 그 원인을 우연히 파악할 수 있는 한에서, 그 두 사건 사이에 필연적 관계가 성립하지 않는다.

다섯째, 원인과 결과의 연결은 단지 습관에 의한 것이다. 경험으로부터 나오는 모든 추론은 습관에 의해서 발생하는 결과일 뿐이며, 논리적 추론에 의한 결과는 아니다.

여섯째, 그런 습관에 의한 믿음이란 분명한 근거로부터 나오지 않는다. 만약 우리가 어떤 사건 혹은 기억이나 감각적 느낌에 근거하지 않는다면, 우리의 추론은 단지 가정에 불과하다.

일곱째, 그렇다면 우리는 상식적 지식만이 아니라, 과학 법칙마저도 확고한 근거가 있다고 신뢰하기 어렵다.

이상과 같은 흄의 입장에서 아래와 같이 말할 수 있다. 경험과학이 비록 사실을 관찰함으로써 탐구하더라도, 그렇게 얻어진 지식이 인과율에 의존하여 탐구된다는 점에서 단지 심리적 믿음에 불과하다. 물론 과학을 탐구하는 과학자라면 누구라도 이러한 결론을 받아들이고 싶지 않을 수 있다. 과학 탐구가 단지 심리적 경향에 의해서 파악된 지식에 불과하다는 결론을 인정하고 싶지 않을 것이다. 그래서 다음과 같이 항변할 수 있다. 뉴턴이 중력의 법칙을 발견하였을 때, 그 법칙이 단지 심리적 경향에 의한 결과에 불과하단 말인가? 지구의 질량을 M이라 하고, 달의 질량을 m이라 했을 때, 서로의 중력에 의해 서로 당기는 힘의 크기(인력) G는 두 중력(M, m)의 곱에 비례하며, 둘 사이의 거리(r)의 제곱에 반비례한다는 법칙($G \propto \dfrac{M \times m}{r^2}$)을 우리는 알고 있다. 그런데 이 법칙이 단지 사람들의 심리적 경향에 의해 믿어진 것일 뿐, 진실은 아니라는 것인가? 나아가서 우리가 과학을 통해서 파악한 모든 자연법칙이 단지 심리적 믿음에서 나온 것에 불과한가?

실제로 위와 같이 흄의 생각을 비판적으로 생각했던 철학자가 있었다. 그가 바로 칸트이다. 칸트는 뉴턴 역학의 과학 지식이 과연 흄이 말하는 지식의 두 종류 중에 어디에 들어가는지, 그리고 뉴턴 역학의 지식이 단지 심리적 경향에 의한 믿음에 불과한지 검토해보았다. 그러므로 다음에 칸트를 이야기해야 하겠지만, 우선은 흄의 생각을 조금 더 알아보자.

* * *

우리는 과학을 탐구할 때 관찰 또는 경험으로부터 귀납추론에 의해 일반화를 얻는다. 흄의 입장에 따르면, 그렇게 얻어지는 일반화 혹은 법칙이 단지 심리적 습관에 의한 것이며, 그렇다면 그런 일반화 혹은 법칙에서 우리는 진리성을 기대하기 어렵다. 조금 더 구체적으로 말해서, 우리는 관찰을 통해서 "어떤(일부) ○○는 ××이다."라는 개별적 사실들을 알 수 있다. 그리고 그 개별 사실들로부터 심리적 습관에 의해 "모든 ○○는 ××이다."라는 일반화를 얻는다. 그러나 그 일반화가 아무리 많은 경험과 관찰로부터 얻은 것일지라도, 우리는 그것으로부터 추론한 자연법칙이 모두 반드시 옳은 필연적 참이라고 주장할 수 없다. 단지 개연성(probability)만을 주장할 수 있을 뿐이다.

흄은 위와 같은 자연과학에서의 문제가 도덕적 판단에서도 마찬가지로 적용된다고 생각했다. 만약 우리가 특정한 사람의 행동으로부터 그 결과가 좋지 않은 경우를 보게 되면, 그리고 그런 경우를 반복적으로 경험한다면, '그런 행동을 다시는 하지 말아야 한다'고 판단할 것이다. 그렇지만 흄의 관점에 따르면, 그 판단 혹은 결심 역시 단지 심리적인 경향에 불과하다. 그의 관점에 따르면, 일부 경험된 사실(is)로부터 특정한 도덕적 판단의 당위성(ought)이 필연적으로 추론되지 않는다. 다시 말해서, 경험적 사실로부터 다음의 행동을 어떻게 해야만 하는지, 즉 "반드시(언제나) … 해야 한다."라는 당위적인 결론을 얻어낼 수 없다. 한마디로 '결과'가 '원인'을 함축하지 못하는 것처럼, '사실'이 '당위성'을 함축하지 못한다. 단지 '논리적인 추론'에 의해서 사실로부터 올바른 도덕적 판단을 유도할 수 없다. 그 이야기는 우리가 '사실'과 '가치(도덕적 당위)'를 구분해서 생각해야 한다는 점을 지적해준다.

* * *

지금까지 경험주의 사상가 로크와 흄의 생각을 살펴보았다. 그들은 기본적으로 우리의 모든 지식이 경험으로부터 얻어지며, 따라서 경험될 수 없는 것들은 실재하지 않는다고 생각했다. 그런데 우리는 과학을 공부하면서 상당히 유용하지만 직접 경험할 수 없는 많은 개념을 사용한다. 예를 들어, 열역학 제2법칙, 즉 "엔트로피는 언제나 증가한다."라는 진술문은 분명히 경험될 수 없는 개념, '엔트로피(Thermodynamic entropy)'라는 말을 포함한다. 그리고 그 개념은 과학에서 아주 유용한 개념이다. 그들의 주장대로라면 그런 개념이 경험될 수 없으므로, 그 개념을 사용한 열역학 제2법칙은 허위라고 해야 할 것인가? 과학자들은 이런 생각에 동의하지 않을 것이다. 이 점에 대해 로크와 흄은 어떻게 대답할까?

그들은 경험이 어떻게 가능한지 설명하려 노력했다. 앞에 설명한 것처럼 로크는 단순관념들이 모여 복합관념이 만들어지는 방식으로 경험할 수 있다고 생각했다. 그러나 버클리는 그 단순관념이라는 것이 사실 그대로를 경험한 것인지 확신할 근거가 없다고 지적했다. 흄은 그 지적을 피하려고 대상에서 얻어지는 처음의 감각을 '인상'이라고 설정하고, 우리는 그 인상으로부터 단순관념을 형성한다고 설명했다. 그렇지만 그 설명 역시 버클리의 지적을 피하지는 못할 것 같다. 우리가 인식한 관념이 실제 대상으로부터 감각한 내용임을 무엇으로 보장해줄 수 있을지의 의문은 흄에게도 여전히 유효하기 때문이다.

위와 같은 문제점 이외에 그들에게는 더욱 근본적인 문제점이 있다. 그들은 경험이 어떻게 일어나는 것인지를 나름 설명한다고 주장했지만, 왠지 그 설명이 충분하다고 느껴지기 어렵다. 단순관념들을 종합하여 복합관념이 얻어지며 그 종합의 원리는 세 가지가 있다고 그들은 주장하였지만, 여전히 그것이 어떻게 그렇게 된다는 것인지 구체적 설명이 없기 때문이다. 물론 그들이 만족스러운 설명을 할 수 없었던 것은, 그들의 철학에 문제가 있다기보다 당시의

미흡한 과학 수준에 문제가 있었다고 누군가는 변론할 수 있다. 현재는 상황이 많이 달라졌다. 그래서 감각자료 혹은 인상들로부터, 우리가 어떻게 그것에 대한 표상을 구성할 수 있는지, 즉 경험이 어떻게 가능하다는 것인지를 요즘 발전하는 뇌과학의 기반에서 새롭게 설명해볼 수도 있겠다. 그러한 설명을 이 책 4권에서 알아볼 것이다. 다음 장에서는 지금까지 지적한 흄의 문제점을 칸트는 어떻게 보았는지 알아보자.

10 장

선험철학(칸트)

이성이 이용하는 원칙들은 경험의 한계를 넘어서므로, 경험으로
그 근거를 탐구할 수 없다.

_ 칸트

■ 뉴턴 지식의 본성

칸트(Immanuel Kant, 1724-1804)는 당시 독일 영토였던 쾨니히
스베르크에서 태어났다. 그해에 뉴턴의 나이는 85세였고, 3년 후
사망하였다. 칸트의 아버지는 말의 장신구를 다루는 일을 했으며,
자기 아들이 주위로부터 존경받는 종교인이 되기를 희망했다. 그의
희망대로 칸트는 처음 신학대학에 입학하였으나, 스스로 포기하고
철학과 자연과학을 공부했다. 대학을 졸업하고 박사학위를 받아 대
학에 전임강사를 얻을 때까지 9년간 가정교사로 어렵게 생계를 꾸
려가며 공부를 지속하였고, 46세에 비로소 전임강사가 되었다. 그
는 '논리학'과 '형이상학' 외에 '수리물리학', '지리학', '인류학',
'자연신학', '도덕론', '자연법' 등의 과목을 가르쳤다고 하니, 철학

이외에 다양한 분야를 공부했음을 알 수 있다.

몸이 허약하였으나 치밀한 성격을 가졌던 그는 자신의 학문 목표를 완성하기 위해 일상생활을 철저히 관리하였다. 언제나 새벽 5시 무렵 일어나고, 오전에 연구와 강의를 하였으며, 오후 1시 무렵 점심을 먹었다. 그리고 거의 매일 산책하였는데, 공원의 계단을 8번씩 오르내렸으며, 그것마저도 자신의 신체에 무리가 되지 않도록 하였다. 그가 산책하기 위해 공원에 나서는 시간이 너무 일정하여 사람들이 그를 보면 시계의 시간을 맞추었다는 이야기는 아주 유명하다. 저녁에 그는 다시 연구에 열중하고, 매일 일정한 시간에 잠자리에 들었다. 그렇게 매일 규칙적인 생활을 유지하였으며 고향을 떠나 여행한 적이 없으면서도 그는 많은 간접경험을 할 수 있었다. 그것은 그가 다양한 분야의 사람들을 만나 함께 점심을 먹으며 많은 대화를 나누었기 때문이다. 그는 철저히 고향에서만 생활하려 했으며, 해외의 강의 초청도 거절했다고 한다. 아마도 그는, 데카르트가 스웨덴으로 건너갔다가 건강을 해쳐 일찍 세상을 떠났던 사건을 잘 알고 있었을 것이며, 그런 일이 없도록 일상생활을 관리했을 것이라 추측된다. 결혼은 하지 않았고, 장수하여 80세까지 살았다.

그의 박사학위 논문은 「일반 자연사와 천체이론: 뉴턴 원리에 입각한 대우주의 구조와 그의 역학적 근원에 관한 시론(Allgemeine Naturgeschichte und Theorie des Himmels)」(1755)이다. 그 연구는 당시에 첨단이었던 뉴턴 물리학에 관한 철학적 탐구였다. 그는 그 탐구를 계속하여 마침내 유명한 저술, 『순수이성비판(Kritik der reinen Vernunft)』(1판 1781, 2판 1787)을 완성하였다. 그러한 저술 이력을 보면, 그는 분명 뉴턴 물리학에 대한 철학적 사고를 16년 동안이나 곱씹어 생각했을 것이다. 그는 과학적 '앎'에 대한 탐구를 마친 후, '실천'의 원리가 될 도덕적 탐구로 『실천이성비판(*Kritik der praktischen Vernunft*)』(1788)을 완성하였다. 결국 그는 철학 탐구의 두 근본적 문제인 '인식론'과 '도덕철학'을 다룬 것이다. 여기에서는 주로 뉴턴 역학과 관련된 이야기를 해보자.

앞서 지적했듯이, 흄은 우리의 앎이 두 종류뿐이라고 생각했다. 그렇다면 뉴턴을 공부한 칸트로서 자연히 다음과 같은 의문이 제기된다. 뉴턴의 과학 지식은 둘 중 어느 것에 해당하는가? 우리가 앞서 살펴보았듯이, 뉴턴의 『자연철학의 수학적 원리』, 일명 『프린키피아』는 자연 세계를 수학적으로 계산(해석)할 역학 체계를 보여준다. 만약 흄의 말대로라면, 뉴턴의 과학적 지식은 수학적으로 계산되므로 단지 '관념들 사이의 관계'만을 이야기하는 것이어야 한다. 따라서 그 지식은 세계에 대해 새로운 것을 말해주는 것이 없는 지식이라고 평가되어야 한다. 그러나 뉴턴의 지식을 공부한 칸트로서는 그러한 흄의 인식론적 이해를 수용할 수 없었다. 지금 우리가 보아도 뉴턴의 과학은 세계에 대해 충분히 의미 있는 많은 '새로운' 이야기를 해줄 수 있다고 평가된다.

또한 흄의 해석에 따르면, 오직 경험적 방법만이 세계에 대한 새로운 지식을 알려줄 수 있으며, 그 방법을 통해서 귀납적으로 얻어낸 원리란 단지 심리적 습관에 의해 생겨난 믿음일 뿐이다. 그러나 칸트는 뉴턴의 과학 지식이 단지 '믿음'에 불과하다는 해석도 받아들이기 어려웠다. 수학적 엄밀성을 가지고 추론된 혹은 계산된 뉴턴 역학은 일종의 이론 물리학이며, 그것은 이성적 계산만으로 세계에 대해 새로운 의미를 알려주면서도, 필연성도 가지는 지식으로 보였기 때문이다. 그런 배경에서 그는 아래와 같이 의문을 던진다. "엄밀한 학문을 할 수 있는 가능성으로서, 필연적이면서도 지식 확장적인, 즉 선험적이면서 종합적인 지식이 있음을 인정해야 하지 않을까?"

따라서 칸트는 지식에 대한 흄의 분류가 잘못되었고 그의 지식의 본성에 대한 이해 역시 맞지 않는다고 생각했다. 결국 그는 흄의 인식론을 대신할 새로운 인식론을 탐구할 필요성을 느꼈으며, 그 탐구를 통해서 과학 지식을 포함하여 우리의 모든 지식이 어떻게 가능한지도 새롭게 밝혀야 한다고 생각했다. 앞서 살펴본 것처럼, 당시에는 인식론에 대한 두 철학적 관점이 대립하고 있었는데, 이성(합리)주의와 경험주의이다.

* * *

이성주의는 데카르트에서 시작되었으며 라이프니츠(Gottfried Wilhelm Leibniz, 1646-1716)에게로 이어졌다. 앞서 살펴보았듯이 그들의 입장에 따르면, 자연과학은 자연을 수학적으로 다룰 수 있었기에 가능하다. 그리고 수학적 사고는 경험과 무관하게 이성만으로 탐구 가능한 분야이다. 따라서 우리는 경험을 통하지 않고 '이성에 의해 파악한' 지식을 '연역적 추론'을 통해 세계에 대한 지식을 확장할 수 있다. 그리고 철학도 경험과 무관한 이성적 방식으로 탐구할 수 있으며, 따라서 형이상학이 하나의 학문으로 성립된다. 그러나 로크가 지적했듯이 수학적 방법으로 우리가 알 수 있는 모든 지식을 설명한다는 것은 문제가 있어 보인다. 그리고 이성주의는 우리가 어떻게 경험을 얻을 수 있는지 의문에 거의 관심을 두지 않는다.

반면에 경험주의는 로크가 제안하고 흄이 발전시켰다. 그들의 입장에 따르면 오직 경험만이 지식의 원천이다. 어느 학문이라도, 그것이 비록 아무리 논리적이고 이성적이라 하더라도, 경험을 떠나서 탐구된다면 현실성이 없는 이상한 체계를 세울 뿐이다. 따라서 경험주의는 형이상학 자체를 부정한다. 나아가서 우리는 무지에서 벗어나기 위해, 그리고 종교와 편견에서 벗어나기 위해, 세계를 직접 관찰하는 방식으로 탐구해야 한다. 더욱이 참된 학문적 탐구를 위해서 우리는 '경험적으로' 사실을 수집하여 그 원인이나 법칙을 발견하는 '귀납적 추론'의 방식을 따라야 한다. 그렇지만 흄이 밝혔듯이 귀납추론 자체가 정당화될 수 없다는 점에 문제가 드러난다. 또한 뉴턴이 그러했듯이, 과학자들은 실험 전에 이미 가설을 세우고 그 가설에 알맞은 증거를 찾는 방식으로 탐구하는 경향이 있다. 그런데 우리가 '관찰하기도 전에 어떻게 가설을 세울 수 있는지' 당시의 경험주의는 설명할 수 없는 문제점을 드러냈다.

위와 같은 두 철학적 입장의 난점을 보완하여 통합적으로 설명할 방안을 찾으려는 노력이 칸트에 의해 이루어졌다. 한편으로는 '경험이 어떻게 가능한지'도 설명해줄 수 있으면서, 다른 한편으로는 '수학적 탐구가 어떻게 가능한지', 즉 이성적 혹은 논리적 탐구를 어떻게 할 수 있는지도 설명해줄 철학적 설명이 필요했기 때문이다. 칸트는 이렇게 말한다. "갈릴레이, … 토리첼리(Evangelista Torricelli), … 그들이 파악한 것은, 이성 자체가 스스로 계획에 따라서 산출한 것만을 통찰한 것이다. … 이성은 하나의 필연적 법칙을 추구하며 요구하기 때문이다." 그러므로 그는 그러한 이성의 능력을 검토해야 했다.

또한 칸트에 의하면, 자신이 밝혀낼 철학적 설명은 '과학자들이 충분한 경험을 얻기도 전에 어떻게 가설을 내놓을 수 있는지'도 이해시켜줄 수 있어야 한다. 그렇지만 칸트는 인식론에 대한 탐구에 있어서 로크나 흄과 같이 생리학적 경험과학의 방식을 따르지는 말 아야 한다고 생각했다. 칸트는, '경험(과학)이 어떻게 가능한지'를 설명하려는 철학 이론을 다시 경험(과학)에 의존해서 설명하려는 것은 문제가 있다고 보았다. 그런 시도에 대해서 그는 순환적이라고 생각했다. 다시 말해서, 그런 식의 논증은 증명하려는 것에 기대어 자신의 주장을 증명하려는 것이며, 그것은 명백히 논리적으로 '순환논증의 오류', 다른 말로 '선결문제 요구의 오류'를 범한다.

더구나 흄이 말했듯이, 경험 지식은 우리에게 필연성을 가져다주지 못하며 오직 우연적 진리만을 제공할 뿐이다. 칸트는 그런 우연적 지식에 의존한 철학적 설명을 시도하고 싶지 않았다. 이러한 이유로 그는 경험에 의존하지 않고, 단지 이성적이며 반성적 사고에 의해서만 인식론을 탐구해야 한다고 생각했다. 그런 칸트의 관점을 철학자들은 '초월론(transcendentalism, 또는 초험론)'이라고 부른다. 그의 생각에 따르면, 세계에 대한 지식을 얻는 것은 경험적으로 일어나지만, 그 경험을 가능하게 하는 것은 이성적 능력이 있기 때문이다. 우리는 그 능력이 무엇인지를 초험적이며 형이상학적으로 탐구해야 한다. 그렇게 '이성 자체가 어떤 능력을 지니는지' 따져볼 필요가 있으며, 그런 의미에서 그는 자신의 연구를 스스로 '순수이성비판'이라고 불렀다.

* * *

위의 목적을 달성하기 위해서 칸트는 우선 뉴턴 물리학 지식이 어떤 종류의 지식에 속하며 또한 그 본성이 무엇인지를 밝히는 것에서 출발한다. 그러자면 흄이 그러했듯이, 칸트 역시 지식의 분류를 새롭게 다시 검토해보고 그 새로운 분류에 따른 지식이 각기 어떤 본성을 갖는지 밝혀내는 일부터 해야 했다. 그런 후 그는 그런 지식이 가능한 근거를 설명해봐야 했다.

앞서 이야기했듯이 흄은 지식을 두 종류로 분류했으며, 각각의 본성에 대해서 아래와 같이 밝혔다.

(1) 경험적 지식: 후험적(*a posteriori*), 우연적(contingent), 새로운 지식을 알려준다.
(2) 이성적 지식: 선험적(*a priori*), 필연적(necessary), 실제 세계와 무관하다.

칸트는 뉴턴 역학의 지식을 위의 어느 종류에도 넣을 수 없다고 생각했다. 뉴턴 역학은 수학적 계산으로 그 진리성이 파악되는 것이므로 '선험적'이면서도 '새로운 지식을 제공해주기' 때문이다. 따라서 그는 아래와 같이 지식을 셋으로 새롭게 분류하였다.

1. 선험적 분석판단(*a priori* analytic): 필연적, 주어 개념에 술어 개념이 포함된 진술
2. 후험적 종합판단(*a posteriori* synthetic): 우연적, 지식을 확장시켜주는 진술
3. 선험적 종합판단(*a priori* synthetic): 필연적, 주어 개념에 술어 개념이 포함되지 않아서 지식을 확장시켜주는 진술

첫째, '선험적 분석판단'의 본성은 다음과 같다. 흄이 '관념들 사이의 관계'만을 이야기하는 지식이라고 말했던 것을, 칸트는 '주어와 술어의 개념들 사이의 관계'만으로 참/거짓을 판단할 수 있는 진

술이라고 말했다. 예를 들어, "모든 물체는 연장(길이)을 갖는다."와 같은 판단에서, 우리는 그 판단이 옳은지 여부를 위해 직접 경험으로 확인할 필요가 없다. 누구라도 '물체'라는 개념을 제대로 알고 있기만 하면, 그것이 '길이를 갖는다'는 것을 알기 때문이다. 그런 측면에서 그 판단은 '선험적'이다. 또한 그 판단은 주어 '물체'라는 개념 속에 '길이'라는 술어 개념을 포함한다. 그는 그것을 '분석적'이라고 불렀다.

다른 예로, "공은 둥글다."라는 판단도 그런 종류에 속한다. '공'이란 개념을 아는 사람이기만 하면, 그는 실제 관찰(경험)과 상관없이 그것이 '둥글다'는 것도 이미 알고 있어야 한다. 그러므로 이 판단 역시 '선험적'이며 '분석적'이다. 그렇게 경험과 상관없이 주어와 술어의 의미 관계만으로 진리성을 알 수 있는 지식을 그는 '선험적 분석판단'이라고 구분했다. (어떤 학자는 이것을 '선천적 분석판단'이라고 번역하기도 한다.) 그런 종류의 진술들은 술어 개념이 주어 개념을 넘어서지 않는다는 점에서 새로운 지식으로 나아가지 못한다. 즉, '공'이란 개념 속에 '둥글다'는 개념이 이미 담겨 있으므로, 만약 '공'의 개념을 이미 알고 있는 사람이라면 "공은 둥글다."라는 판단을 통해 새로운 내용을 배우지 못한다. 그리고 둥글지 않으면 그것을 공이라고 부르지 않는다는 점에서, "공은 둥글지 않다."라는 판단이나 주장은 자체 모순이다. 그런 점에서 "공은 둥글다."와 같은 선험적 분석판단은 '필연적으로 참'이다.

둘째, '후험적 종합판단'의 본성은 다음과 같다. 흄이 '사실들 사이의 관계'를 말해주는 지식이라고 말했던 것처럼, 칸트 역시 사실적 경험의 확인을 통해서 참/거짓을 판단할 수 있는 진술이 있다고 인정했다. 예를 들어, "이 공은 흰색이다."와 같은 판단이 옳은지를 알기 위해서 우리는 실제로 그 공을 살펴보아야 한다. '이 공'이란 개념만으로 우리는 그것이 '흰색'인지를 알 수 없기 때문이다. 그렇게 경험을 통해서 옳고 그름을 가릴 수 있는 판단을 칸트는 '후험적'이라 불렀다. 또한 우리가 '공'이란 주어 개념을 안다고 하더라도, 그것이 흰색인지를 두 개념의 관계만으로 알 수는 없다. 그것은 '공'이란 주어 개념이 '흰색'이란 술어 개념을 포함하지 않기 때문이다. 그러므로 이런 판단은 주어 개념에 의미가 다른 술어의 개념을 첨가하는 판단이라는 점에서 '종합적'이다. 그런 점에서 그는 그러한 종류의 지식을 '후험적 종합판단'에 속한다고 구분하였다.

그리고 비록 '공'이란 개념을 이미 아는 사람일지라도, 그는 "이 공이 흰색이다."라는 판단을 통해서 새로운 지식을 얻을 것이다. 따라서 위의 판단은 우리가 새로운 지식으로 나아가게 한다. 또한 그 판단의 옳고 그름은 경험적으로 확인해야 밝혀질 수 있으며, 우리는 그 공이 흰색이어야 할 논리적 필연성을 이성적으로 알 수 없다. 즉, "이 공은 노란색이다."라고 말하는 것 자체가 스스로 모순적이지 않다. 그런 점에서 "이 공은 흰색이다."와 같은 후험적 종합판단은 '우연적으로 참'이다.

셋째, '선험적 종합판단'의 본성은 다음과 같다. 앞서 이야기했듯이, 흄은 지식을 두 종류, 즉 '관념들 사이의 관계'를 말하는 것과 '사실들 사이의 관계'를 말하는 것으로 나누었다. 그런 구분대로라면 뉴턴 물리학은 수학적 계산에 의존하므로 새로운 지식을 제공하지 못한다고 해석된다. 그렇지만 누구라도 뉴턴 물리학이 우리에게 유용한 새로운 지식을 제공하지 못한다고 생각하지 않을 듯싶다. 칸트가 보기에 뉴턴 물리학은 필연적으로 참이면서도 새로운 지식, 즉 '필연적으로 참'인 '새로운 지식'을 제공하는 것으로 보였기 때문이다.

이런 이야기를 들으면서 누군가는 아래와 같이 질문할 것이다. 우리가 새로운 지식을 얻을 수 있으면서도, 그것이 틀릴 수 없는 진리와 같은 지식을 얻을 수 있는가? 그것은 정말 놀랍다. 과연 우리가 진리의 지식을 계속해서 확장할 수 있는가?

위와 같은 의문을 칸트도 가졌다. 그런 놀라움에 그는 그런 지식이 어떻게 가능한지 그토록 열심히 탐구하려 했으며, 그런 인간의 이성적 지성의 능력이 어디까지인지 명확히 밝혀보고 싶어 했다. 여기에서 잠시 독자의 이해를 돕기 위해서, 칸트의 선험적 종합판단이 어떤 의미를 갖는지 더 쉽게 이해하도록 예를 들어 설명할 필요가 있다. 그는 선험적 종합판단에 수학, (유클리드) 기하학, 뉴턴 물리학, 그리고 자신의 철학(형이상학)도 포함된다고 생각했다. 그것을 차례로 알아보자.

우리는 수학에서 수식, '231 + 324 = 555'가 참임을 경험에 의존함이 없이, 이성적으로 알 수 있다. 만약 셈을 모르는 어린 동생에게 콩 231개와 콩 324개를 따로 주고는, 그것들을 세어서 위의 수식 계산이 옳은지 알아보게 하는 상황을 가정해보자. 동생이 모두 세어보고 나서 그 합이 556이라고 대답한다면, 당신은 직접 세어보지 않았음에도 그 답이 틀렸다고 말할 것이다. 그 상황에서 동생은 "내가 직접(경험적으로) 세어보았으니 내가 옳다."라고 고집할 수도 있다. 그렇지만 우리는 동생의 판단이 옳다고 인정하지 않는다. 경험과 상관없이 그 합은 555이기 때문이다. 그리고 그 답은 틀릴 수 없다. 그런 점에서 수학적 판단은 '선험적'이며, '필연적으로 참'인 성격을 지닌다. 나아가서 우리는 복잡한 수학적 계산을 척 보기만 해서 알지는 못한다. 다음과 같은 이유 때문이다. '231'과 '324'란 개념 속에 '555'란 개념이 들어 있지 않다. 계산하는 과정에서 우리는 '231'과 '324'란 개념으로부터 '555'란 새로운 개념으로 나아간다. 그러므로 우리는 수학적 계산을 통해 새로운 지식을 얻는다고 말할 수 있다. 그 점에서 수학적 지식은 '종합적'이다.

또한 (유클리드) 기하학에서 "삼각형의 내각의 합은 두 직각의 합과 같다."라는 판단에 대해서 생각해보자. 그 판단이 참임을 우리는 이성적, 논리적 추론으로 알 수 있다. 만약 누군가가 삼각형의 내각들을 각도기로 실제 측정해보고 180.02도라고 주장한다면, 우리는 직접 측정해보지 않았음에도 '원리상 그럴 수 없다'고 잘라 말할 수 있다. 그런 점에서 기하학적 판단은 '선험적'이며 '필연적으로 참'이다. 그렇지만 우리는 '삼각형'이란 개념을 아는 것만으로 그 내각의 합이 '두 직각의 합과 같다'는 것을 알지는 못한다. 다시 말해서, 단지 '삼각형'이 무엇인지 그 말의 의미를 아는 사람이라면, 위의 판단을 통해서 새로운 지식을 획득한다. 그런 점에서 기하학 지식은 '종합적'이다.

다음으로 칸트는 "운동의 모든 전달에 있어서 작용과 반작용은 항상 서로 동등하다."라는 판단을 예로 들었다. 앞서 이야기했듯이, 위의 판단은 뉴턴 역학의 세 번째 법칙에서 보았다. 그것을 다시 말해보면 아래와 같다.

법칙 3. 모든 작용에서 그것에 반대 방향으로 같은 크기의 반작용이 일어난다. 또는 두 물체의 상호작용은 항상 같으며, 반대 방향으로 일어난다.

위의 법칙을 칸트의 관점에서 살펴보기 위해 아래와 같이 간략히 말할 수 있다. "한 물체가 다른 물체와 충돌할 때, 그 충격을 주는 것만큼 자신도 충격을 받는다." 이러한 판단은 실험과 상관없이 알 수 있다는 점에서 '선험적'이다. 그리고 단지 '물체', '충돌' 등의 개념을 알더라도 우리가 그 지식의 참을 알 수는 없다는 점에서 '종합적'이다.

칸트의 의도를 조금 더 알기 쉽고 명확하게 설명하기 위하여 뉴턴 물리학의 다른 예를 들어 설명하는 것도 도움이 되겠다. 우리가 중학교 과학 수업에서 배우는 것으로, 뉴턴 역학에서 "물체를 자유 낙하시키면, 그 물체의 위치에너지가 운동에너지로 바뀌며, 그 전체 에너지의 양에는 변함이 없다."라고 말할 수 있다. 그것은 아래와 같이 수식으로 표현된다.

$$mgh(\text{위치에너지}) = \frac{1}{2}mv^2(\text{낙하운동에너지})$$

위에서 우리는 단지 '위치에너지(mgh)'란 개념을 알기만 한다고 그것이 '낙하운동에너지($\frac{1}{2}mv^2$)와 동일하다'는 것을 알 가능성은 없어 보인다. 실질적으로, 우리는 10미터 높이에서 어떤 물체를 추락시킨다면 땅에 닿을 무렵 그것의 속도가 얼마인지를 위의 공식에 따라 계산으로 밝힐 수 있다. 그러므로 위의 지식을 경험으로 알았다고 할 수 없다. 그런 점에서 '선험적'이며, '종합적'이다. 그리고 그 수학적 계산 값은 그것이 아닐 수 없다는 점에서 '필연적으로 참'이다.

그런데 이러한 이야기에 대해서 누군가는 아래와 같이 의심하고 반문할 수 있다. 뉴턴 역학으로 계산된 지식을 실험하면, 그 결과가 계산과 정확히 일치하지 않는 경우가 아주 많을 수 있다. 그러므로 뉴턴 역학의 지식을 필연적으로 참인 지식이라고 말하기 어렵지 않을까? 만약 누가 위와 같은 물음을 던진다면 아주 좋은 질문이라고 말할 만하다. 그렇지만 칸트는 그런 반문에 이미 나름의 대답을 했다. 그것이 어떤 대답인지 위의 의심과 반문에 따라서 생각해보자. 만약 누군가가 뉴턴 물리학이 정확한지 알아보기 위해서 물체 낙하 실험을 해본다면, 분명히 높이에 따른 물체의 낙하 속도는 아래와 같이 계산된다. (위의 수식에서 양쪽 변에 질량(m)을 소거시키면 아래와 같은 식이 유도된다.)

$$gh = \frac{1}{2} v^2$$

여기에서 지구의 중력가속도($g = 9.8\text{m/sec}^2$)는 상수이므로, 떨어지는 물체의 속도(v)는 높이(h)에 의해서만 영향 받는다. 그러므로 질량이 다른 두 물체라도 같은 높이에서 낙하운동을 하면 같은 속도로 떨어져야 한다. 예를 들어, 물방울과 쇠구슬을 같은 높이에서 낙하시키면 같은 속도로 떨어진다고 계산된다.

실제 실험 결과는 어떠할까? 높은 곳에서 쇠구슬을 자유 낙하시킨다면, 그 속도는 지구 중력가속도의 영향을 받아 계속 증가한다. 반면에 같은 높이에서 작은 물방울이 자유 낙하한다면 공기의 마찰로 인해서 속도는 일정 속도 이상 증가하지 않을 수 있다. 그리하여 쇠구슬은 증가한 속도로 인해 많은 낙하운동에너지를 얻게 되어 지면과 충돌하면서 커다란 충격을 주겠지만, 물방울은 속도를 증가시키지 못해 큰 낙하운동에너지를 얻지 못하여 지면에 그다지 큰 충격을 주지 않는다. 그렇다면 뉴턴 역학은 실제를 반영하지 못하는 틀린 지식일까?

위와 같은 실험적 사실을 칸트에게 제시하더라도, 그는 뉴턴의 지식이 틀리지 않았다고 대답할 것이다. 오히려 만약 누가 그렇게 질문한다면, 그것은 마치 삼각형을 대충 그려놓고 측정해보고 "실제 삼각형의 내각의 합이 180도가 아닌데요?"라고 질문하는 것과 같다. 삼각형을 이상적으로 그렸다면, 그리고 완벽한 측정을 할 수만 있었다면, (유클리드 기하학 체계에서) 삼각형 내각의 합은 180도가 아닐 수 없기 때문이다. 마찬가지로 물체의 낙하 실험 역시 '이상조건' 즉 '진공' 속에서 실험되어 공기의 마찰저항이 제거된다면, 물방울과 쇠구슬은 같은 속도로 떨어질 것이다. 그러므로 뉴턴 역학은 실험 여부와 관계없이(선험적으로), 틀릴 수 없는(필연적으로 참인) 지식이라는 것이 칸트의 이해이다. 한마디로 뉴턴 물리학은 '진리'를 밝히는 학문이다. 동시에 그 물리학은 우리에게 새로운 지식을 제공한다. 이것이 바로 그가 말하는 '선험적 종합판단'이란 말의 의미이다.

■ 그 철학적 해명

칸트가 보기에 '수학', '기하학', '뉴턴 물리학'은 경험적으로 탐구되기보다는 이성적으로 탐구되는 순수 학문이었으며, 그것은 인류에게 새로운 지식을 알려준다는 점에서 아주 의미 있는 내용을 제공한다. 그는 그런 '순수 학문이 어떻게 가능한지', 즉 '우리가 순수 학문을 탐구할 수 있는 능력이 무엇 때문인지' 궁금하지 않을 수 없었다. 그가 그 가능성을 설명하려는 연구는 곧 '뉴턴 역학이 어떻게 가능했는지' 정당성을 설명하려는 의미 있는 연구이기도 했다. 그것이 바로 칸트가 『순수이성비판』에서 밝히려 했던 내용이었다. 우리 인간이 순수 학문을 어떻게 탐구할 수 있는가? 즉, 선험적 종합판단이 어떻게 가능한가?

위 질문에 대한 대답은 '우리가 틀림없는 지식을 경험 없이도 확장할 능력'에 대한 검토에서 찾아보아야 한다. 그것은 곧 '우리의 인식 주관이 어떤 능력을 지니는지'를 설명해야 하는 과제이다. 그리고 '이성의 한계'를 밝혀내는 일이며, '우리가 과학을 어떻게 탐구할 수 있는지'를 해명하는 일이기도 하다. 물론 만약 그것을 해명한다면, 그것은 곧 선험적 종합판단인 수학, 기하학, 뉴턴 물리학(그리고 칸트 철학 자체) 등이 어떻게 탐구 가능한지 해명하는 일이기도 하다.

우리는 인식 주관의 능력에 의해 세계를 경험한다. 그렇다면 경험이 어떻게 가능한지를 설명하는 일은 곧 인식 주관이 어떤 능력을 지니는지를 밝히는 일이다. 위의 탐구를 위해 우선 경험의 가능성을 살펴보는 일부터 필요하다. 로크나 흄이 탐구했듯이, 우선 '여러 감각 자료를 어떻게 통합할 수 있는지' 그 원리부터 밝혀야 한다. 이것은 감각(감성)에 관한 연구이며, 그것을 그는 '초월적 감성론'이라고 불렀다. (그가 말하는 '감성론'은 '감각의 원리 탐구'라는 뜻이다. 그러니까 '초월적 감성론'이란 우리가 세계에 대해 어떻게 감각을 통일하는지 (경험적이 아닌) 형이상학적으로 탐구한다는 뜻이다.)

그런 다음에 우리 이성이 어떤 사고 형식을 가지고 있어서 세계에 관해 판단할 수 있는지도 살펴보아야 한다. 그것을 그는 '오성'에 대한 연구라고 했으며, 그것 역시 경험적 방법이 아니라, 우리의 판단을 반성적으로 잘 분석해보는 방식으로 탐구해야 한다고 생각했다.

그는 두 과제 중 첫 번째, 초월적 감성론을 아래와 같이 분석하였다. 우리의 감성이 개별 대상으로부터 감각자료들을 어떻게 받아들여 통일하는지 알아내야 하는데, 그것은 경험에서 직접 표상을 제공하는 (직관의) 능력을 밝혀내는 일이다.

칸트에 따르면, 우리는 세계를 기하학적으로 인식할 능력을 지닌다. 우리는 눈을 감고서도 삼각형, 원형, 사각형 등의 도형을 상상할 수 있다. 그 점에서 그 인식 능력을 지니고 있음을 알 수 있다. 우리가 상상한 여러 도형은 공간적 표상이며, 따라서 우리는 공간적 인식 능력을 지닌다. 그런데 공간 자체는 무엇이라고 할 수 있을까?

* * *

공간에 대한 칸트 입장을 알아보기 위해, 뉴턴과 라이프니츠가 공간과 시간을 어떻게 보았는지 잠시 돌아볼 필요가 있다. 앞에서 살펴보았듯이, 뉴턴은 이 세계에 절대시간과 절대공간이 존재한다고 보았다. 그의 말에서 그것을 다시 알아볼 수 있다. "절대적이고 참다우며 수학적인 시간은 그 자체로 그리고 그 자체 본성적으로 무엇과도 관계없이 동일하게 흐른다. … 절대적 공간은 그 자체 본성적으로 외부의 무엇과도 관계없이 항상 같은 모습으로 정지하여 존재한다."

그러나 칸트가 보기에 그런 뉴턴의 주장은 문제가 있어 보였다. 공간이 물체와 같이 세계에 실체로서 존재한다고 주장하려면, 우리에게 영원한 시간과 공간은 생각될 수 없어야 하기 때문이다. 세계에 존재하는 무엇이든 시작과 끝이 있어야 하며, 그 점에서 무한한 것으로 존재할 수 없다. 그렇지만 우리는 시간과 공간이 무한하다고 생각한다. 그런 점에서 시간과 공간은 사실 세계에 실제로 존재하는 것일 수 없다.

다음으로, 라이프니츠는 상대적 시간과 상대적 공간을 아래와 같이 주장하였다. "공간이란 … 시간과 마찬가지로 상대적이다." 그의 생각에 따르면, 시간과 공간이 실체처럼 존재한다는 생각은 환상이다. 시간과 공간은 사물들을 시간적으로 그리고 공간적으로 규정할 수 있다는 점에서, 그것들 자체는 실체가 아니라 실체의 속성에 불과하다.

그러나 칸트가 보기에 그 생각에도 문제가 있어 보였다. 만약 시간과 공간이 경험을 통해 파악되는 물체의 속성이라면, 그것들은 모두 경험적 지식의 속성인 우연성을 가져야 한다. 그렇지만 기하학 지식이 필연성을 갖는 것을 보면, 공간이란 결코 경험을 통해서 얻어지는 속성이 아니어야 한다. 또한 시간과 공간이 만약 관찰로부터 얻어지는 것이라면, 그것이 다양한 종류의 시간과 공간으로 인식되어야 하는데, 우리는 시간과 공간을 단지 하나로만 인식할 뿐이다. 우리가 상상하는 공간은 하나이며, 우리가 상상하는 시간도 오직 하나일 뿐이다. 그런 점에서 시간과 공간은 결코 경험을 통해 파악되는 것이 아니다. 이러한 측면에서 칸트는 라이프니츠의 생각도 부정한다.

그렇다면 칸트가 바라보는 시간과 공간이란 무엇일까? 칸트는 우선 공간에 대하여 아래와 같이 생각해보았다.

(1) 어느 사물의 표상을 떠올릴 때마다, 우리는 그것을 길이(연

장)를 가지는 것으로 표상한다.

(2) 우리가 특정 개별 사물을 머리에 떠올리지 않을 때, 우리는
그 개별 사물에 대한 표상을 갖지 않을 수 있다. 그렇지만
'길이'와 '연장'에 대한 표상은 모든 대상에 대한 표상 작용
자체를 지우기 전에는 결코 우리에게서 외면될 수 없다.

(4) 그러므로 경험 이전에 우리가 이미 '공간'이란 표상을 갖는다
고 보아야 한다.

(5) 공간이란 단지 하나뿐이며 무한하다.

(6) 따라서 공간이란 모든 현상을 가능하게 하는 형식이라고 보
아야 한다.

이러한 칸트의 입장에 따르면, 공간은 현 세계에 존재하지 않으
며, 우리가 세계를 인식하기 위한 '감각의 형식'이다. 우리는 눈을
감고서도 공간 혹은 도형을 상상할 수 있다. 그런 것을 보면, 우리
는 감각의 형식인 공간을 통해서 세계를 내다보기 때문에, 세계의
사물을 공간적 도형으로 바라볼 수 있다. 그는 그런 감각의 형식을
우리가 경험을 위해 미리 가지고 있어야 한다는 점에서 '순수직관
의 형식'이라고 불렀다. (여기서 '직관'이란 말은 경험적 직관을 말
한다.) 나아가서 그는 우리가 그 형식을 통해서 외부 세계를 내다볼
수 있다는 점에서, 공간을 '외적 감각의 형식'이라고도 부른다. 물
론 칸트가 말하는 공간이란 형이상학적 공간이다. 우리가 직관 인
식의 틀로서 '공간'을 가진다는 것은, 생리학적인 인체의 어느 기관
의 형식을 말하는 것이 아니다. 우리가 세계를 인식하는 하나의 시
스템으로서 공간이란 형식 혹은 틀을 가져야 한다는 것을 의미할
뿐이다.

다음으로, 그러한 칸트의 관점에서 시간이란 무엇일까? 그는 시간에 대해 아래와 같이 생각해보았다.

(1) 우리는 자기 내부 마음의 상태를 관찰할(알아볼) 수 있다.
(2) 그런데 우리는 그런 생각을 '시간의 흐름 중에' (순서적으로) 파악하고 있음을 안다.
(3) 그리고 시간은 오직 단 하나뿐이며 무한하다.
(4) 우리는 시간의 흐름을 전제하고서, 어떤 사물을 표상한다.
(5) 따라서 시간이란 내적 사고를 가능하게 해주는 선험적 형식이 아닐 수 없다.
(6) 그리고 외적 경험도 사고 속에 표상되는 한에서, 외적(공간적)인 것은 다시 내적(시간적)인 형식에 의해서 우리에게 주어질 수 있다.

이러한 칸트의 관점을 조금 쉽게 이야기해보자. 우리는 무엇을 생각하더라도 언제나 '무엇 다음에', '그것 다음에', 그리고 '또 그것 다음에'라는 식으로 순서에 따라서 생각할 수밖에 없다. 우리에게 순서를 떠난 생각이란 있을 수 없다. 그리고 순서는 외부의 것을 파악하는 데는 물론, 내적 사고 흐름을 파악하는 데도 사용된다. 따라서 시간이란 세계에 존재하는 것도(뉴턴) 아니며, 사물이 갖는 속성도(라이프니츠) 아니다. 그것은 오히려 그런 경험을 가능하게 하는 형식이어야 한다. 그런 점에서 시간은 '내적 감각의 형식'이다. 그런 생각에서 칸트는 아래와 같이 이야기한다. "모든 현상은 … 시간 내에서 존속할 수 있으며, 따라서 필연적으로 시간적 흐름에서만 가능하다."

칸트의 입장을 요약하자면, 우리는 외부 대상을 인식할 때 공간을 제외한 채 파악할 수 없다. 그리고 우리는 무엇을 생각할 때 시간을 제외한 채 사고할 수 없다. 그런 점에서 공간과 시간은 모두 '감각의 형식'이어야 한다. 그런 감각의 형식은 인간이기만 하면 모두 선천적으로 같은 형식 혹은 구조를 가진다. 그러므로 우리는 누구라도 예외 없이 세계를 공간적이며 시간적으로 파악할 수밖에 없다. 그런 측면에서 그는 시간 역시 '순수직관의 형식'이라고 말했다. 그의 주장에 따르면, 시간과 공간이란 두 가지 직관의 형식에 의해서 우리는 기하학과 수학을 탐구할 수 있다. 그 이야기를 아래와 같이 쉽게 설명할 수 있다.

인간이라면 누구라도 선천적으로 공간이란 감각 형식을 갖는다. 그러므로 우리는 실제적 경험을 갖지 않은 상태에서, 즉 눈을 감고도 공간 도형들을 상상할 수 있다. 즉, 눈을 감고 아무것도 보지 않은 상태에서 단지 감각의 형식만으로도 기하학 도형들을 상상할 수 있다. 그 기하학적 도형은 경험과 무관하게 탐구되므로 선험적 지식일 수밖에 없으며, 필연성을 갖는다. 예를 들어 "두 점을 잇는 최단 거리 직선은 오직 하나이다."라는 유클리드 기하학의 공준에 대해서, 우리는 단지 눈을 감고 그 상황을 상상해봄으로써 충분히 파악할 수 있다. 그런 능력을 지니기에 우리는 순수 학문 중 하나인 기하학을 탐구할 수 있다.

그리고 우리가 시간이란 감각의 형식을 가지므로, 우리는 그런 선천적 형식에 의해서 무엇에 대해서도 순서적으로 생각할 수 있다. 그리고 오직 순서만을 생각할 때 우리는 숫자를 떠올리게 된다. 그렇게 우리는 시간적 형식에 의해서 수학적 탐구 능력을 지닌다. 이러한 이야기를 아래와 같이 더 쉽게 설명할 수 있다. '무엇 다음에', '그것 다음에', 그리고 '또 그것 다음에', 이렇게 생각하면서, 우리는 첫째, 둘째, 셋째, 혹은 1, 2, 3 등 숫자를 떠올릴 수 있다. 우리가 감각 내용이 없이 단지 그 형식만으로 '순서'를 생각할 경우, 순서는 곧 '숫자'로 인식된다. 다시 말해서 우리는 눈을 감고도 숫자를 헤아릴 수 있으며, 그 숫자로 우리는 수학을 탐구할 수 있다. 그리고 그 순서는 경험과 무관하게 순전히 우리의 내적 사고의 흐름만으로 탐구되기에 필연적 참일 수 있다. 예를 들어, 수식 '5+7 = 12'라는 진술에서 '5'와 '7'이라는 개념에 '12'라는 개념이 들어 있지는 않지만, 우리는 사고의 흐름 속에서 그 순서를 생각해보기만 해도 그것이 참임을 알 수 있다. 그러므로 시간이란 '순서의 흐름'이다. 간단히 말해서, 우리가 시간을 인식할 수 있으므로 수를 인식할 수 있다. 그런 관점에서 칸트는 아주 흥미로운 이야기를 한다. "모든 질적인 것은 양적이다." 이 점에 대해서는 앞서 1권 1장에서 설명이 있었으므로, 여기서는 넘어가자.

지금까지 이야기를 근거로 칸트는 이렇게 주장한다. 수학과 기하학이 가능한 근거는 우리가 갖는 감각의 형식인 시간과 공간이다. 뉴턴 역학은 수학과 기하학을 응용한 탐구이다. 물리적으로 사물이 움직이는 것을 공간적으로 파악할 수 있으며, 그 공간적 움직임은 다시 시간적 즉 수학적으로 파악할 수 있다. 결국 우리는 세계의 공간적 이동 현상들을 시간이란 감각 형식을 통해서 수학적으로 파악(해석)할 수 있다. 예를 들어, [그림 2-9](105쪽)와 같이 포물선으로 물체를 날려 보낼 때, 우리는 그것을 공간적으로 표상할 수 있다. 그리고 그 공간적 표상이 다시 시간적으로 표상됨으로써, 그것은 비로소 수학적으로 해석된다. 또한 거꾸로 포물선의 수식만 알면 그것을 공간적으로 다시 표현할 수 있다. 그런 표상 능력을 지니고 우리는 뉴턴 역학도 탐구할 수 있다. 그것도 선험적이며 필연적인 지식으로 말이다.

이상과 같이 칸트는 수학, 기하학, 뉴턴 물리학이 탐구 가능한 근거를 시간과 공간으로 설명할 수 있었다. 우리는 모두 시간과 공간이란 감각(감성)의 형식을 가지고 있으며, 그것만으로 사고한다면 우리는 순수 학문으로서 수학과 기하학을 다룰 수 있고, 또 뉴턴 물리학도 다룰 수 있다. 이렇게 말함으로써 그는 순수 학문의 가능성을 설명했다.

그러나 그런 형식만으로는 우리 인식 주관이 판단 능력을 어떻게 지니는지, 또 어떤 판단 능력을 지니는지를 온전히 설명하기에 충분하지 않다. 지금까지의 이야기를 통해서 수학과 기하학을 다루는 형식이 시간과 공간이라고 말할 수는 있겠지만, 그가 밝히려는 이성의 능력을 충실히 설명하지는 못하기 때문이다. 예를 들어, "이 공은 둥글다." "이 공은 희다." "한 물체가 다른 물체와 충돌할 때, 그 충격을 주는 것만큼 자신도 충격을 받는다." 등과 같은 판단 자체가 어떻게 가능한지 설명하지는 못한다. 그가 궁극적으로 밝히려던 것은, 우리 이성이 어떤 능력을 지니고 있어서 세계를 어떻게 인식하는지, 그리고 그 한계는 무엇인지 등과 같은 인식론의 의문에 대답하는 일이기 때문이다.

* * *

칸트는 그러한 의문에 어떤 대답을 하였는가? 그의 입장을 흄의 입장과 비교하여 알아보는 것도 이해에 도움이 된다. 앞서 이야기했듯이, 흄은 우리의 인식 작용에 대해 아래와 같이 생각했다. 감각 내용이 통합되어 하나의 단순관념을 낳으며, 그것들이 다시 종합되

210

어 복합관념을 낳는다. 그리고 그러한 경험적 자료들의 통합은 연상, 근접, 유사 등의 세 가지 원리에 따른다. 그런 생각을 비유적으로 말하자면, '노란색', '표면이 약간 울퉁불퉁함', '촉감이 말랑말랑함', '신맛', '단맛' 등등의 감각 자료들이 각기 단순관념을 낳고, 그것들이 세 가지 원리에 따라 복합관념인 '귤'의 표상이 된다는 식의 이야기였다.

그러나 칸트는 위와 같이 경험적으로 인식의 가능성을 밝히는 것은, 앞서 지적했듯이, 순환적이라고 생각했다. 설명해야 할 것을 그것에 의존해서 설명하기 때문이다. 그런 측면에서 그는, 우리가 세계를 어떻게 경험할 수 있는지를 경험적이 아닌 초험적 방법으로 탐구해야 한다고 생각했다. 이를테면, 우리가 인식 능력에 의해 판단할 수 있다면, 그러한 우리의 인식적 판단 능력을 검토해봄으로써 우리는 스스로 어떤 인식 능력을 지니는지 밝혀낼 수 있다. 그런 측면에서, 인식의 생리적 구조를 찾아보려 하기보다 우리의 판단을 분류하고 그 본성을 밝혀내려는 탐구가 필요하다. 다시 말해서, 우리가 내리는 판단을 수집하고 분류하여, 각각의 본성을 탐색할 필요가 있었다. 그는 우리의 판단을 아래와 같이 4종류로 나누었고, 그 각각을 다시 3종류로 나누었다. 결국 아래와 같이 모두 12종류의 판단을 구분하고 그 본성들을 파악했다. 그 종류를 쉽게 이해할 수 있도록 아래와 같이 예를 들어 알아보자.

(1) 판단의 분량
전칭판단 : "모든 인간은 이성적이다."
특칭판단 : "일부의 인간은 부모이다."
단칭판단 : "김양은 여대생이다."

(2) 판단의 성질

긍정판단 : "김양은 박군을 좋아한다."

부정판단 : "김양은 박군을 좋아하지 않는다."

무한판단 : "이 장미가 아름다운 것은 아니다."

(3) 판단의 관계

정언판단 : "김군은 이양을 좋아한다."

가언판단 : "이양이 김군을 사랑한다면, 김군이 이양과 결혼한다."

선언판단 : "이양이 김군을 사랑하지 않거나, 김군이 이양과 결
혼하거나 한다."

(4) 판단의 양상

개연판단 : "김군은 이양과 결혼할 수도 있다."

실현판단 : "김군은 이양과 결혼한다."

필연판단 : "김군은 반드시 이양과 결혼해야 한다."

첫째는 판단의 '타당성의 폭'에 따라 나눈 것이다. 판단하면서 우리가 주장하는 내용이 적용되는 양이 어느 정도인지에 따라서, 칸트는 '전체', '부분', '단일' 등으로 나누었다. 둘째는 판단 내용에 대한 '긍정의 정도'에 따라서, '긍정', '부정', '무한' 등으로 나누었다. 여기서 무한판단이란 긍정도 부정도 않는 것이다. 셋째는 '판단들 사이의 관계'에 따라서, '정언', '가언', '선언' 등으로 나누었다. 넷째는 판단의 내용이 '실현되는 정도'에 따라서, '우연', '실현', '필연' 등으로 나누었다. 위와 같은 탐구를 하고 나서 그는, 우리가 그렇게 판단하는 것은 그런 판단을 하도록 만드는 (그의 용어로)

'오성의 형식'이 있기 때문이라고 생각하였다. 그것을 그는 '범주(Category)'라고 불렀으며, 아래와 같이 12가지로 나누었다.

(1) 분량(Quantitat) : 단일성, 다수성, 전체성
(2) 성질(Qualitat) : 실재성, 부정성, 제한성
(3) 관계(Relation) : 실체성과 우유성, 인과성과 의존성, 상호성
(4) 양상(Modalitat) : 가능성과 불가능성, 현존성과 비(非)존재성, 필연성과 우연성

위의 범주들은 우리의 여러 판단을 분석한 결과물이다. 우리가 갖는 판단을 분류해본 결과, 그는 12종류의 판단을 구분할 수 있었다. 우리가 그렇게 판단하는 것은, 우리가 12종류의 '사고 형식'을 가지고 있기 때문이라고 추론된다. 위의 범주들, 즉 우리의 사고 형식들은 우리가 어떤 판단을 하더라도 적용되는 구조이다. 그러므로 그 구조는 곧 우리가 세계 혹은 자연을 인식하는 형식인 셈이다. 다시 말해서, 우리는 12가지 범주라는 형식에 따라서 세계를 인식한다는 것이 칸트의 주장이다.

앞서 1권에서 이야기했듯이, 아리스토텔레스는 우리가 세계에 있는 것들을 '분류하는 기준'으로 범주를 이야기했다. 그리고 여기에서 이야기하는 칸트는 우리가 세계를 바라보는 '사고의 틀'로서 범주를 이야기한다. 학문적으로나 일상적으로도 범주 즉 '카테고리'라는 말은 두 가지 의미로 사용된다. '분류의 기준'이란 의미로 사용되거나, 아니면 '사고의 틀'이란 의미로 사용된다. 예를 들어, "참새, 뻐꾸기, 메뚜기, 개구리, 너구리, 뱀, 나비 등을 어떤 범주로 나누면 좋을지 생각해보아라."라고 요청받는다면, 우리는 '범주'란 말

을 '분류의 기준'이란 의미로 사용하는 것이다. 그리고 "네가 그렇게 생각하는 것을 보니 너는 여전히 과거의 범주를 벗어나지 못하고 있구나."라고 말한다면, 우리는 그 경우에 '범주'란 말을 '사고 방식' 혹은 '사고의 틀'이라는 의미로 사용하는 것이다.

칸트는 범주를 아리스토텔레스의 의미로 사용하는 것에 반대하여 이렇게 말한다. 대상에 대한 경험이 어떻게 가능한지를 해명하려는 형이상학에서, 우리는 코페르니쿠스와 같은 방식을 시도해볼 수 있다. 칸트는 자신의 '범주'에 대한 해석을 아래와 같이 '코페르니쿠스 전환'에 비유하여 자화자찬한다. "지금까지 우리는 스스로가 대상에 적응하여 그것을 인식한다고 생각해왔다. 그러나 그렇게 생각하면, 우리가 개념에 따라서 세계를 파악한다는 사실을 설명해주지 못한다. 그러므로 우리의 인식 형식에 따라서 세계를 인식한다는 혁명적 전환이 필요하다. 그렇게 우리의 인식을 전환함으로써 철학적 의문에 대해서도 발전된 대답을 내놓을 수 있다. 이러한 나의 생각은 코페르니쿠스의 발상에 견줄 만하다. 코페르니쿠스는 천체들이 지구 혹은 관찰자인 우리 주위를 회전한다고 고려하는 것으로는 천체운동을 설명할 수 없다고 보았다. 그는 오히려 지구 혹은 우리 자신이 회전한다는 사실을 받아들이고, 반면에 천체를 정지시킴으로써, 그 문제에 좀 더 개선된 대답을 얻을 수 있다는 획기적 사고 전환을 제안하였다. 그렇게 우리가 대상의 모습에 따라서 그것을 인식한다고 생각하기보다, 우리가 인식하는 형식에 따라서 그것들을 그러하게 인식한다는 발상의 전환이 필요하다."

앞서 알아보았듯이, 플라톤과 아리스토텔레스는 우리가 대상을 인식하는 것은 그것을 그것으로 보기 위한 개념에 의해서라는 점을 지적했다. 플라톤은 우리가 삼각형을 그것으로 알아보기 위해 이미

'삼각형'이 무엇인지 개념적 지식을 알고 있어야 한다고 생각했다. 아리스토텔레스도 우리가 처음 보는 '개'를 보고 "이것은 개다."라고 말하기 위해서는 이미 그것이 무엇인지 개념적 본질을 알고 있어야 한다고 생각했다. 반면에 로크와 흄의 경험주의 인식론에 따르면, 우리의 인식 주관이 대상의 모습을 관찰하면서, 그것들 사이에 서로 같거나 적어도 유사한 것들에 대해, 그 유사성에 대한 표상을 얻을 수 있다. 그러나 칸트의 관점에서 볼 때, 로크와 흄의 관점은 개념이 적용되어 대상을 인식하는 경우를 설명하지 못한다. 칸트는 자신의 인식론은 인식 주관의 형식에 의해 대상을 어떻게 (경험적으로) 인식할 수 있는지를 설명할 수 있다고 생각했다.

* * *

지금까지 설명한 칸트 입장을 더 간추리자면, 모든 인간이 시간과 공간이라는 감각(감성)의 형식을 가지고 있으며, 12범주라는 판단의 형식을 지닌다. 그러므로 우리의 인식 작용은 감각의 형식을 통해서 들어온 감각 내용이 12범주와 만남으로써 이루어진다. 이런 배경에서 칸트는 아래와 같은 유명한 말을 남겼다. "내용 없는 사고는 공허하고, 개념 없는 직관은 맹목이다."

그 말을 아래와 같이 이해해볼 수 있다. 경험적 내용이 없이 어떤 판단을 하려 든다면, 그 판단은 사실과 무관한 허위 혹은 공상 같은 지어낸 이야기일 뿐이다. 반면에 경험적 감각이 있기는 하되 사고의 형식을 제대로 적용하지 않은 판단이라면, 그 판단은 건강한 판단일 수 없다. 다시 말해서, 만약 누가 사고 형식을 적용하지 않고 판단한다면, 우리는 그 판단을 마치 미친 사람이 지껄이는 무의미한 잡소리라고 여길 것이다. 이러한 이해에서 위의 칸트 명제는 이렇게 다시 말할 수 있다. 직관(경험) 없는 사고는 공허하고, 사고 없는 직관(경험)은 맹목이다. [참고 5]

칸트 입장에 따르면 위에서 지적한 오성의 12가지 범주 중 '인과성의 범주'는 바로 우리가 자연의 현상에 대해서 예외 없이 원인을 찾도록 하는 사고 형식이다. 그 형식에 의해 세계를 내다보는 한에서, 우리는 인과법칙을 벗어난 예를 찾아볼 수 없으며, 원인 없는 결과를 상상조차 할 수 없다. 바로 그 인과성의 범주에 의해서 우리는 자연과학을 탐구할 수 있다. 그러한 배경에서 칸트는 말한다. "이성은 필연적 법칙을 추구하며, 요구한다."

이렇게 칸트는 우리의 이성적 사고 능력이 무엇인지를 설명함으로써, 과학적 탐구가 엄밀한 학문으로 발전할 수 있는 근거를 설명하려 했다. 그러나 지금까지 보여준 그의 탐구에서 만족스럽지 않은 부분은 없는가? 그의 생각에 대해 누군가는 다음과 같이 의심할 수 있다.

첫째, 자연과학으로 얻은 지식이 정말 진리일까?

칸트는 뉴턴 물리학에 대하여, 그 과학 지식이 필연성을 갖는 진리라고 확신했다. 그렇지만 현대인이라면 누구라도 학교에서, 뉴턴 물리학의 문제점이 드러났으며 아인슈타인의 상대성이론이 대안으로 등장했다는 것을 배운다. 그뿐만 아니라 사람들은 뉴턴 물리학을 '고전 역학'이라 부르며, '현대 물리학'은 상대성이론과 양자역학을 가리키는 말로 사용한다. 비록 일상인들이 그 두 물리학 사이의 차이가 구체적으로 무엇인지 모른다 하더라도, 적어도 새로운 역학이 나온 이유로 뉴턴 역학에 어떤 문제점이 있기 때문이라는 것쯤은 안다. 그 점에서 현대인이라면 위와 같이 의심하는 것은 당연하다.

더구나 칸트의 믿음대로 누군가 만약 자연과학이 진리를 제공한다는 믿음을 확고하게 갖는다면, 그는 지금도 과학이 발전한다는 것을 어떻게 설명해야 할지 곤란해진다. 과학이 진리만을 산출한다면, 물리학이든 생물학이든, 혹은 요즘 많이 연구되는 유전학이든, 하나의 과학이론이 제안된 후 그 이론 혹은 학설을 뒤집는 새로운 이론은 나오지 않아야 한다. 칸트의 입장에서, 언제나 과학자들은 진리만을 얻을 것이므로 과거 학설을 뒤집는 발전은 거의 있을 수 없으며, 앞으로도 가능하지 않다고 우리는 기대해야 한다.

그뿐만 아니라 과학자들은 서로 같은 사고 형식을 가지므로, 그 형식에 따라서 어떤 것을 설명하기 위한 학설은 언제나 하나만 제안되어야 한다. 그리고 어떤 현상을 설명하는 다른 학설이 제안되는 일은 일어나지 말아야 한다. 그렇지만 사실상 과학의 발달사를 보면 언제나 특정한 현상을 설명하기 위한 여러 대립 이론들 혹은 학설들이 있었다. 그런 점은 칸트의 생각과 들어맞지 않아 보인다.

둘째, 칸트는 그래서 우리가 경험을 어떻게 할 수 있다는 것인지 설명하기는 하였는가?

어쩌면 처음 칸트의 이야기가 시작될 즈음, 누군가는 경험의 가능성을 상당히 잘 설명해줄 것으로 기대했을 것이다. 그런 기대에서 오는 실망감으로 위와 같이 질문하는 것은 어쩌면 당연하다. 그렇게 실망감을 주는 이유를 아래와 같은 점에서 찾아볼 수 있다. 칸트는 경험의 가능성을 초험적으로 설명하려 시도했다. 그 경우에 대해 흄이 한 이야기가 생각난다. "우리가 우리의 경험적 내용 없이 이성에만 의존해서 세계를 설명하려 한다면, 우리는 공상을 지어낼 것이다." 만약 어떤 이론이라도 경험적 실험이나 관찰에 의존하지 않으려 한다면, 그것은 사실적 근거가 아주 미약한 공상에 지나지 않는다. 칸트는 오직 이성 자체의 능력만으로 우리의 인식 구조를 설명하려 했지만, 사실 우리의 인식 작용에 대한 문제는 단지 그런 방식으로 밝혀낼 수 있는 영역을 넘어선다.

셋째, 칸트는 다양한 우리의 감각에 대해서, 그것들이 어떻게 가능한지 설명하려 노력했는가?

그는 오직 뉴턴 역학이 어떻게 가능할 수 있는지에만 관심을 가졌던 것 같다. 그는 우리가 감각을 받아들이는 형식으로 오직 시간과 공간만을 이야기했다. 그렇지만 우리는 시간과 공간만을 경험하는 것은 아니다. 우리는 냄새를 맡기도 하며, 피부로 촉감을 느끼기도 한다. 식탁 위에 놓인 귤을 우리가 어떻게 인식할 수 있는 것인지에 대해서는 그는 거의 관심이 없었다고 해야 할 것이다. 그는 오직, 우리가 귤을 바라볼 때 그것에 대한 기하학적 모양을 어떻게 인식할 수 있는지, 그리고 그것의 지름이 얼마인지 등을 말할 수 있는지에만 관심을 가졌다. 우리가 그것을 만져본 느낌을 어떻게 갖는지, 그것을 먹었더니 맛을 어떻게 느꼈는지 등등에 대해서, 그리고 그것을 바라본 색깔을 어떻게 인식할 수 있었는지 등에 대해서 칸트는 아무런 말이 없었다.

넷째, 과연 우리가 인식의 형식으로 12가지 범주를 지닌다는 것이 정말 옳은가?

우리가 판단을 반드시 12종류로만 분석해야 하는지 의문이다. 사실상 우리는 진술처럼 보이지만 진술이 아닌 문장을 사용하기도 한다. 예를 들어, 물건을 깬 아이를 보면서 엄마가 "참 잘했어요."라고 말하는 경우, 그것이 정말 잘했다고 하는 말은 아니다.

또한 앞에서 잠깐 언급했듯이, 영국의 오스틴이란 철학자가 말했던 수행문(performatives)의 경우에 대해 칸트는 어떤 말을 할 수 있을지 궁금하다. 예를 들어, 판사가 "피고에게 벌금 100만 원을 부과한다."라는 판결을 할 경우, 그 말은 사실에 관한 판단이 아니라 명령을 내리는 것이다. 칸트는 그런 문장들에 대해서는 분석하지 않았다. 그는 문장들을 좁은 시야의 반성으로 분석함으로써 우리의 인식에 12가지 범주가 있다고 결론을 이끌었지만, 그가 빠뜨린 것은 없는지, 그리고 그의 방식대로 분석하면 틀림없이 우리의 인식의 형식을 올바로 알아낼 수 있기는 한 것인지 의심된다. 물론 현대 철학자들은 범주가 12가지라는 말에 관해 거의 관심조차 두지 않는다.

다섯째, 지금도 유클리드 기하학적 지식과 뉴턴 역학이 진리라고 믿어지는가?

당시는 유클리드 기하학이 진리를 알려주는 학문처럼 보였으며, 따라서 칸트의 철학은 그런 학문의 가능 근거를 설명하려는 노력이었다. 그렇지만 유클리드와 다른 기하학이 나오고 뉴턴 역학과 다른 역학이 나온 현대에 칸트 철학이 어떤 의미를 제공할지 의심될 수 있다. 뒤에서 이야기하겠지만, 칸트 이후 비유클리드 기하학이 나와서 "삼각형의 내각의 합이 180도보다 크다." 혹은 "삼각형의 내각의 합이 180도보다 작다."는 것도 참으로 받아들여진다. 그리고 아인슈타인은 시간과 공간이 서로 상관관계를 갖는다는 점을 그의 '상대성이론'에서 밝혔다. 그 관점에서 보면, 시간과 공간이 인간의 인식 구조에 있는 것이 아니라, 운동하는 상대적 관계 속에서 다르게 나타난다. 그런 측면을 고려해보면 칸트의 이야기는 현대에 거의 쓸모없어진 느낌이다. 수학, 기하학, 뉴턴 물리학은 전혀 '선험적 종합판단'이라고 할 수 없기 때문이다. 그러한 지식은 현대에 더는 선험적이지도 필연적이지도 않아 보인다. 이러한 구체적 지적을 미국의 철학자 콰인의 논문 「경험주의의 두 도그마(Two Dogmas of Empiricism)」(1951)에서 간접적으로 볼 수 있다. (다음 3권 14장, 15장에서 이것을 살펴보겠다.)

■ 도덕의 근본

칸트가 '인식의 능력'을 밝힌 것은 곧 '인식의 한계'를 명확히 밝힌 것으로 해석된다. 그런 인간 인식의 한계에 비추어볼 때 '하나님'이나 '자유'와 같은 추상적 대상들은 우리가 경험할 수 있는 인식의 한계를 벗어나므로 함부로 안다고 말할 수 없다는 점을 그는 지적하기도 했다.

그렇지만 우리에게는 그런 것들을 생각하게 하는 '의지'가 있으며, 그 의지는 도덕심과 관련된다고 그는 주장한다. 그의 입장에 따르면, 도덕이란 의무를 소중히 여기려는 동기에서 나오며, 그 의무

감은 도덕법칙을 존중하면서 살아가려는 '양심'에서 나온다. 우리는 도덕적으로 살려는 의지, 즉 선하게 살아가려는 의지를 가진 존재이다. 그리고 '선한 의지'를 진정으로 가질 경우에만 우리의 행동은 도덕적으로 올바르다(정당하다).

예를 들어, 어떤 사람은 자신이 사는 지역에 기업을 유치하여 지역의 발전을 돕는 지혜를 발휘하는 행동을 보여주기도 한다. 그리고 자신의 재산을 어려운 사람들을 돕기 위해 나누어주기도 한다. 또한 부패한 사회의 기강을 바로 세우기 위해서 올바른 이야기를 공개적으로 말하는 용기를 발휘하는 사람도 있다. 그렇지만 그런 모든 행동이 진심으로 남을 돕기 위한 순수한 마음으로부터 나온 것일 경우에만 도덕적으로 훌륭하다고 인정될 수 있다. 만약 그 모든 것들이 선거에 출마하려는 자신의 정치적 의도에서 계산된 행동이라면, 그 행동은 선을 위한 의지 자체가 아니라는 점에서, 비록 어려운 이웃들에게 큰 도움을 주었다고 하더라도 도덕적으로 정당화될 수 없다. 그런 배경에서 그는 아래와 같이 도덕의 원칙을 이야기한다. "언제나 네 행위의 원칙을 모든 사람을 위한 보편적 법칙이라고 여길 수 있도록 행동하라."

위의 말을 '정언명제'라고 하며, 그것을 이해하기 쉽게 아래와 같이 요약할 수 있다. 만약 우리 각자가 남들과 상관없이 홀로 살아간다면 도덕은 필요 없을 것이다. 도덕이란 기본적으로 남과 함께 살아가기 때문에 남을 배려하며 살아야 하는 덕목이다. 따라서 자신의 도덕 원칙이 자신만의 기준에 의해서 올바른 것이어서는 안되며, 남들에게 보편적으로 적용할 수 있어야 한다. 그러므로 칸트는 인간으로서 우리 모두 따라야만 하는 도덕 원칙이 있으며, 그 원칙을 우리 모두 준수해야만 한다고 생각한다. 그런 점에서 칸트의 윤리적 관점은 '의무론적 윤리설'이라 불린다.

예를 들어, 뇌물을 받은 공무원이 자신과 같은 위치에서는 어쩔 수 없었으며 그동안 다른 공무원들도 그래왔던 관례라는 핑계로 정당화하려는 경우를 가정해보자. 그럴 경우 그 행위가 도덕적으로 정당한지는, 자신의 행동 원칙이 남에 의해서 행해질 경우라도 적용된다고 말할 수 있는지를 스스로 물어보면 알 수 있다. 그러므로 칸트의 정언명제는 자신의 행동이 상대 혹은 타인에게서도 정당화될 수 있는지, 그리고 그 행동이 모든 사람에게 이해될 행동인지 반성적으로 생각해보라는 원칙이다. 위와 같은 칸트의 원칙은 "입장 바꿔서 생각해보라."라는 말로 대신할 수 있다. 그 같은 칸트의 관점은 동서고금에서도 볼 수 있다. 기독교에는 "너희는 남에게서 바라는 대로 남에게 해주어라."라는 황금률(Golden Rule)이 있다. 그리고 동양에서는 '역지사지(易地思之)'라는 말이 있다. 그런 점에서 칸트의 정언명제는 누구라도 동의하지 않을 수 없는 도덕 원칙을 말하는 것으로 보인다.

우리는 어쩔 수 없는 강요에 따라서 옳지 않은 행동을 할 수도 있다. 그 경우에 대해 반드시 책임을 묻기 어려워 보인다. 도덕적 행동에 책임을 묻기 위해서는 스스로 의지에 따른 행위로 한정된다. 따라서 도덕적 책임을 묻기 위해서는 '자유'라는 개념이 요청된다. 그리고 자유를 가진 사람만이 선한 행동을 하려는 선의지에 따라 자신의 행동을 통제할 수 있으므로, 도덕은 자신의 의지를 통제할 능력인 '자율'을 전제로 한다.

위와 같은 설명은 도덕에 대해 우리에게 명확한 이해를 주는 측면이 있다. 칸트의 말대로라면, 보편타당한 원칙에서 나온 도덕적 행동의 원칙이 무엇인지 규정하기만 하면 모든 사람이 따라야 할

지침을 만들 수 있을 것이며, 그렇게만 되면 모든 이들이 그 지침을 따라 행동하기만 하면 된다. 그러면 바람직한 도덕적 사회가 성취될 것 같다.

그런데 도덕을 그렇게 명확하게 이해한다고 하더라도, 문제는 사회가 그렇게 간단 명확해 보이지 않는다는 점에 있다. 그렇다면 행위의 원칙으로 무엇을 내세워야 하는가? 칸트는 오직 '선한 의지'를 가지고 살라고 말했지만, 그 선한 의지에 따라 어떻게 행동해야 할지 구체적인 지침을 제시하기는 어렵다. 우리가 사는 사회는 몇 가지 행동 지침만으로 질서가 잡힐 정도로 단순한 사회가 아니기 때문이다.

예를 들어, "살인하지 말라."라는 말이 절대 불변의 행동 지침이 될까? 만약 어느 가정에 강도가 침입한다면 그 집의 가장은 가족을 보호하기 위해서 어떤 행동이라도 해야 한다. 때로는 가족들의 생명을 위협하는 강도를 살해해야 할 수도 있다. 그것을 현대 법률적으로 '정당방위'라고 말한다.

그리고 우리는 '선한 의지'만 가지면 그 어떤 행동도 모두 옳은 행동이라고 반드시 말할 수 있을까? 어떤 행동의 의도가 아무리 선하다고 하더라도, 그 행동으로 남에게 큰 피해를 준다면, 피해자에 대한 도덕적 및 법률적 책임을 묻지 않을 수 없기도 하다. 만약 그렇지 않다면 사람들이 조심하지 않을 것이라는 염려 때문이다.

예를 들어, 시골길을 걷는 노인을 자신의 승용차에 태워준다면, 그 행동은 노인에 대해 선한 의지에서 한 행동이라고 말할 수 있다. 그런데 만약 그 승용차가 사고가 나서 노인에게 피해를 주었다면, 법원은 그 운전자에게 과실에 대한 피해를 보상하도록 명령한다. 그런 현실적인 문제에 대해 칸트의 도덕 원리로는 설명하기 어려운 측면이 있다. 물론 칸트의 입장에서, 그래도 그 잘못이 도덕적으로 잘못은 아니며 그런 점에서 양심적으로 책임감을 가질 필요는 없다고 말할 수도 있다. 그렇지만 실질적으로 피해자와 그 가족들이 그 점에 과연 동의할 수 있을지 의문스럽다. 아마 피해자 가족들은 운전자가 난폭한 운전을 하지는 않았는지, 음주운전은 아니었는지 등을 물을지 모르며, 적어도 안전에 충실히 주의를 기울이지 않은 책임을 물을 수 있다. 그것이 현실이다.

또한 칸트는 사람들에게 자유의지가 있으므로 도덕적 책임을 물을 수 있다고 말했다. 그렇지만 복잡한 조직이나 사회 속에서 살아가는 현대인들에게 과연 얼마나 완벽한 자유가 있는지 의문스럽다. 우리는 복잡한 사회 조직 속에서 그 조직의 생리를 따르며 행동해야 하는 많은 순간마다 현명하게 판단해야 한다. 자신의 행동에 대해서 전적으로 자신의 '자유의지'가 있는 것은 아니었다고 변명하거나 변론하더라도, 다른 사람들이 그 책임 회피를 인정하지 않는다면 어쩌겠는가? 우리는 자신의 의지가 '적당히' 담긴 행동을 실행하는 많은 상황에 마주치며 살아간다. 그런 측면을 고려하면, 칸트의 이야기는 너무 원론적인 이야기에 불과하다고 보일 수 있다.

위와 같은 예를 통해서, 칸트의 형식적 도덕관은 우리에게 도덕에 어떤 원칙이 있고 그 원리가 어디에서 나오는지 깊은 이해를 주는 점이 있으나, 어딘가 부족하다는 느낌이 든다. 칸트의 정언명제가 말해주는 도덕 원칙은 구체적인 방향을 제시하지는 못한다는 점에서 공허해 보일 수도 있다. 마치 그저 착하게만 살라고 지침을 정해주는 것이 우리의 도덕적 행위 판단에 그다지 도움이 되지 않는 것과 같다.

* * *

　한편 영국의 철학자 벤담(Jeremy Bentham, 1748-1832)과 밀(J. S. Mill, 1806-1873)은 칸트의 도덕관과 상당히 다른 공리주의(Utilitarianism) 도덕관을 주장하였다. 그들은 도덕적으로 올바른 행위와 그렇지 못한 행위가 본래부터 구분된 것은 아니라고 생각한다. 그들의 입장에 따르면, 행동하는 사람과 그 주변의 사람들에게 모두 이로운 행동은 도덕적으로 옳은 행동이며, 자신과 주변의 사람들에게 해를 주는 것은 도덕적으로 올바르지 못한 행동이다. 행동의 의도보다 행동의 결과가 더 중요하다고 고려하는 이 입장은 '결과주의 윤리설'이라 불린다. 그 관점에서 보면, 모든 행동을 도덕적으로 옳다고 혹은 그르다고 규정할 수 있는 도덕 원칙이 결코 있을 수 없다.

　만약 누가 "거짓말하지 말라."라는 도덕 원칙을 언제나 적용하려 든다면, 그래서 적에게도 솔직하고 자신의 경쟁자에게도 속을 다 털어놓는다면, 아마 그는 세계에서 생존하기 힘들 것이다. 어떤 주어진 상황에서 "거짓말하지 말라."라는 원칙이 더 중요한지, 아니면 "경쟁자를 물리쳐야 한다."라는 생존의 원칙이 더 중요한지 따져보아야 한다.

　아무리 좋은 의도에서라도 중병에 걸린 환자에게 의사가 정직하게 그 환자의 모든 병세를 이야기해주는 것이 옳은지, 아니면 일부를 감추는 것이 더 옳은지는 상황에 따라서 결정해야 할 문제이다. 간단히 말하자면, 우리가 절대적으로 따라야 할 어떤 도덕 원칙이란 없으며, 상황마다 여러 정황을 고려하여 결정해야 한다.

　이러한 이야기를 들으면 누군가는 아래와 같이 질문하지 않을 수 없다. 그럼 도대체 우리가 어떻게 해야 도덕적으로 올바르게 사는 것인지 알려줄 방법은 없는가? 이 의문을 조금 더 세련된 표현으로 바꾸어 아래와 같이 질문할 수 있다. 우리는 언제 남보다 자신의 이익을 더 배려해야 하며, 언제 자신보다 남의 이익을 더 배려해야 하는가? 그리고 언제 스스로 생존을 위해 노력하는 일이 우선되어 야 하며, 언제 자신을 희생하며 남을 위한 행동을 해야 하는가?

이 같은 질문에 대답하려면 우리는 도덕 자체가 무엇인지 과학적 인 이해부터 가져야 한다. 리처드 도킨스(Clinton Richard Dawkins, 1941-)는 저서 『이기적 유전자(*The Selfish Gene*)』(1976)에서, 유 전자 자체가 갖는 근본 속성은 근본적으로 먹고 먹히는 경쟁이라는 점을 강조한다. 일차적으로 식물이 태양 에너지를 가지고 유기화합 물을 결합하면, 그것을 초식동물이 먹고 자신의 몸에 활용하며, 다 시 육식동물이 그것을 먹어 자신의 몸의 구성원과 에너지원으로 활 용한다. 그렇게 생명체들은 (비록 초식동물이라도) 서로 상대의 유 기화합물을 먹는 약탈적 본성을 가진다. 그 경쟁에서 진다면 잡아 먹혀 남의 복제물에 활용될 것이며, 그 경쟁에서 이긴다면 남을 자 신의 구성 성분으로 활용할 것이다. 그렇게 지구상에 존재하는 생 명체들 사이에 오직 생존경쟁 자체만이 있을 뿐이다. 그런 측면만 을 고려한다면, 도덕이란 근본적으로 존재하지 않는다고 말할 수 있다.

그렇지만 만약 어떤 종이 집단을 이루고 살아간다면 서로 협력하 고 양보할 필요가 있다. 그렇지 않다면 그 집단은 집단적 역량을 발휘하지 못하고, 결과적으로 자연선택을 받을 유리한 위치에 다가 서지 못한다. 물론 집단적 역량의 진화는 자연선택이 만든다. 오로 지 자신의 유전자를 남기기 위한 경쟁, 그 경쟁을 위해 자식을 위 해 희생할 줄 알며, 때로는 조직 전체를 위해서 희생할 줄 아는 것들이 나타난다. 따라서 친족에 가까운 것일수록 이타적 행동을 할 것이며, 친족에서 멀수록 이타성보다 이기성이 더 작용할 것이다.

그러면 우리가 어떻게 살아야 하는지를 그는 컴퓨터 모의실험을 통해 알아보았다. 그 실험 결과, 우선 가장 이타적인 것들은 그 개체 수에서 가장 먼저 위축된다. 그것은 가장 이기적인 것들이 처음에 가장 많이 번창하기 때문이다. 그렇지만 시간이 지날수록 그것들도 점차 위축된다. 적당히 이기적이며 이타적인 행동을 보이는 것들이 가장 오랫동안 잘 번창한다. 그 실험은 너무도 당연한 결과를 보여준다. 근본적으로 인간이란 이기적인 생명체의 속성을 갖는다. 그런데 사회적 동물로서 인간 개개인이 남과 협력하고 양보하는 미덕을 갖지 못한다면, 그 사회 전체가 번영하기 어렵다.

위와 같이 도덕의 문제를 과학적으로 이해하는 편이 전통적 철학의 설명보다 더 이해하기 쉽고 덜 복잡해 보인다. 도킨스의 관점에서 본다면, 칸트가 말했던 선의지는 진화의 산물인 셈이다. 베이컨이 말했듯이, 우리는 여러 가지 우상들을 만들려고 한다. 그런 우상적 생각의 잘못을 제대로 인식하기 위해서는 더욱 과학적 이해가 필요할 것 같다. 그리고 칸트가 말한 선의지란 베이컨이 말한 '시장의 우상'은 아닐까? 그 선의지가 무엇일지, 오늘날 과학적 탐구 배경에서 새롭게 이해될 가능성을 연구하는 사람들이 있다. 요즘 도덕을 새롭게 이해하려는 분야로 '진화생물학', '사회생물학', '신경인류학', '신경윤리학' 등이 등장하고 있다. 인간의 도덕성을 다른 사회적 동물의 행동을 포괄하는 이론으로 새롭게 이해할 수 있을 때, 우리는 전통적 편견에서 벗어나 더욱 건전한 사회를 만들어갈 수 있다고 비로소 기대해볼 수 있을지도 모른다. 그렇지만 이 주제는 이 책의 목적에서 벗어난다.

* * *

지금까지 살펴보았듯이, 칸트는 철학을 선험적으로 탐구하였으며, 그 탐구 방식으로 순수 과학에 대한 철학적 정당성을 말하려 했다. 그 결과 그는 순수 과학 분야의 지식이 어떤 본성을 갖는지 새로운 이해를 주었으며, 그런 지식을 탐구하는 우리 인식 주관이 어떤 역량을 갖는지도 설명했다. 그러한 훌륭한 업적에도 불구하고, 그리고 그를 추종하는 학자들이 적지 않았음에도 불구하고, 형이상학으로서 철학을 연구하려는 경향에 대한 도전은 과학의 성장과 함께 뚜렷해졌다. 그러한 철학의 변화가 어떻게 진행되었는지 이 책 4부에서, 그리고 3권 5부와 6부에서 이야기된다.

[참고 5]

문인들은 위의 이야기를 다양한 곳에 다양하게 적용하여 사용한다. 아래와 같이 '사랑'에 관한 이야기를 하는 경우에도 사용될 수 있다. "열정 없는 사랑은 공허하고, 책임 없는 사랑은 맹목이다." 이 말을 이렇게 이해해볼 수 있다. 남녀의 사랑이란 일차적으로 상대에 대한 열정을 말한다. 이차적으로 사랑이란 상대를 위해주고 싶은 마음, 즉 배려하는 마음이다. 그 배려하는 마음은 책임감으로 표출된다. 따라서 사람들은 사랑하는 이의 사랑하는 정도를 자신에 대한 열정과 책임감으로 알아본다. 만약 열정적으로 사랑하고 이내 그 감정이 식어 쉽게 돌아선다면, 그것은 무책임한 사랑이다. 사람들은 그것을 일시적 충동일 뿐, 사랑이 아니라고 말하기도 한다. 그리고 처음부터 열정 없이 책임감 하나로 함께한다면, 그것도 사랑은 아니라고 말한다. 그러므로 열정 없는 사랑은 공허하고, 책임 없는 사랑은 맹목이다. 이렇게 칸트의 말을 패러디한 다양한 글을 이해하려면 칸트를 공부할 필요가 있다.

위의 칸트의 말은 아래와 같이 다른 이야기에도 활용될 수 있다. 사람이 살아가는 데에는 물질과 정신 어느 것도 소홀히 할 수 없다. 물질이 없다는 것은 의식주에 필요한 생존 자원의 부족을 말하는 것이며, 정신이 없다는 것은 그 생활 속에 살아가는 주체의 자각 의식이 없기 때문이다. 만약 물질문명이 발달하지 못해 생존에 필요한 물자가 지나치게 부족하면, 그로 인해 사람의 마음도 황폐해질 것이다. 반면에 물질은 풍족한데 삶을 보람되게 살 가치관이 정립되어 있지 못하다면, 그 인생 역시 허망한 삶이라 할 것이다. 정신적으로 주체적 삶을 살지 못하는 인생이라면, 동물의 삶이 그러하듯이 물질적 반응 작용에 불과하기 때문이다. 그래서 우리는 칸트식으로 이렇게 말할 수 있다. "물질 없는 삶은 공허하며, 의식 없는 삶은 맹목이다."

4부

과학 언어의 논리가 무엇인가?

19세기, 20세기의 과학의 발달과 함께, 철학 즉 형이상학을 선험적으로 탐구하려는 경향에 도전이 나타나기 시작했다. 물론 한편에서는 여전히 그런 연구에 매달리는 철학이 있기는 하지만, 적어도 과학과 관련된 철학에서는 명확히 변화가 시작되었다. 그리고 칸트보다 앞섰던 로크와 흄에 의해 시작된 경험주의 경향이 오히려 더 큰 지지를 받았다. 그 이유는 아마도 이렇다.

첫째, 현대 경험과학의 비약적 발전이 있었다. 경험과학은 관찰에 의한 방식으로, 즉 실험적(실증적)으로 탐구하여 놀라운 성과를 보여주었다. 따라서 과학자이며 철학자이기도 했던 학자들은 경험과학이 훌륭한 성과를 보여주었던 이유에 관심을 가졌다. 나아가서 그들은 경험과학의 연구 방법을 철학적으로 정당화하는 일에 노력을 기울였다.

둘째, 형이상학 자체에 문제가 있어 보였다. 형이상학자들은 자신들의 철학 체계를 모순 없는 완벽한 것으로 만들려 했다. 그렇지만 철학자들마다 각기 다른 형이상학 체계를 세웠다. 그러면서도 서로 다른 이론 중 어느 것이 옳은지를 판별할 기준을 제시할 수 없었다. 칸트 자신도 인정하듯이, 객관적 증거를 대지 못하면서 벌이는 그들의 논쟁에서 결론을 얻어내기란 거의 불가능했다. 그 결과 그들의 철학적 논쟁은 더는 진보하지 못했다. 왜냐하면 철학자들마다 주장하는 각기 다른 형이상학 체계는 스스로 자신의 체계가 훌륭하다고 주장할 뿐이기 때문이다. 따라서 서로 다른 각자의 주장들이 어떤 합의에 이르기는 매우 어려웠다.

반면에 경험과학자들이 만드는 이론 혹은 가설은 객관적 검증 절차를 거쳐 명확히 증명될 수 있어 보였다. 그리고 모든 학문은 경험적 증거를 제시하는 객관적 방법으로 탐구되어야 할 것처럼 보였다. 그런 배경에서 콩트(A. Comte, 1798-1857)는 이렇게 말했다. "역사는 신학적 단계에서 형이상학 단계로, 그리고 실증적 단계로 나아간다."

그 이야기를 다음과 같이 쉽게 이해할 수 있다. 처음 호기심을 발동했던 고대 사람들은 자연에 대해 아는 것이 없었기 때문에, 설명할 수 있는 것들이 그리 많지 않았다. 그렇지만 그 설명을 위해 그들은 신비로운 존재를 끌어들여 '신이 그렇게 하였다'라는 식의 '신학적' 설명을 시도했다. 그들은 나중에 더 세밀한 설명을 위해 신화적 이야기를 지어내었다. 예를 들어, '바람'은 아기 천사가 입으로 바람을 불어서 나타나는 작용이며, '번개'는 제우스신이 던지는 창에 의해 일어나는 작용이라고. 대체로 신화는 적지 않은 삶의 교훈적 내용을 담고 있긴 하지만, 현대의 관점에서 보면 명확한 객관적 근거가 없는 지어낸 이야기에 불과하다. 이런 주장에 이의를 제기할 사람은 없을 것이다.

자연에 관해 더 많은 앎을 가짐에 따라, 사람들은 자연을 이전보다 더 합리적으로 설명하려 했다. 규칙적으로 변화하는 자연을 보면서, 그리고 자연에 나름의 질서가 있다는 생각에서, 만물의 근원적인 원인이나 본질을 찾아 설명하려 했다. 그리고 추상적인 개념을 만들어 설명하려 했다. 그렇지만 그 설명은 정작 궁금해하는 것들에 대한 사변적 대답에 불과했다. 그것이 '형이상학적' 설명이다. 합리적으로 보였던 그러한 설명이 당시 어느 정도 논리적 이해를 제공하긴 했지만, 후대의 학자들에게 사실에 가까운 실제적 설명이라고 인정되기 어려웠다.

자연에 대해 더욱 많이 알게 됨에 따라서, 사람들은 이야기를 지어내거나 적당히 꾸며댈 필요도 줄어들었다. 그리고 자신의 주장이 옳다는 것을 남들에게 더욱 명확히 확인시켜줄 수도 있게 되었다. 그것이 바로 '실증적' 경향이다. 물론 경험을 통해 알게 된 앎이 언제나 확실한 것은 아니며, 다음에 그것을 다르게 경험할 가능성 또한 열려 있다. 또한 경험에 의존하는 한, 아직 경험하지 못한 것에 대해 함부로 확신하기 어려운 한계도 있다. 그런데도 경험에서 규칙을 찾아 법칙을 세우고, 그 법칙을 통해 관찰된 것들을 설명할 수는 있다. 그리고 그 법칙을 적용하여 실질적 예측도 가능하다. 그런 배경에서, 콩트는 이제 실증적으로 학문을 해야 할 때라고 주장했다.

근대에 이르러서도 학자들은 여전히 설명할 수 없는 자연현상과 마주칠 수 있다. 그럴 때면 사람들은 성급한 마음에 여전히 형이상학적 설명을 시도할 수도 있다. 특히 인간의 정신적 역량 자체를 설명하려는 성급함으로, 인간의 지식을 형이상학적으로 설명하려는 시도가 있었다. 칸트 역시 과거의 형이상학을 비판하며, 경험에 의존하지 않고서 인식론을 설명하려 하였다. 그러나 그런 형이상학적 설명이란 학자 자신의 추측이나 짐작에 근거한 설명이라고 평가될 여지가 있다.

특히 과학으로 훈련된 실증적 정신을 지닌 철학자들이 그렇게 지적할 것이다. 그들은 칸트 이후 방만한 사변적 형이상학은 철학에 대한 뿌리 깊은 오해에서 나왔다고 생각하였으며, '철학이 무엇인지' 그리고 '철학을 어떻게 탐구해야 하는지' 등을 다시 생각해보지 않을 수 없었다. 그런 새로운 경향이 19세기와 20세기에 유럽에서 강력히 일어났으며, 특히 독일 문화권의 오스트리아 과학자들에 의해 시작된 강력한 철학적 경향은 주목받을 만하다. 그 경향은 '논리실증주의(Logical positivism)' 혹은 '논리경험주의(Logical empiricism)'라고 불린다. 그 경향은 어디에 뿌리를 두고 있으며, 어떻게 출현하였는가?

* * *

독일의 기하학자이며 수학자인 리만(Bernhard Riemann, 1822-1866), 독일의 수학자 힐베르트(David Hilbert, 1862-1943), 프랑스의 수학자이며 물리학자인 푸앵카레(Henri Poincare, 1853-1912) 등은 유클리드 기하학을 넘어서는 (휘어진 공간이란) 새로운 기하학 체계를 내놓았다. 특히 푸앵카레는 "수학의 공리는 절대적 참이 아니고 단순성과 효용성에 따라 선별된 것에 지나지 않는다."라고 주장하기도 하였다. 앞서 살펴보았듯이, 칸트를 포함하여 전통적으로 철학자들은 수학과 기하학 지식은 선험적이며 필연적으로 참인 지식이라고 가정했다. 그렇지만 새로운 기하학이 가능하고 새로운 수식 체계가 창안되면서, 자연스럽게 수학과 기하학을 이해했던 전통적 이해가 틀렸다고 인식되었다. 만약 수학조차도 논리적으로 참이 아니며, 편리성에 의해서 인간이 가정한 체계라고 인정된다면,

어떤 형이상학적 체계도 역시 필연성을 갖는 지식은 아닐 것이라고 충분히 생각될 수 있다. 그리고 새로운 기하학의 등장은, 오직 유클리드 기하학만이 유일하게 인간이 탐구할 기하학이라는 기대를 버리도록 만들었다. 그것은 유클리드 기하학이 필연적 참을 제공하는 지식 체계가 아님을 보여준 셈이다.

물리학자이며 생리학자인 헬름홀츠(H. von Helmholtz, 1821-1894)는 어떤 선험적 법칙을 가정하는 데에도 반대하였으며, 기하학의 공리는 개연적 명제나 가설에 불과하다고 보았다. 그는 신경 생리학에도 관심이 있어서, 개구리 다리의 신경을 자극하여 근육이 움직이는 것을 실험함으로써, 신경의 신호 전달 속도를 측정하기도 하였다. 그 실험은 신체가 움직이는 것은 생체 에너지의 작용이라는 뮐러(Johannes Peter Müller, 1801-1858)의 주장을 실험으로 보여주었다. 그는 전통적으로 사람들이 믿었던 상식, 즉 "신체가 움직이기 위해서는 영혼(spirit)의 작용이 있어야 한다."라는 생각이 틀렸음을 실험적으로 잘 보여주었다. 그 실험은 인간이 움직일 '의지'를 가지고 신체를 움직이는 것이 정신적 즉 비물리적 작용이 아니라, 물리적 작용에 의한 것일 가능성을 보여주었다.

헬름홀츠의 그런 실험은 제자인 심리학자 프로이트(Sigmund Freud, 1856-1939)에게 영향을 주었다. 프로이트는 신체 자체가 에너지를 가지고 있다는 점에 착안하여, 인간의 신체적 에너지는 일종의 '성적 욕구'이며 동시에 '열정'과 같은 것이라고 할 수 있다고 보았다. 그것을 그는 '리비도(libido)'라고 칭했다. 그의 관점에 따르면, 그런 열정을 우리는 의식할 수 없으며, 그렇게 우리는 의식할 수 없는 '이드(Id)'를 가진다. 우리가 비록 그것을 의식할 수는 없다 하더라도, 그것은 무의식으로 우리 행동을 지배하는 기반이다. 또한 우리가 의식하는 자신인 '자아(Self)'가 있고, 그 자신을 통제하려는 도덕적 자아로 '초자아(Super Ego)'가 있다. 만약 어떤 사람에게 열정을 담은 이드가 강함에도 불구하고, 그것을 초자아가 지나치게 강하게 통제한다면, 그 사람은 스스로 긴장감(스트레스)을 가질 것이다. 그런 긴장감은 신경증으로 나타날 수 있다. 그러므로 초자아가가 이드를 지나치게 억누르지 않도록 하는 것이 그 신경증을 치료하는 방법이다. 그는 자신의 가설을 환자와의 상담을 통한 실증적 방식으로 증명해 보였다. 그렇지만 이러한 연구 역시 지나치게 형이상학적 가설을 꾸며대었다. 그의 가설은 현대 신경생리학에 부합하지 못하여, 그의 가설 및 설명의 근거 혹은 원리들은 오늘날 설득력을 유지하기 어렵다. 그는 당시 과학으로 설명할 수 없었던 부분을 그럴듯해 보이는 이야기로 채워 넣었다.

독일의 물리학자 헤르츠(Heinrich Rudolf Hertz, 1857-1894)는, 자연과학 지식은 외부 대상들에 대해 일종의 기호로 표기한 것이라고 생각하였으며, 경험을 벗어난 초월적인(형이상학적인) 주장이 틀릴 수 없는 원리라는 생각을 부정하였다. 그는 1880년 베를린 대학에서 헬름홀츠 밑에서 공부했으며, 최초로 전파를 송수신했던 인물이다. 그는 빛과 복사열이 모두 파장의 성질을 가진 전자기파의 일종임을 입증했다.

물리학자이며 철학자인 마흐(Ernst Mach, 1838-1916)는 일체의 형이상학에서 벗어나 새로운 학문의 이상을 실현해야 한다고 주장했다. 그의 관점에 따르면, 자연과학을 위시한 모든 과학은 관찰을 사실대로 기술하는 일이며, 과학은 단지 관찰을 단순하고 합리적인 방법으로 기술한 것일 뿐이다. 우리가 경험과학으로 세계를 잘 설명하려면, 경험된 단순한 관찰 내용을 기호로 표기한 후, 그 표기로 같은 경험 내용을 동일하게 표기할 체계를 세워야 한다. 만약 그렇게 표기하는 체계를 세울 수 있기만 하다면, 우리는 순수하게 경험적 내용으로만 구성된 학문 체계를 세울 수 있을 것이다.

위와 같이 칸트 이후 당시의 대표적 과학자들은 자신만의 용어로 이해되기 어려운 이야기를 늘어놓는 형이상학을 거부했으며, 세계에 대해서 명확히 객관적으로 보여줄 과학적 설명 방식을 찾았다. 그러자면 경험으로 파악된 지식을 논리적이며 체계적으로 설명할 필요가 있었다. 일부 학자들은, 그러기 위해서 아리스토텔레스가 만들었던 일상적 언어에 의한 논리는 적절하지 않다고 생각했다. 그런 학자들의 관점에 따르면, 일상적으로 사용하는 말에 의한 논리는 언어가 갖는 의미의 애매성과 모호성 때문에 엄밀하게 표현하기에 적절하지 못하다. 따라서 새로운 논리가 필요하였는데, 그런 필요에서 '기호논리(symbolic logic)'가 탄생하였다.

기호논리를 처음 보여주었던 학자는 독일의 수학자 프레게(G. Frege)였으며, 영국의 수학자이며 철학자인 러셀(B. Russell)이 계승하였고, 러셀의 제자로서 공학도이며 철학자인 비트겐슈타인(L. Wittgenstein)이 발전시켰다. 지금부터 그들이 탐구했던 수학의 철학을 위한 언어분석과 기호논리를 이야기해보자.

11 장

언어분석과 기호논리

어떤 말은 무엇을 가리키기(지칭하기)도 하지만, 무엇을 가리키
지 않으면서 마치 가리키는 것처럼 쓰일 경우도 있고, 무엇을
가리키는지 분명하지 않게 쓰일 경우도 있다.

_ 러셀

■ 수학의 기초(프레게)

프레게(Friedrich Ludwig Gottlob Frege, 1848-1925)는 독일의
수학자이며, 현대 영미 분석철학의 개척자로 불린다. 그가 수학자로
서 어떻게 현대 철학의 개척자일 수 있는지는 앞으로 이야기를 들
어보면 될 것이므로, 여기서는 우선 '분석철학(analytic philosophy)'
에 대한 짧은 설명부터 하겠다.

위에서 말했듯이, 현대 과학과 철학을 공부했던 일부 학자들은
형이상학이란 (직관적) 추정에 근거해서 탐구되는 학문이라고 생각
했다. 그들은 그동안 일부 철학자들이 연구해온 형이상학적 탐구가
학문다운 자격을 갖는다고 인정할 수 없었다. 따라서 앞으로 자신
들이 철학자로서 어떤 다른 역할을 할 수 있는지 의심하였다. 경험

과학이 과학자들의 몫이라면, 앞으로 철학자들이 할 수 있는 일은 전혀 없을 것처럼 생각될 수도 있기 때문이다. 현대 영미 철학자들에 따르면, 여전히 철학자들이 할 수 있는 일이 있는데, 그것은 '언어를 분석하는' 일이다. 우리가 사용하는 언어가 어떤 본성을 가지는지, 그리고 언어가 잘못 사용되어 어떤 형이상학적 가정을 만들어내는지 밝혀냄으로써, 우리의 잘못된 인식을 수정하는 역할이 바로 철학자들이 해야 할 몫이다.

사실상 언어분석은 고대부터 철학자들부터 해왔던 탐구 방법이긴 하다. 예를 들어, 앞서 살펴보았듯이 소크라테스는, 우리가 일상적으로 '정의로움'이라는 말을 사용하지만, 사실 대부분 사람이 그 의미를 분명히 알지 못하면서 사용한다는 점을 지적하였다. 그러므로 정의를 올바르게 실천하려면 우선 '진정한 정의로움'이 무엇인지부터 탐구할 필요가 있다고 보았다. 그의 제자 플라톤은 개념적 '원'이 무엇이며, 그것이 어떻게 얻어진 것인지 탐구하였다. 아리스토텔레스는 우리가 사용하는 언어의 문장들을 분석함으로써 '카테고리(범주)'를 제안하였다. 또한 칸트 역시 문장들을 분석하고 분류한 후 '오성의 범주'를 밝혔다. 그렇게 철학자들이 전통적으로 언어를 분석하는 일을 해왔던 까닭은, 아마도 철학자들이 주로 생각 자체를 반성하거나 혹은 분석하는 연구를 하였기 때문이다. 그들은 자신들의 생각을 분석하기 위해 생각을 표현한 '언어' 혹은 '말'을 따져보아야 했다. 그러자면 마땅히 언어를 분석하게 되었다.

이제 현대 영미 철학자들은 '언어를 분석하는 일'을 철학의 더욱 주된 임무로 삼았다. 그들은 자신들이 세계에 대해 어떤 설명을 해야 할지, 그리고 우리 자신의 앎 자체가 무엇인지 등을 잘 알지도 못하면서도 말하는 형이상학적 주절댐을 그만두어야 한다고 생각하였다. 그렇게 생각하는 경향의 철학에서 첫 단추를 끼우기 시작한 인물은 프레게였다. 앞의 책에서 잠시 이야기했지만, 그는 「뜻과 지시체」(1892)라는 매우 당황스러운 논문을 썼다. 그 논문에서 그는 말의 '의미'와 그것이 가리키는 '지시체(대상)'에 관해 탐구하고 있다. 그 논문의 이야기는 수학의 기초와 관련되어 아래와 같은 의문에서 시작한다. 'A = B'가 어떻게 가능한가? 이러한 질문이 어떻게 유의미한지를 앞에서 간략히 이야기했지만, 여기에서 조금 더 구체적으로 이해해보자. 그런 이해를 위해 위의 질문을 아래와 같이 예를 들어 이야기해보자.

우리는 수학에서 수많은 수식들을 사용한다. 예를 들어, $y = ax + b$, $y = ax^2 + bx + c$ 등 아주 다양한 수식들을 사용한다. 그 수식들을 가장 간단한 형식으로 표현한다면 등식의 좌변과 우변이 동일하다(같다)는 'A = B'로 표시된다. 프레게가 궁금해했던 것은, 과연 우리가 'A = B'라고 말할 수조차 있는지의 의문이다. 우리가 'A'와 'B'를 다르게 표시하는 이유는 그 둘이 서로 다르다고 가정하기 때문이다. 그러므로 'A'와 'B'라고 다르게 표현하였다. 그런데도 우리는 그것들이 '같다(=)'라고 표시한다. 그것은 모순적이며, 우리가 인정하기 어렵다. 그런데 만약 그러한 의문에 대답하지 못한다면, 우리가 사용하는 수학의 함수 자체에 정당성을 확신할 수 없게 된다. 그렇게 질문하고 대답하려는 프레게에 대해서 당시의 적지 않은 수학자들은 비웃었다. 미치지 않고서야 그런 쓸데없어 보이는 일을 할 리가 없다고.

그는 그 논문에서 스스로의 질문에 대해 아래와 같은 예를 들어서 설명한다. 기원전부터 사람들은 초저녁 남쪽 하늘에 뚜렷이 보이는 별을 보았으며, 새벽에도 남쪽 하늘에 뚜렷이 보이는 별을 관찰하였다. 고대부터 사람들은 아주 오랫동안 그 두 별이 각기 다르다고 가정해왔고, 따라서 그 이름도 각각 '아침별(the morning star)'과 '저녁별(the evening star)'이라고 불렀다. (그것은 스스로 빛을 내는 별(star)은 아니며, 지구처럼 태양 빛에 반사되어 밝게 보이는 행성(planet)일 뿐이다. 한국에서는 그것이 '금성'이라 불린다.) 그런데 갈릴레이가 망원경을 처음 만들어 관측해보고, 두 별이 같은 별이라는 것을 알게 되었다. 그리하여 사람들은 "아침별은 저녁별이다."라고 비로소 말할 수 있게 되었다. 프레게는 그 경우에 우리는 어떤 원리로 동일하다는 말을 하였는지 생각해보았다. 그 둘에 대한 '이름은 각기 다르지만', 그것들이 동일하다고 말할 수 있었던 것은, 그 두 이름이 '같은 사물 혹은 대상을 가리키기' 때문이다. 다시 말해서, '아침별'이라는 이름과 '저녁별'이라는 이름의 뜻은 다르지만, 그것들이 가리키는 지칭(행성)은 같기 때문이다.

프레게는 자신의 의문에 대한 설명을 다른 예, 즉 삼각형의 무게중심을 예로 들어 다시 설명한다. 우리는 삼각형 ABC에서 무게중심 G를 여러 방식으로 말할 수 있다. 따라서 "선분 AE와 선분 BF의 교차점과 선분 DC와 선분 AE의 교차점은 동일하다."라고 말할 수 있다. 그것은 '선분 AE와 선분 BF의 교차점'이란 '표현'과 '선분 DC와 선분 AE의 교차점'이란 '표현'이 각기 다른 뜻을 갖지만, 그것이 가리키는 '지칭(지점)'은 모두 무게중심 G가 같기 때문이다 (그림 2-12).

그렇게 무엇을 가리키는 '이름(name)'이나 '표현(expression)'이 각기 달라 그 '뜻(sense)' 역시 다르지만, 각각의 말들이 가리키는 '지칭(대상, reference)'이 같다면, 우리는 그것들이 '같다'고 동일성(identity)을 말할 수 있다. 그렇다면 수식의 동일성에 대해서도 같

242

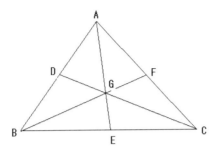

[그림 2-12] 삼각형 ABC의 무게중심 G는 '선분 AE와 선분 BF의 교차점'과 '선분 DC와 선분 AE의 교차점'으로 표현될 수 있다.

은 방식으로 설명할 수 있다. 수식 '$2y = 3x + 10$'에서 만약 좌변과 우변의 계산 값이 모두 동일한 숫자 50을 가리킨다면, 우리는 동일성을 주장할 수 있다.

여기까지 이야기한 후 프레게는 무엇을 표현하는 말의 '뜻'과 그것이 가리키는 '지칭'이 구별된다는 점을 강조한다. '아침별'이란 표현과 '저녁별'이란 표현이 각기 다른 '뜻'을 갖지만 동일한 별을 가리킨다는 점에서 '뜻(의미)'과 '지시체(대상, 사물)'가 구별된다는 주장이다.

두 표현의 뜻 혹은 의미가 다르다는 이야기는 당시 수학자 러셀에게 강한 영향을 미쳤으며, 러셀은 그 질문을 받아 아래와 같은 철학적 의문을 다시 가졌다. 의미가 다르다는 것이 무슨 뜻인가? 의미는 무엇인가? 의미는 무엇으로부터 오는가? 위의 질문은 언어학에서 '의미론(semantics)'이라는 분야가 탄생하도록 촉발하였다. 러셀이 위 질문을 하고서 스스로 어떤 대답을 내놓았는지는 조금 뒤로 미루고, 프레게의 다른 생각을 조금 더 이야기해보자.

* * *

프레게는 역시 엉뚱한 다른 문제를 생각했다. 그것은 우리가 사용하는 언어를, 수학에서의 함수처럼, 계산하는 가능성에 관한 문제이다. 우리는 자신의 말을 논리적으로 따져보면서 앞에 한 말과 나중에 한 말 사이의 상관관계를 생각해서, 그 말의 논리적 일관성이 있다거나 없다고 지적하기도 한다. 그런 것을 보면 우리가 사용하는 일상적 언어를 수학의 함수와 같이 엄밀하게 계산할 방법이 있을 것이라고 그는 기대했다. 아마 일상적으로 그와 같은 이야기를 듣는다면, 누군가는 다음과 같이 빈정거리며 이야기했을 법하다. "도대체 말을 수학의 수식처럼 계산할 수 있다고 생각하다니! 말도 안 되는 생각이야." 하물며 당시로서 프레게의 그런 발상은 주위로부터 충분히 냉소를 받을 만했다. 그가 어떤 생각에서 그런 발상을 했는지 잠시 돌아보자.

그는 일상 언어를 '$3x = 12$'와 같은 함수와 유사하게 보았다. 예를 들어, "Socrates is a philosopher(소크라테스는 철학자이다)."라는 문장을 "( ) is a philosopher(괄호는 철학자이다)."라고 만든다면, 즉 "x is a philosopher(x는 철학자이다)."라고 바꾼다면, 마치 미지수가 있는 수학의 함수와 같은 모양이 된다. 그러면 '$3x = 12$'에서 미지수 x의 값이 4라면 전체 문장이 참이 되듯이, "x is a philosopher."에서는 x의 값에 '소크라테스' 혹은 '칸트'를 넣으면 참이 되는 문장이다. 또한 전칭긍정명제에 대해서도 아래와 같은 단계로 문장을 분석해보았다.

모든 포유류는 붉은 피를 갖는다(All mammals have red blood).
⇒ 어떤 포유류라도 붉은 피를 갖는다(Whatever is a mammal has

red blood).

⇒ 만약 무엇이 포유류라면, 그것은 붉은 피를 갖는다(If anyone is a mammal, then it has red blood).

⇒ 만약 ( )가 포유류라면, ( )는 붉은 피를 갖는다(If ( ) is a mammal, then ( ) has red blood).

⇒ 만약 x가 포유류라면, x는 붉은 피를 갖는다(If x is a mammal, then x has red blood).

위와 같이 문장을 분석해서 무엇에 쓸 것인지는 러셀의 이야기를 들어보면 더욱 분명해진다. 그 자세한 이야기를 뒤로 미루고, 여기서는 간단히 살펴보자. 일상적으로 그리고 전통적으로 전칭명제(모든 ○○는 ××이다)는 하나의 문장으로 인정되었다. 그러나 프레게가 분석한 방식에 따르면, 한 문장으로 보였던 것이 사실은 두 문장이 연결된 가언판단(가정법 문장)이다. 그는 그렇게 문장을 분석함으로써 전칭명제를 함수처럼 계산하는 구조로 바라볼 수 있었다. 프레게는 이런 생각을 더 구체적으로 발전시키지는 못하였으며, 나중에 러셀이 그 생각을 구체적으로 논리학에 활용할 수 있었다. 그렇지만 하여튼 프레게의 그러한 생각은 언어를 계산할 수 있다는 생각의 첫 징검다리였던 것만은 분명하다.

■ 언어 계산 논리(러셀)

러셀(Bertrand Russell, 1872-1970)은 당대 영국의 최고의 수학자이면서 철학자였다. 부모가 모두 일찍 세상을 떠났기 때문에 그는 할아버지 할머니 밑에서 자랐다. 러셀은 어린 시절 학교에 다니지 않고 집에서 가정교사로부터 주로 수학을 공부했으며, 케임브리지 대학에 입학하였고 나중에 그 대학의 교수가 되었다. 수학자로서 그는 수학의 기초를 확립하는 문제에 관심이 많았다.

앞서 이야기했듯이, 데카르트 역시 수학자로서 수학의 기초를 분명히 해야 한다고 생각했고, 그것을 형이상학으로 세워야 한다고 생각하였다. 반면에 프레게는 수학의 기초로 '동일률의 근거를 명확히 확립해야 한다'고 생각했다. 이후 러셀은 수학의 기초를 '논리학으로 확립해야 한다'고 생각했다. 수학이 논리적 개념에 의존한다고 여겼기 때문이다. 결국 러셀은 그런 내용을 담은 방대한 저서 『수학의 원리(*Principia Mathematica*)』(1910-1913)를 화이트헤드 (Alfred North Whitehead, 1861-1947)와 공동으로 저술했다.

러셀의 여러 저작 중에서도 특히 여기 논의와 관련하여 관심이 가는 것은, 논문 「지시에 대하여(On Denoting)」(1905)와 저서 《외부 세계에 대한 우리의 지식(*Our Knowledge of the External World*)》(1914)이다. 그 두 저작물의 제목만 보더라도 우리는 그 내용이 경험 지식에 관한 이야기를 담고 있다는 것을 짐작할 수 있다. 러셀은 칸트와 같은 형이상학적 인식론을 거부한다. 그는 단지 경험적 지식과 논리에 의해서 우리의 지식을 설명할 방법을 탐색하려 하였다.

러셀은 우리의 지식을 실증적이면서도 논리적으로 설명할 방법을 보여주기 위해 언어를 분석하였다. 우리의 지식을 실증적으로 설명한다는 것은, 로크와 흄이 시도하였듯이, 지식을 경험된 내용에 근거해서 구성적으로 보여주려는 시도이다. 그렇지만 러셀이 그들과 다른 점은 경험된 내용을 통합하는 방식이다. 로크와 흄은 경험된 내용, 즉 감각 자료들을 생리학적이고 심리적인 방식으로 설명하려 하였다. 외부의 사물로부터 감각기관이 다양한 감각 내용을 받아들이면, 심리적 경향이 그 내용을 통합한다는 식이다. 반면에 러셀은 심리적 경향 대신 논리적으로 어떻게 결합할 수 있는지를 보여주려 했다. 그는 그 문제를 해결하려면 새로운 논리학이 마련되어야 한다고 생각했다. 전통적인 논리학으로는 자신이 목적하는 바를 이룰 수 없다고 보았기 때문이다. 그 이유는 아래와 같다.

앞에서 알아보았듯이, 전통적인 아리스토텔레스의 논리학은 '주어-술어'의 관계를 '실체-속성'으로 파악한다. 그의 관점에 따르면, 예를 들어, "인간은 이성적이다."라는 문장은 '인간'이라는 실체가 '이성적'이라는 속성을 가지고 있다는 방식으로 이해되었다. 또한 위의 문장은 '전칭긍정명제'로 "모든 인간은 이성적이다."라고 해석되었으며, 따라서 인간이 갖는 '본성'을 이야기하는 문장으로 이해되었다. 그렇게 본성을 이야기하는 진술은 예외가 없다는 점을 주장하므로, 일종의 법칙을 주장하는 진술이라고 이해되었다.

그러나 러셀이 보기에 그런 논리학은 문제가 있어 보였다. 그 논리적 이해 방식에 따르면, 예를 들어, "신은 존재한다."라는 문장은 '신'이란 실체가 '존재하는' 속성을 갖는다는 의미로 이해된다. 그런데 만약 신화에 등장하는 동물 "페가수스는 존재하지 않는다."라고 말한다면, '페가수스'라는 실체가 '존재하지 않는' 속성을 갖는다고 이해해야 한다. 사실상 이 세계에 페가수스는 존재하지 않는다. 그렇지만 전통적 관점에 따르면 '존재하지 않는' 속성을 갖는 실체가 존재해야 한다. 러셀에게 그것은 모순이라고 생각되었다.

다른 예로, 누가 "현재 프랑스 왕은 대머리이다(The present king of France is bald)."라고 말할 경우, 전통적 논리 방식에 따른다면,

'현재 프랑스 왕'이라는 실체가 '대머리'라는 속성을 갖는다고 이해된다. 그런 생각은 (현재 프랑스에는 왕이 없으므로) 현재 존재하지 않는 실체에 대해서 '있다(존재한다)'고 주장하므로, 스스로 모순이 되는 말이다. 러셀은 아리스토텔레스의 논리학이 그런 결함을 가진다고 지적한다. 예를 하나 더 들어보자면, "둥근 사각형은 없다."라는 진술에서 '둥근 사각형'이란 실체는 '실존하지 않는' 속성을 갖는다고 이해된다. 사실상 둥근 사각형이란 것은 존재할 수 없다. 그렇지만 그 문장에 대한 전통적 논리 방식에 따르면, '존재하지 않는' 속성을 갖는 존재를 주장하는 셈이다. (이러한 이해에서 "신은 모든 속성을 가지므로, 존재하는 속성도 가진다. 따라서 신이 존재한다."라는 논리적 추론은 가정부터 잘못되어 있다고 분석된다. 앞서 9장에서 이야기했던 신 존재 증명 이야기를 다시 생각해보라.)

위와 같은 문제를 해소하기 위해 러셀은 철저히 경험적 내용에 근거해서 문장을 논리적으로 설명할 방법을 생각해야 했다. 그런 의도에서, 그는 아래와 같이 말한다. 우리는 이따금 언어의 '어휘'에 의해서 잘못 이끌리거나, '통사 구조'에 의해서 잘못 이끌리기도 한다. 그러므로 논리학이 우리를 그릇된 형이상학에 빠뜨리지 않도록 그 두 가지 면에서 대비할 필요가 있다. 새로운 논리학은 우리의 언어를 바르게 반영하는 것이어야 한다. 그것은 프레게가 시도하였던 새로운 논리학이다.

위의 이야기를 조금 더 쉽게 이해해보자. 일상적으로 우리가 사용하는 언어는 수많은 추상명사를 가진다. 그 추상명사가 주어 자리에 오기만 하면, 우리는 (전통적 논리학에 의해 형성된) 잘못된 언어 습관에 의해서 그 어휘가 가리키는 것이 마치 존재하는 것처럼 생각하는 경향이 있다. 철학자들 역시 그런 경향에 의해 잘못

인도되어 엉터리 형이상학적 주장을 할 가능성이 있다. 그런 경향을 중지시키려면 우리가 사용하는 일상적 언어를 오직 사실적 내용만을 담아내는 형식으로 표현할 방법이 마련되어야 한다. 그런 배경에서 러셀은 이상언어(ideal language)를 구상하였다. 그 언어는 문장의 요소들이 세계의 사실적 내용을 담은 형식으로 구성되는 언어이다. 즉, 문장의 어휘들마다 우리가 경험되는 내용을 가리키는 속성들로 구성된 언어이다.

러셀의 이러한 생각은 '지시 의미론(referential theory of meaning)'에 근거하여 나온다. 언어의 '지시 의미론'은 그가 프레게의 이론을 비판적으로 고려하던 중에 얻어낸 생각이다. 이에 대해 설명하기 위해 잠시 프레게의 이야기로 돌아가보자. 프레게는 언어의 표현이 '뜻'과 '지시체'를 갖는다는 점을 분명히 지적했다. 그러한 배경에서, 우리가 "한글을 창조한 임금은 세종대왕이다."라고 말할 경우, '한글을 창조한 임금'이란 말과 '세종대왕'이란 말이 서로 다른 '뜻'을 갖지만, 두 표현은 모두 같은 '대상'을 가리키므로 '같다(이다)'는 말을 할 수 있다. 그런데 러셀은 프레게를 향해 다음과 같이 반문하였다. 의미는 어디에서 오는가? 그 의문을 던지고 스스로 아래와 같은 대답을 내놓았다.

러셀에 따르면, 우리 지식은 경험에서 나오므로, 언어의 '의미'는 경험되는 '대상'으로부터 올 수밖에 없다. 따라서 '의미'는 다름 아닌 '대상'이다. 그런데 언어의 의미가 대상으로부터 오지 않는 것도 있기는 한데, 이것은 논리적 언어인 연결사들(and, or, not, if-then)이다. 이렇게 그는 언어를 '대상 언어(objective language)'와 '논리 언어(logical language)'로 구분하였다.

위의 이야기를 아래와 같은 예로 쉽게 이해할 수 있다. 어린아이에게 부모가 말을 가르치는 상황을 가정해보자. 부모는 아이에게 처음으로 그림책을 보면서 단어를 가르칠 것이다. 그들은 노란색의 새 그림 밑에 쓰인 글씨 '병아리'를 손으로 가리키며 아이가 따라서 말하게 할 것이며, 코가 긴 회색 동물 그림 밑에 쓰여 있는 글자 '코끼리'를 손가락으로 가리키면서도 아이가 따라서 말하도록 할 것이다. 그렇게 우리가 말을 처음 배우는 상황을 생각해보면, 그러한 글자의 의미는 분명 그 대상에서 나온다고 이해된다. 그 이외에 다른 곳에서 말의 의미를 얻을 수 없어 보인다. 그렇게 대상으로부터 의미를 배울 수 있는 언어를 그는 '대상 언어'라고 불렀다. 그리고 가리켜서 의미를 배운다는 점에서 그는 '지시 의미론'을 주장하였다.

그런데 가리키는 대상이 없으면서도 의미 있게 사용되는 언어가 있다. 예를 들어, '그리고(and)', '혹은(or)' 등과 같은 연결사들이다. '그리고'라는 말은 가리키는 대상이 없다. 그런데도 우리가 그 말을 배울 수 있는 것은 그 말의 문맥적 사용을 통해서이다. 어린아이는 부모가 '그리고'란 말이 들어간 말을 어떻게 사용하는지를 보고서 모방함으로써 활용할 수 있었을 것이다. 그런 언어를 그는 '논리 언어'라고 불렀다.

언어를 '대상 언어'와 '논리 언어'로 구분해놓고 나서, 그는 대상 언어는 경험을 통해서 얻을 수 있는 것이며 논리 언어는 그것들을 논리적으로 연결할 수단이라고 생각했다. 그렇다면 이제 일상적으로 사용되는 언어를 명확히 표현할 방법이 만들어질 수 있다. 예를 들어, "모든 포유류는 붉은 피를 갖는다(All mammals have red blood)."라는 문장은 다음과 같이 분석될 수 있다. "만약 무엇이 포유류라는 속성을 갖는다면, 그것은 붉은 피를 갖는 속성도 가질 것이다." 위의 문장은 기호로 아래와 같이 표기된다.

($\forall$x)(Mx → Rx) : 모든 x에 대해서, 그것이 M이란 속성을 갖는
　　　　　　　　다면, 그것은 R이란 속성도 가질 것이다. (기
　　　　　　　　호 '$\forall$'는 'All(모든)'의 'A'를 거꾸로 쓴 표
　　　　　　　　시이다.)

그리고 "일부 포유류는 붉은 피를 갖는다(Some mammals have red blood)."라는 문장은 아래와 같이 분석된다. "포유류라는 속성을 가지면서, 붉은 피를 가지는 것이 존재한다." 위의 문장은 기호로 아래와 같이 표기된다.

($\exists$x)(Mx · Rx) : 일부 x가 M인 속성과 R인 속성을 동시에 가진
　　　　　　　　것으로 존재한다. (기호 '$\exists$'는 'Existence(존재
　　　　　　　　한다)'에서 'E'를 거꾸로 쓴 표시이다.)

위와 같이 러셀은 문장을 기호로 표기하는 새로운 방법을 개발하였다. 그 방식은 일상적 언어의 주어-술어 구조를 따르지 않는다. 이것을 철학자들은 '술어 논리(predicate logic)'라고 부른다. 러셀은 우리가 경험할 수 있는 감각 내용을 술어에 상응하는 속성으로 파악하여, 술어에 의해서만 세계를 표현할 수 있는 기호 표기 방법을 만든 것이다. 즉, 경험할 수 있는 내용과 논리적 연결사에 의해서 사실을 정확히 표현할 방법을 고안했다. 그렇게 함으로써 그는 언어적 오류에 의해 발생하는 형이상학적 문제를 제거하려 했다.
　나아가서 그는 그 기호 표기 방법에 몇 가지 계산규칙을 적용함

으로써, 수학의 수식과 같이 계산할 방법까지 도입하였다. 그런 방법을 프레게가 처음 꿈꿨고, 러셀이 완성했다. 여기서는 술어논리를 자세히 소개하기에 부족한 지면이므로 간단히 예만을 살펴보자.

(보기) 모든 개는 육식성이다(All dogs are carnivorous).

일부 동물은 개이다(Some animals are dogs).

그러므로 일부 동물은 육식성이다(Therefore, some animals are carnivorous).

위의 (보기)는 삼단논법의 논리적 추론임을 알 수 있다. 그것을 술어논리에 의해서 아래 1)과 2)와 같이 기호로 표시할 수 있다.

1) $(\forall x)(Dx \rightarrow Cx)$

2) $(\exists x)(Ax \cdot Dx)$ / $(\exists x)(Ax \cdot Cx)$

　　　　　　　[논증 과정은 추론 규칙에 따라서 아래와 같이 설명된다.]

3) $Aw \cdot Dw$　　　2) EI

　　　　　　　　　[2)로부터 규칙에 의해 3)으로 변형할 수 있으며,]

4) $Dw \rightarrow Cw$　　1) UI　[1)은 규칙에 의해 4)로 변형할 수 있다.]

5) $Dw \cdot Aw$　　　3) Com

　　　　　　　　　[그리고 3)은 규칙에 의해서 5)와 같이 변형된다.]

6) Dw　　　　　　5) Simp. [5)는 규칙에 의해 6)으로 단순화된다.]

7) Cw　　　　　　4), 6) M.P.

　　　　　　　　　　　[4)와 6)으로부터 7)이 추론(계산)되며,]

8) Aw　　　　　　3) Simp.　　　[3)은 8)로 단순화할 수 있다.]

9) $Aw \cdot Cw$　　　8), 7) Conj.　[8)과 7)을 결합하면 9)가 된다.]

10) $(\exists x)(Ax \cdot Cx)$ 9) EG

[9)를 규칙에 의해 존재화시키면 10)이 된다.]

(논리학을 공부하지 않은 독자라면 위의 설명 내용을 당장에 이해하려 애쓸 필요는 없다. 우리는 다만 여기서 러셀이 일상 언어를 기호로 바꾼 후, 우리의 추론을 마치 수학처럼 계산할 수 있으며, 증명할 수도 있다는 것만 알고 넘어가면 되겠다. 기호논리를 구체적으로 공부하려면 논리학 교재를 보라.)

이렇게 러셀이 개발한 술어논리란 우리의 언어를 계산하는 방법을 제공한다. 그리고 우리의 언어는 우리의 사고를 담고 있다. 따라서 술어논리는 우리의 사고를 계산하는 체계인 셈이다. 이렇게 보면, 새로운 논리는 우리 생각을 계산할 수 있는 방식이다. 따라서 훗날 이러한 기호논리는 논리적으로 엄밀히 추론(계산)하는 컴퓨터에 활용될 수 있었다. 컴퓨터 전문가들은 프로그램의 추론과정을 코딩하기에 앞서 그 프로그램의 추론과정을 술어논리로 계산해봄으로써, 자신의 기획대로 프로그램이 작동할 수 있을지를 검토해볼 수 있다. 이런 배경에서 이렇게 말할 수 있다. 언어를 계산한다는 것은 사고의 추론을 계산하는 것이다.

이상으로 러셀의 이야기를 마치려 한다. 그런데 러셀에 대해서 그냥 그렇다고 넘어갈 수는 없겠다. 이 책이 철학서이며, 그런 한에서 언제나 비판적이고 반성적인 의문을 가져보는 것이 중요한 목표 중 하나이기 때문이다. 그리고 언제나 그랬듯이, 발전이란 완전해 보였던 체계에 대해서조차 의심스러운 문제점을 발견하는 가운데 가능했다. 현대 철학이 러셀의 철학에서 멈추지 않았다는 것은 그에게도 문제점이 있었기 때문일 것이다. 따라서 러셀의 이야기에 어떤 의심을 해볼 수 있을지 생각해보자.

우리는 언어의 의미를 배울 때 단어의 의미를 대상으로부터 배울 수 있었다는 것은 그대로 인정할 수 있다. 그러나 실제 대상을 가리킬 수 없는 개념적인 과학 언어들은 어디서 얻어진 것일까? 예를 들어, '중력'이란 말의 의미는 무엇을 가리켜서 얻어진 것이며, '엔트로피'는 무엇을 가리켜서 얻어진 언어인가? 러셀은 분명히 논리 언어는 가리키는 대상이 없이도 의미 있게 사용된다고 말했다. 그렇다면 언어의 의미가 대상에서 나온다고 주장할 수 있기는 한 것인가? 혹시 대상을 가리키는 것처럼 보이는 단어들도 대상과 상관없이 의미를 제공할 수 있는 것은 아닌가? 위의 의문에 대해서는 여기서 대답하기보다는 다음 3권에서 이야기할 계획이므로, 여기서는 문제만 제기하고 대답을 유보하자. 러셀에게는 아주 특별한 제자 비트겐슈타인이 있었다.

■ 사고 계산 논리(비트겐슈타인)

비트겐슈타인(Ludwig Wittgenstein, 1899-1951)은 오스트리아에서 태어났으며, 학부에서 항공공학을 전공했지만 공학이 수학으로 탐구되는 것을 보고 수학을 더 공부하기로 하였다. 그는 영국으로 건너가 러셀의 지도로 주로 수학에 관련된 철학 즉 수리철학을 연구하였다. 그러던 중 독일과 오스트리아가 동맹군으로 전쟁을 일으키는 역사적 사건이 발생하였고, 오스트리아 사람인 비트겐슈타인은 고국으로 돌아가 군대에 입대해야 했다. 군대에 있는 동안 그는 자신이 생각했던 내용을 노트에 조금씩 적어나가기 시작했다. 평소 스승인 러셀의 생각을 배우면서도 왠지 동의할 수 없었던 내용을 자기 생각으로 발전시켜나간 것이다.

러셀은 전쟁이 끝나고 포로수용소에 갇혀 있던 비트겐슈타인을 영국으로 돌아오도록 주선하였다. 그리고 박사학위를 받아 계속 학문에 전념하도록 권유했다. 제자는 그동안 적어놓았던 노트를 꺼내었고, 그것으로 박사학위를 받았으며, 스승이 서문을 써서 출판까지 하였다. 하지만 그 책은 다른 사람들이 이해하기 아주 생소한 내용을 담고 있어서 거의 팔리지 않았다. 그 책이 유명한 『논리철학논고(*Tractatus Logico-Philosophicus*)』(1921)이다. 그는 훗날 앞의 저술을 비판하는 관점을 담은 『탐구(*Investigation*)』(1953)를 썼다. 여기에서는 앞의 책에만 관심을 가진다. 물론 뒤의 책이 중요하지 않아서는 아니며, 지금은 러셀과 관련된 그리고 과학과 관련된 이야기를 하는 중이기 때문이다.

『논리철학논고』는 관찰된 명백하고 단순한 사실들을 결합하여 세계 전체를 설명하는 좋은 방식을 보여준다. 그러한 측면에서 그 책은 데카르트 이래로 많은 학자가 품었던 기계론적 사고의 끝 지점을 보여주었다. 데카르트는 이성(합리)주의자이며, 따라서 '이성적으로 파악된 단순한 지식'을 종합하여 커다란 지식의 덩어리를 설명한다는 꿈을 꾸었다. 그런데 비트겐슈타인은 영국의 경험주의 전통의 줄에 섰던 철학자이다. 그는 '경험된 내용'을 종합하여 커다란 지식의 덩어리를 설명할 엄밀한 체계를 세우려 했다. 그의 생각과 주장이 무엇인지 알아보기 위해서는 그 책의 내용을 간단하지만 약간 구체적으로 살펴볼 필요가 있다. 그 책에서 골격이 되는 이야기를 뽑아보자면 아래와 같다.

1. 세계는 경우들의 전체이다.

1.1 세계는 사실들의 총합이지, 사물들의 총합은 아니다.

2. 상황이 의미하는 것, 즉 사실이란 사건의 사태로서 존재한다.

2.01 사건의 사태란 사물들의 조합이다.

3. 사실에 대한 논리적 그림이 사고이다.

5. 명제는 요소 명제들의 진리함수이다.

독자는 위의 문장들을 읽으며 매우 황당한 표정을 지을 듯싶다. 아마 그 책을 처음 대했던 철학자들의 표정이 그랬을 것이다. 그런 만큼 그 책은 처음 사람들의 관심을 끌지 못했다. 앞서 이야기했듯이, 학문적 연구 목적이 아닌 사람들이 철학 원전을 직접 읽어보는 것은 그리 추천할 만하지 않다. 위의 문장들을 쉽게 이해하도록 예를 들어 설명해보자.

우리는 일반적으로 세계를 인식하는 기본 단위가 '사물'이라고 생각하기 쉽다. 그렇지만 실제로는 사물 자체만을 인식하는 경우는 거의 없다. 오렌지 하나를 바라보면서도, 우리는 그것이 책상 위에 놓여 있거나 누군가의 손에 들려 있는 상태 혹은 '사실'을 본다. 그런 측면에서 우리는 사물 자체보다는 그 사물이 놓인 '상황'을 바라보는 것이다. 그러므로 우리가 인식하는 세계는 '상황'들이며, '사실'들이며, 사건의 '사태'라고 말할 수 있다. 사실 혹은 상황은 '사물'로 채워져 있기는 하다. 그러므로 사건의 사태가 사물로 구성되었다고 말할 수는 있다.

그렇다면 세계에 대한 올바른 표현 방식은 무엇일지 생각해보자. 위의 배경에서 보면, 아리스토텔레스와 같이 주어-술어의 구조로 파악해서는 세계를 올바로 바라보기 어렵다. 또한 러셀과 같이 감각되는 속성들에 의해서만 파악하는 것도 문제가 있다. 따라서 비트겐슈타인은 사실을 그대로 드러내서 보여주는 '진술문(statement)'은 상황을 '그려준다'고 생각했다. 그러므로 간단한 사실을 그대로 표현하는 기초 진술문을 논리적 사고의 기본 단위로 여겨야 한다. 그런 관점에서 기초 진술문을 하나의 기호로 표시해야 한다는 생각이 가능하다. 그러한 관점에서 만들어진 비트겐슈타인의 기호논리는 '명제논리(propositional logic)'로 불린다.

그의 관점에 따르면, 사건의 상황을 표현하는 진술문은 사실을 그림 그리듯이 보여준다. 예를 들어, 손에 오렌지를 들고서 "내 손 위에 오렌지가 있다."라고 말할 경우, 그 진술문은 실제 사실을 그대로 말해준다. 그리고 관찰은 그 진술에 대해서 옳은지 그른지 말해준다. "오늘 날씨가 흐리다."라는 진술이 옳은지 알기 위해서는 창밖을 내다보기만 하면 알 수 있다. 그런 측면에서 그 '진술문'은 사실을 그대로 보여주는 그림(또는 사진)인 셈이다.

진술문으로서 가장 단순한 형태, 즉 간단한 사실을 표현하는 진술문은 '요소 명제'이다. 요소 명제는 (여러 진술문이 결합한) 복합명제의 기본 단위가 되어서, 복합명제의 참과 거짓을 논리적 계산으로 밝혀줄 수 있다. 그리고 러셀이 말했듯이, 그 계산을 위한 논리적 규칙 요소는 아래와 같다. 1) '그리고(and)', 2) '혹은(or)', 3) '아닌(not)', 4) '만약 …라면, …이다(If, then)'

요소 명제 각각의 진리 여부에 의해서, 그리고 논리적 규칙에 따라 복합명제(전체 진술문)의 진리 여부가 밝혀진다는 점에서, 그리고 그것을 수학적으로 계산할 수 있다는 점에서, "명제는 요소 명제들의 진리함수이다."라고 말할 수 있다.

이제 기호논리 즉 명제논리를 가지고 무엇을 할 수 있는지 좀 더 구체적으로 알아보자. 예를 들어, "네가 청소를 도와준다."라는 말은 단순한 진술이며, 그 요소 명제를 기호로 'p'라고 표기하자. "내가 네 숙제를 도와준다." 역시 단순한 요소 명제이므로 기호로 'q'라고 표기하자. 그리고 그 각각의 진술이 참일 경우를 'T(true)', 거짓일 경우를 'F(false)'로 표기하자. 복합명제를 계산하기 위하여 논리적 연결사들이 필요하며, 그것들을 다음과 같이 기호로 표시하자. '그리고(and)'는 기호로 '·'로 표기하고, '혹은(or)'은 '∨'로 표기하며, '아닌(not)'은 '∼'로 표기하고, '만약 …라면, …이다(if-then)'는 '→'로 표기하자. 위와 같이 기호로 표시할 방법을 마련하고 나서, 명제들을 어떻게 계산할 수 있을지 계산규칙을 아래와 같이 결정한다. 아래 [그림 2-13]을 참조하면서 이야기해보자.

차례	p	q	p · q	p∨q	∼p	p → q	∼p∨q
①	T	T	T	T	F	T	T
②	T	F	F	T	F	F	F
③	F	T	F	T	T	T	T
④	F	F	F	F	T	T	T

[그림 2-13] p와 q 각각의 진리값에 의해서 복합명제 'p · q', 'p∨q', 'p → q'의 진리값이 어떻게 계산되는지 보여준다. (만약 'p∨q'의 진리값을 배타적 선언(exclusive disjunction)으로 규정할 경우라면, 이 도표에서 p와 q 둘 중 하나만 참(T)일 경우에만 전체 진리값은 참(T)이 된다.)

1) "네가 청소를 도와주고, 그리고 내가 네 숙제를 도와준다."는 진술 전체는 기호로 'p · q'로 표시할 수 있으며, 그 진술 전체의 진리는 'p'와 'q' 모두가 참일 경우에 한해서만 참으로

인정된다.

2) "네가 청소를 도와주거나, 내가 네 숙제를 도와준다."를 기호로 'p∨q'로 표시할 수 있으며, 그 진술 전체의 진리는 'p'와 'q' 둘 중 하나만 참인 경우라도 참이라고 인정된다.

3) "네가 청소를 도와주지 않는다."를 기호로 '～p'로 표시하며, 그 진술의 진리는 'p'가 참일 경우 거짓으로, 반대로 거짓일 경우 참으로 인정된다.

4) "네가 청소를 도와주면, 내가 네 숙제를 도와준다."는 기호로 'p→q'로 표시하며, 그 진리는 어떻게 되는지 아래와 같이 알아보자.

① 네가 청소를 도와주고, 약속대로 내가 네 숙제를 도와줄 경우, 즉 'p'와 'q' 모두가 참인 경우, 전체 진술은 참이 된다.

② 네가 청소를 도와주었는데도, 내가 네 숙제를 도와주지 않을 경우, 즉 'p'는 참인데 'q'는 거짓일 경우, 약속을 지키지 않은 것이므로 전체 진술은 거짓이 된다.

(여기서 하려는 이야기의 의도가 있어 ③보다 ④를 먼저 이야기하자.)

④ 만약 네가 청소를 도와주지 않았고, 그래서 내가 네 숙제를 도와주지 않을 경우, 즉 'p'가 거짓이고 'q'도 거짓일 경우, 약속을 어긴 것이 아니라는 점에서 전체 진술문은 참이 된다.

③ 만약 네가 청소를 도와주지 않았지만, 그런데도 내가 네 숙제를 도와줄 경우, 즉 'p'는 거짓이며 'q'가 참일 경우는 어떨지 생각해보자. 비트겐슈타인은 이 경우도 거짓이 아니라는 이유에서 '참'이라고 생각했다. (이 경우에 대해서는 명확히 답을 한 논리학자가 아직 없다. 그렇지만 그냥 참이라고 논리학자

들은 수락한다. 이 규칙이 갖는 문제는 다음 예에서 드러난다. "만약 네가 이 게임에서 나를 이기면, 내 손에 장을 지지겠다."라고 큰소리친 사람이, 상대가 실제로 게임에서 이기지 못했음에도 불구하고, 자기 손에 불로 지지는 징벌을 가하는 상황을 가정해보자. 그 경우에도 그 전체 진술은 참이 된다는 것을 어떻게 설명할 수 있을지 아주 난감해진다.)

잠시 여기에서 주목해야 할 것이 하나 더 있다. 위의 [그림 2-13]에서 볼 수 있듯이, "네가 청소를 도와주면, 내가 너와 산책하겠다."라는 진술, 즉 (p → q)와 "네가 청소를 해주지 않거나, 아니면 내가 너와 산책한다."라는 진술, 즉 (~p∨q)의 진리값이 같다. 이 말이 갖는 의미는 다음과 같다. 러셀은 우리의 생각을 계산하기 위한 연결사로 네 가지(and, or, not, if-then)가 필요하다고 생각했다. 그렇지만 비트겐슈타인의 명제논리를 통해서 살펴보니, 이제 그 두 복합명제의 진리값이 일치한다는 점에서, 'if-then'을 사용하지 않고 'and', 'not', 'or' 등 셋만 가지고도 모든 논리를 표현할 수 있다는 것이 드러난다.

위의 논리를 이용하여 우리는 복잡한 생각을 계산적으로 증명할 수 있다. 예를 들어, 아래와 같이 일상적인 말로 쓰인 복잡한 추론이 타당한지 알아보기는 상당히 어렵다. 한번 생각해보자.

안홍식이 동창회에 참석하면 그와 절친한 박성문도 참석할 것이다. 안홍식과 박성문이 모두 참석하면 그들이 지지하는 천석이나 동일이가 동창회에 참석할 것이다. 천석이나 동일이가 참석하게 되면, 예일이는 실질적으로 동창회 모임을 좌우하지 못한다.

안홍식의 참석으로 예일이가 실질적으로 동창회 모임을 좌우하지 못하게 된다면, 후성이가 동창회장이 될 것이다. 따라서 결국은 후성이가 동창회장이 될 것이다.

위의 이야기를 기호로 바꾸면 아래의 1)부터 4)까지이며, 그 기호를 5)부터 8)까지의 논리적 계산으로 위의 추론이 타당하다는 것을 알 수 있다. 그것이 어떻게 그렇다는 것인지 여기서 자세한 설명은 생략하겠다. 지금은 논리학 자체를 이야기하려는 것은 아니며, 지금 이야기하는 기호논리가 어떻게 등장하였고, 그것이 어떤 의미와 효용성을 갖는지 알아보는 중이다.

1) $A \rightarrow B$
2) $(A \cdot B) \rightarrow (C \vee D)$
3) $(C \vee D) \rightarrow \sim E$
4) $(A \rightarrow \sim E) \rightarrow F \ / \ F$

---

5) $(A \cdot B) \rightarrow \sim E$ 2,3 H.S.
6) $A \rightarrow (A \cdot B)$ 1 Abs.
7) $A \rightarrow \sim E$ 6,5 H.S.
8) F 4,7 M.P.

위와 같이 '말을 계산하는 방법'은 곧 '생각을 계산하는 방법'이라고 할 수 있다. 우리의 생각을 계산하기 위해서는 그 생각의 내용인 명제를 단순한 기호로, 그리고 연역추론의 과정을 연결사(and, or, not)에 의해 표현해야 한다. 그렇게 표현된 추론은 계산규칙에 따라서 그 타당성을 따져볼 수 있다.

나아가서 만약 우리가 위의 논리대로 작동하는 장치(전자회로)를 만들 수 있다면, 그 장치(전자회로)는 우리의 생각을 그대로 흉내 내면서 생각을 계산할 수 있다. 그리하여 마침내 아래 [그림 2-14]와 같이 전기회로에 의한 논리소자들이 만들어졌고, 그것들을 적절히 연결하기만 하면, 어떤 추론을 계산적으로 처리할 수 있게 되었다. 그리고 참과 거짓은 0과 1이란 신호, 즉 전기가 통하거나 안 통하는 방식으로 표현될 수 있다. 그렇게 만들어진 회로는 아주 복잡한 일도 매우 빠르면서도 정확히 계산 처리할 수 있는 장치, 즉 컴퓨터로 발전되었다. 그 논리소자를 처음에는 진공관으로 만들어 사용했으며, 더 작고 빠르게 반응하는 것으로 트랜지스터(transistor)

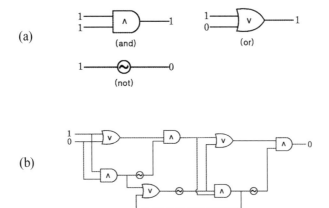

[그림 2-14] (a)는 계산을 위한 논리적 소자인 and(∧), or(∨), not(∼) 등을 보여주며, (b)는 그런 논리적 계산 소자로 구성된 순차 계산처리 논리 회로를 보여준다.

가 개발되었고, 다음에는 집적회로(LSI), 고밀도 집적회로(VLSI)가 이어서 개발되었다. 그와 같은 예를 보더라도, 우리는 서양의 과학과 철학이 긴밀하게 연관된다는 것을 알아볼 수 있다. 컴퓨터 개발과 관련되는 철학적 이야기로 튜링과 폰 노이만에 관한 구체적 이야기는 4권 18장에서 다룬다.

지금까지 이야기를 정리하자면, 새로운 논리체계를 만들려는 생각은 기본적으로 형이상학적 태도에 대한 반대에서 나왔다. 잘못된 형이상학, 즉 잘못된 철학은 언어의 잘못으로 발생한다는 생각에서, 새로운 논리학을 만들려는 러셀은 물론 비트겐슈타인 역시 일상 언어와 다른 인공 언어가 필요했다. 이러한 배경에서 그들은 언어의 문제가 우리 시대의 가장 중요한 철학적 탐구 대상이라고 생각했다.

그렇지만 비트겐슈타인은 언어 문제에 관한 질문과 대답이 참과 거짓을 가릴 수 없는 공허하고 무의미한 일이라고 생각하기도 했다. 우리는 언어에서 벗어나서 언어를 말할 수 없으며, 그런 점에서 언어에 대해서 언어로 말한다는 것에 한계가 있기 때문이다. 나아가서 그는 전통 철학 문제 중 잘못된 것들이 많으며, 따라서 기존의 형이상학을 버려야 한다고 생각했다.

그리하여 우리가 '말할 수 있는 것'(과학적 문제)과 '말할 수 없는 것'(형이상학적 문제)을 구분할 필요가 있으며, 우리는 '말할 수 있는 것'만을 말해야 한다고 그는 주장했다. 앞서 이야기했듯이, 전통적으로 철학자들은 경험될 수도 없는 것들에 대해서 형이상학적으로 말하려고 노력해왔다. 그렇지만 비트겐슈타인의 입장에서 그런 시도들은 알 수도 없는 것을 말하려고 하는 부질없는 일이다. 그러므로 철학자들은 '명확히 말할 수 있는 것'과 '말할 수 없는 것'이 무엇인지 밝혀내는 작업을 할 필요가 있으며, 그런 점에서 그를 따르는 철학자들은 자신들이 언어분석에 전념해야 한다고 생각하였다. 그러한 철학적 경향은 '분석철학(analytic philosophy)'으로 발전하였다.

비트겐슈타인은 박사학위를 받고 고향인 오스트리아로 돌아갔으며, 그곳에 있던 과학자들에게 그의 생각은 큰 영향을 주었다. 그의 영향으로 그들은 아래와 같이 생각하였다. 세계에 관한 철학적 탐구는 형이상학적인 방식에서 벗어나 실증적 방법을 따라야 한다. 그리고 어느 학문이든 그것이 학문으로서 자격을 갖추려면 실증적 연구여야 한다. 이렇게 오스트리아 빈에서 비트겐슈타인의 신념에 충실히 따르려는 경향을 가진 학자들이 나타났는데, 그들이 엄격한 기호논리학과 실증적 방식으로 탐구해야 한다고 생각한 점에서, 철학자들은 그들의 신념을 '논리실증주의(logical positivism)'라 불렀다. 논리실증주의에 따르면 어떤 학문도 경험적인 검증이 가능해야 하며, 그렇지 않은 것은 학문으로서의 자격을 가진 것이라고 할 수 없다. 그 구체적인 이야기를 다음 책, 3권에서 논의해보자.

지금까지 근대 과학과 철학이 상호 어떤 영향을 주고받았는지 살펴보았다. 다음에 이어지는 논의에서도 여전히 과학과 철학이 상호 긴밀한 관계에서 변화하는 모습을 살펴보려 한다.

[이 책을 읽은 독자에게]

※ 이 책을 잘 읽었다면 아래 질문에 대답할 수 있어야 한다.

1. 데카르트는 유클리드 기하학으로부터 학문 또는 철학을 어떻게 탐구해야 한다고 생각했는가?
2. 데카르트를 '근대 철학의 아버지'라고 부르는 이유가 무엇인가?
3. 뉴턴은 데카르트로부터 무엇을 배웠는가?
4. 뉴턴의 과학 지식의 체계 및 방법론은 무엇인가?
5. 뉴턴은 절대공간 및 절대시간을 왜 가정하였는가?
6. 뉴턴 패러다임이 이후 과학자들에게 어떤 영향을 미쳤는가?
7. 로크는 인식론을 무엇이라고 규정하였는가?
8. 버클리는 로크의 인식론의 문제를 어떻게 지적했는가?
9. 흄은 지식을 어떻게 분류하고, 그 특징을 어떻게 말했는가?
10. 칸트는 지식을 어떻게 분류하고, 그 특징을 어떻게 말했는가?
11. 칸트는 뉴턴 역학을 공부하고, 왜 철학을 연구하려 하였는가?
12. 프레게는 수학에 대해 어떤 철학적 질문을 하였는가?
13. 러셀은 프레게의 어떤 문제점을 보았는가?
14. 비트겐슈타인이 명제논리를 만든 인식론적 이유가 무엇인가?

[더 읽을거리]

르네 데카르트, 『철학의 원리』(대우고전총서 6), 원석영 옮김, 아카
  넷, 2002.

아이작 뉴턴, 『프린키피아 1: 물체들의 움직임』, 이무현 옮김, 교우
  사, 2016.

아이작 뉴턴, 『프린키피아 2: 물체들의 움직임』, 이무현 옮김, 교우
  사, 2016.

아이작 뉴턴, 『프린키피아 3: 태양계의 구조』, 이무현 옮김, 교우사,
  2016.

아이작 뉴턴, 『아이작 뉴턴의 광학』, 차동우 옮김, 한국문화사,
  2018.

존 로크, 『인간 오성론』, 이재한 옮김, 다락원, 2009.

존 로크, 『시민정부론』, 마도경 옮김, 다락원, 2009.

임마누엘 칸트, 『순수이성비판』, 백종현 옮김, 아카넷, 2006.

버트런드 러셀, 『서양철학사』, 서상복 옮김, 을유문화사, 2020.

루트비히 비트겐슈타인, 『논리철학논고』, 이영철 옮김, 책세상,
  2020.

찰스 다윈, 『종의 기원』, 박동현 옮김, 신원문화사, 2003.

주(註)

1) 여기에서 언급된 주장을 다음 책에서 볼 수 있다. R. G. Collingwood, *The Idea of Nature*, London, Oxford, New York: Oxford University Press, 1978.

2) 그와 같은 입장은 대표적인 근대의 학자들이 모두 가졌던 생각이다. 대표적인 합리(이성)주의자인 데카르트와 대표적인 경험주의자인 로크 모두가 동의했던 생각이다.

3) '환원주의(Reductionism)'라는 말은 다양한 의미로 사용되며, 여기서는 '구성적 환원주의'를 가리키는 말로 사용되었다. 그런 점에서 환원주의를 '구성주의'의 다른 이름으로 보아도 좋겠다. 구성적 환원주의에 반대하는 철학자로 콰인(W. V. O. Quine)이 있다. 콰인은 우리의 지식이 구성적으로 설명할 수 없는 전체의 네트워크 모습을 갖는다는 '전체론(Holism)'을 주장한다. 그 관점에서 기계론은 한계를 드러낸다.
위와 다른 의미에서의 환원주의로 '상호이론적 환원주의(Intertheoritical Reductionism)'가 있으며, 그런 주장을 하는 철학자로 처칠랜드 부부(the Churchlands)가 있다. 그들은 토머스 쿤(Tomas Kuhn)이 말하는 의미에서의 한 패러다임, 즉 한 지식 체계가 다른 지식 체계로 바뀐다면 특정한 현상이나 어휘에 대한 의미가 새롭게 해석될 수 있다는 의미에서의 환원을 주장한다. 그 이야기는 3권에서 구체적으로 이야기될 것이다.

4) 르네 데카르트, 『철학의 원리』, 원석영 옮김, 아카넷, 2002. 이 책에서 인용하는 그 책의 내용은 모두 원석영의 번역을 옮겨놓았다.

5) 패트리샤 처칠랜드, 『뇌과학과 철학(*Neurophilosophy*)』, 박제윤 옮김, 철학과현실사, 2006, 1장 참조.

6) 이런 관점을 처칠랜드에게서 찾아볼 수 있다. 패트리샤 처칠랜드, 『뇌과학과 철학』, 7-9장 참조.

7) 버트런드 러셀, 『서양철학사』, 최민홍 옮김, 집문당, 2017, 776쪽.

8) David Hume, *A Treatise of Human Nature*, p.72.

9) David Hume, *A Treatise of Human Nature*, p.26 참조.

추천사

'철학하고 싶어 하는 과학자'에게 이 책 『철학하는 과학, 과학하는 철학』은 가뭄에 단비 같은 소중한 길잡이다. 그 옛날 철학과 과학은 한 몸에서 태어났건만 어느덧 따로 떨어져 산 지 너무 오래돼 이젠 사뭇 서먹서먹하다. 에드워드 윌슨의 『통섭(Consilience)』을 번역해 내놓은 지 얼마 안 돼 철학하는 분들 앞에서 강연할 기회를 얻자 통섭의 만용에 젖어 이렇게 도발했던 기억이 난다. "선생님들은 그동안 철학하신다며 인간이 어떻게 사고하는지에 대해 설명하시며 사셨습니다. 그런데 이제 생물학은 인간의 뇌를 직접 들여다보기 시작했습니다. 저희들이 만일 엉뚱한 사실을 발견하면 선생님들 평생 업적이 자칫 한순간에 날아가버릴지도 모릅니다. 이제는 모름지기 철학을 하시려면 적어도 뇌과학 정도는 공부하셔야 하지 않을까요?" 철학자 박제윤은 이 책에서 철학의 시작으로부터 과학의 발전과 더불어 철학이 어떻게 변해왔는지를 살펴보며, 결국 뇌와 인공지능 연구와 철학의 통합에 다다른다. 철학과 과학은 오랜 시간 돌고 돌아 결국 다시 한 몸이 되고 있다. 철학하고 싶어 하는 과학자와 과학하고 싶어 하는 철학자 모두에게 짜릿한 희열을 선사하리라 믿는다.

_ **최재천**(이화여대 에코과학부 석좌교수)

고대 자연철학이라는 동일한 부모로부터 출발한 철학과 과학은 현대에 이르러 경쟁적 세계관을 제시하고 있는 것으로 보인다. 역사를 통해 많은 철학자가 과학자로 활동해왔고 마찬가지로 많은 과학자도 철학자로 활동하면서, 양 분야는 경쟁적이지만 상호 의존적인 미묘한 관계를 형성해왔다. 과학에 대한 철학적 성찰은 크게 과학의 한계에 주목하면서 과학과 철학을 구분하려는 접근과 과학과 철학의 경계를 넘어서려는 자연화된 접근으로 구분된다. 이 책은 후자에 속하는데 네 권에 걸쳐서 고대, 근대, 현대의 대표적인 과학사상 및 과학사상가를 중심으로 과학적 철학과 과학에 대한 철학적 성찰이 수행되어온 방대한 역사를 다루고 있다. 특히 4권은 신경과학을 인지와 마음을 설명하는 데 적용하는 신경망 이론과 신경철학의 대가인 처칠랜드 교수의 이론을 집중적으로 다루고 있어서, 이 책을 과학철학의 역사에 관심이 있는 분들에게 좋은 안내서로 추천해 드린다.

_ 이영의(고려대 철학과 객원교수, 전임 한국과학철학회 학회장)

과학기술 발전을 위한 창의성 기반이 바로 '생각하는 방법'으로서 철학이다. 과학과 철학은 본래 같은 뿌리에서 나왔지만, 각 분야의 지식을 빨리 따라잡기 위한 학습 방법으로 추진되어온 것이 바로 분야의 세분화였다. 그런데 이러한 세분화는 분야 간 장벽을 만들고, '장님 코끼리 만지기' 식의 불통을 낳았다. 근년에 들어서는, 융합, 통섭 등을 지향하는 본래의 포괄적 이해 방향은 다시금 근본을 생각하게 만들고 있다. 이에 저자는 두 문화(인문학과 과학) 간 불통을 안타까워하다가 이번에 좋은 책으로 융합과 통섭을 향한 나침반 역할을 하고자 이 책을 집필한 것으로 생각한다. 이 책의 일독을 강력하게 추천한다.

_ 김영보(가천대 길병원 신경외과, 뇌과학연구원 교수)

이 네 권의 책은 과학의 영역과 철학의 영역을 오랫동안 넘나들며 사유해온 저자의 경험에서 생성된 공부와 사유의 기록이다. 또 대학이라는 울타리 안과 밖에서 오랫동안 강의해온 저자의 경륜을 반영하듯 서술의 눈높이는 친절하다. 독자는 역사의 흐름 속에서 철학과 과학이 서로 어떻게 영향을 미치며 발달해왔는지, 그리고 서로에게 어떤 흥미로운 물음과 도전을 던지는지 자연스럽게 깨닫게 될 것이다.

_ 고인석(인하대 철학과 교수, 전임 한국과학철학회 학회장)

예비 과학교사들이 처음으로 접하는 과학교과교육 이론서인 과학교육론 교재에는 과학철학 분야가 가장 먼저 포함되어 있다. 그 이유는 예비 과학교사들이 과학철학을 배움으로써 과학의 본성적인 측면을 이해할 수 있고, 그에 따른 과학의 다양한 방법론을 이해하여 실제 학교 현장에서 과학을 가르칠 때 과학교과의 특성에 맞는 교수학습 전략을 창의적으로 개발하기를 기대하기 때문이다. 십여 년간 사범대학 과학교육과에서 과학교육론을 가르치면서, 가장 첫 장에 제시되는 과학철학을 어떻게 가르칠지에 대한 고민으로 늘 마음이 편치 않았다. 과학철학이 과학교육의 목표를 설정하고 내용을 조직하고 교수학습 전략을 모색하는 데 가장 중요한 방향을 제시해준다는 것은 분명하게 알고 있으나, 그동안 이를 어떻게 예비 과학교사들과 그들의 눈높이에 맞게 수업을 통해 공유할 수 있을지에 대한 좋은 해결책을 찾지 못했기 때문이다. 이러한 현실에서 이 책은 교육대학이나 사범대학 과학교육과에서 가르치는 교수님들이나 과학교육론을 배우는 예비 과학교사들이 과학교육에서 과학철학을 배워야 하는 이유와 그 의미를 명확하게 알려주는 반가운 책이라고 할 수 있다. 더 나아가 초중등학교 현장에서 과학을 가르치는 선생님들에게도 과학철학 분야에 쉽게 다가갈 수 있는 용기를 불러일으켜줄 수 있는 책이라고 생각한다.

_ 손연아(단국대 과학교육과 교수, 단국대부설통합과학교육연구소 소장)

수많은 사람들이 '과학은 비인간적이다'라는 잘못된 개념을 가지고 있는데, 여기에는 과학을 비난하는 것으로 연명한 일부 인문학 종사자에게도 책임이 있다. 과학이 결코 만능은 아니지만 진리에 다가가는 강력한 방법이고, 과학을 긍정하는 철학은 인간의 제한적 인식에 풍성함을 더해주며 삶의 길잡이가 되어준다. 박제윤 교수는 이 멋진 책에서 건전한 과학과 건강한 철학이 소통하였던 역사를 보여주고, 현재의 뇌과학과 신경철학을 소개하여, 미래를 전망하도록 도와준다. 두려움과 후회에서 한 걸음 나와서 희망과 기대로 미래를 바라보는 모든 이들에게 이 책을 추천한다. 특히 꿈을 지닌 과학도에게는 더욱 강력하게 추천한다.

_ 김원(인제대 상계백병원 정신건강의학과 교수)

박제윤

철학박사. 현재 인천대학교 기초교육원에서 가르치고 있다. 과학철학과 처칠랜드 부부의 신경철학을 주로 연구하고 있다.

주요 번역서로 『뇌과학과 철학』(2006, 학술진흥재단 2007년 우수도서), 『신경 건드려보기: 자아는 뇌라고』(2014), 『뇌처럼 현명하게: 신경철학 연구』(2015, 문화체육관광부 2015년 우수도서), 『플라톤의 카메라: 뇌 중심 인식론』(2016), 『생물학이 철학을 어떻게 말하는가』(공역, 2020, 대한민국학술원 2020년 우수도서) 등이 있다.

철학하는 과학, 과학하는 철학

근대 과학과 철학

1판 1쇄 인쇄	2021년 4월 25일
1판 1쇄 발행	2021년 4월 30일

지은이	박 제 윤
발행인	전 춘 호
발행처	철학과현실사
출판등록	1987년 12월 15일 제300-1987-36호

서울특별시 종로구 대학로 12길 31
전화번호 579-5908
팩시밀리 572-2830

ISBN 978-89-7775-847-6   93400
값 15,000원

지은이와의 협의하에 인지는 생략합니다.
잘못된 책은 바꿔 드립니다.